海洋生态环境监测技术方法培训教材

海洋环境监测评价

质量保证与质量控制分册

姚子伟　主编

海洋出版社

2018年·北京

内 容 简 介

海洋环境监测评价质量保证与质量控制是确保所获得的环境监测数据详细、准确的重要保证。书作为海洋生态环境监测技术方法培训教材之一的质量保证与质量控制分册，主要介绍了海洋监测全过程质量保证与质量控制要求、数据处理与常用统计方法、实验室质量控制、海洋环境监测数据质量评估、标准物质简介、实验室信息管理系统。作者重要的基本概念出发，重点介绍实际工作中涉及的重要公式、仪器等，具有较强的针对性。

本书作为海洋生态环境监测技术方法培训教材，主要供海洋生态环境监测从业人员选用。

图书在版编目（CIP）数据

海洋生态环境监测技术方法培训教材. 海洋环境监测评价质量保证与质量控制分册/姚子伟主编.—北京：海洋出版社, 2018.9

ISBN 978-7-5210-0201-0

I.①海… II.①姚… III.①海洋环境－生态环境－海洋监测－技术培训－教材②海洋环境－生态环境－海洋监测－质量管理－技术培训－教材 IV.①P71

中国版本图书馆 CIP 数据核字（2018）第 218881 号

责任编辑：张鹤凌 钱晓彬
责任印制：赵麟苏
出版发行：海洋出版社
网　　址：www.oceanpress.com.cn
地　　址：北京市海淀区大慧寺路 8 号
邮　　编：100081
开　　本：787 mm×1 092 mm　1/16
字　　数：250 千字
发 行 部：010-62132549
总 编 室：010-62114335
编 辑 室：010-62100961
承　　印：北京朝阳印刷厂有限责任公司
版　　次：2018 年 9 月第 1 版
印　　次：2018 年 11 月第 1 次印刷
印　　张：16.50
定　　价：68.00 元

编写委员会

主　任：关道明

副主任：霍传林　韩庚辰　王菊英　张志锋

委　员：王卫平　姚子伟　王　震　樊景凤

李宏俊　陈伟斌　赵　骞　赵建华

孟庆辉

序

海洋生态环境监测工作是海洋管理乃至整个海洋事业发展的重要基础性工作。从20世纪70年代初开始渤海和北黄海污染调查至今，我国海洋生态环境业务化监测工作已经走过了近半个世纪的历程，并先后开展了两次全国海洋污染基线调查。监测对象从最初的海洋污染要素发展到目前海洋环境和生态要素并重；监测手段从单一的船舶定点采样监测发展到浮标、卫星、雷达、飞机等综合技术运用的立体化监测和自动化监测，并注重水下滑翔机、水下机器人、无人船和无人机等高新技术的引入；监测范围也已覆盖我国全部管辖海域，并延伸至大洋和极地周边海域。

进入中国特色社会主义新时代以来，我国生态文明建设达到前所未有的高度，“绿水青山就是金山银山”的理念深入人心。当前，“坚决打好污染防治攻坚战，推动我国生态文明建设迈上新台阶”是海洋生态环境保护从业人员的首要任务。新发展理念和渤海综合治理攻坚战对海洋生态环境保护工作提出了更高的要求，全面系统的掌握海洋生态环境监测技术方法，是每个海洋生态环境监测从业人员的专业要求和事业目标。

海洋化学监测是评价海洋环境质量的基础，可以分析海洋污染状况和明确污染来源；海洋生物多样性监测是海洋生态监测的重要内容，可以评价生态系统健康状况；海洋动力过程监测是认知海洋的基础监测，可以摸清污染物在海水中的迁移、转化规律；海洋遥感监测是海洋生态环境宏观监测认知手段，可以解决常规监测方法不易解决的许多问题；海洋监测全过程质量保证与质量控制技术是海洋环境监测最基础性的管理和技术工作，能够确保海洋监测数据具有准确性、可靠性、可比性、完整性和公正性。

国家海洋环境监测中心组织编写的海洋生态环境监测技术方法培训教材，包括化学、生物、动力、遥感、质控5个分册，能够为海洋生态环境监测工作技术人员提供较为全面的辅导，有效推动新时期我国海洋生态环境监测工作的技术进步，服务建设监测技术本领高强的海洋生态环境保护铁军。化学分册包括海水样品的采集、处理和贮存方法，溶解气体、海水成分、耗氧物质、pH、碳循环参数、营养盐、重金属、石油类、持久性有机污染物、放射性核素的分析测定以及海洋环境在线监测技术等内容；生物分册包括海洋浮游植物、海洋浮游动物、大型底栖生物和游泳动物的概述、监测方法及分类鉴定特征等内容；动力分册包括海水水深、水温、水色、盐度以及海流、海浪、海面风监测等内容；遥感分册包括海洋遥感基础知识，海洋光学要素、海洋气溶胶、海洋水色水温、近岸海洋生态系统、入海排污扩散、赤潮绿潮、海上溢油以及海岸线的卫星遥感监测方法等内容；质控分册包括海洋监测的质控要求、数据处理方法、实验室质量控制要求、数据质量评估方法以及标准物质和实验室信息管理系统简介等内容。

教材在编写过程中得到了生态环境部海洋生态环境司（原国家海洋局生态环境保护司）相关领导的大力支持；中国海洋大学、上海海洋大学、大连海洋大学、辽宁省海洋水产科学研究院以及原国家海洋局海洋减灾中心、各海洋研究所和各海区环境监测中心有关专家学者对教材进行了技术审查，并提出了宝贵修改意见，在此谨表诚挚谢意。

海洋生态环境监测工作是海洋生态环境保护事业的基础，期待在我们这一代海洋生态环境保护工作者和全社会的共同努力下，未来的海洋能够海碧水清、鱼虾成群。

国家海洋环境监测中心

2018年9月

前　言

国家海洋环境监测中心在总结长期以来海洋生态环境监测质量数据质量评估、海洋环境监测全过程质量保证与质量控制研究成果和工作经验的基础上，汇集整理国内外有关海洋环境监测质量控制与质量保证的权威资料，组织编写了《海洋环境监测评价质量保证与质量控制分册》，是《海洋生态环境监测技术方法培训教材》的系列教材之一。

《海洋环境监测评价质量保证与质量控制分册》全书共分6章。第1章为海洋监测全过程质量保证与质量控制要求，主要介绍了海洋监测全过程质量保证与质量控制的基本概念、方法原理、主要任务以及技术手段。描述了现场质控样的制备以及评价方法；定义了实验室分析中的校准曲线、检出限、空白、实验室质控样等易出错或混淆等术语。海洋监测全过程质量保证与质量控制技术是海洋环境监测中一项最基础性的管理和技术工作，是对海洋监测活动进行全面的质量保证与质量控制，是确保海洋监测数据具有准确性、可靠性、可比性、完整性和公正性的管理行为和技术活动，是海洋监测工作者必须掌握的一门基础性科学技术。第2章为数据处理与常用统计方法，主要对数据处理和常用统计方法的基本概念、方法原理、技术手段以及应用实例作了概述，对数据处理过程中的有效数字、可疑值判定及处理方式进行了规定。数据处理与常用统计方法属于海洋环境监测数据处理和分析中的基础知识之一，是海洋环境监测分析工作者理应掌握的一门科学知识。第3章为实验室质量控制，主要对实验室质量控制技术的概念、技术方法以及应用实例作了概述。实验室质量控制包据实验室内质量控制（内部控制）和实验室之间质量控制（外部控制）。其中实验室内质量控制是保证实验室提供可靠分析结果的关键，也是保证实验室间质量控制顺利进行的基础。第4章为海洋环境监测数据质量评估，主要对海洋环境监测数据质量评估技术方法、原理和流程以及应用事例进行了概述。海洋环境监测数据质量评估是确保海洋环境监测数据质量优劣不可或缺的技术方法之一，是海洋监测分析人员尤其是海洋监测数据质量评价人员必须掌握的基本知识和技能。掌握本章内容，对于提高海洋环境监测数据质量，确保海洋环境质量评价的代表性和客观性，具有重要作用。第5章为标准物质简介，主要对标准物质的概念、分类、管理、应用作用以及发展状况进行了概述。海洋环境监测用标准物质是具有一种或多种足够均匀和很好确定了的特性值，用以校准仪器、评价测量方法或给材料赋值的材料或物质，是海洋环境监测数据产生过程中不可或缺的物质材料之一。掌握本章的内容，对于精准溯源海洋监测数据，提高其数据质量，具有重要支持作用。第6章为实验室信息管理系统（LIMS）简介，鉴于我国基层海洋环境监测实验室（或中心站）大多尚未启用LIMS，仅有少数海区级监测中心实验室实施了LIMS的现状，主要对LIMS的定义与起源、LIMS模型、LIMS原理与功能等内容进行了科普知识的宣贯和诠释，以便于更多海洋监测一线人员和质控管理人员阅读和学习，旨在为我国海洋监测实验室普及LIMS，提高工作效率，规范实验室管理，而提供技术支持。

本书针对第2章、第3章和第4章中的抽象的数理统计概念和繁琐的计算公式，更多地采用了形象化的实例或案例予以说明，这不但便于初学者学习，而且对于从事多年海洋监测工作的科技人员亦是不可缺少的技术资料。另外，在全书各章之后，附有4~5道思考题，更有利于引领和促使初学者思考和研读本书，从而更好地提升和普及海洋监测人员的质量保证与质量控制知识，提高监测水平，推进海洋监测事业可持续快速发展。

《海洋环境监测评价质量保证与质量控制分册》由姚子伟组织编写。其中，第1章、第2章、第3章由徐恒振、姚子伟编写，第4章由于涛编写，第5章由王艳洁编写，第6章由赵仕兰编写。全书由徐恒振统稿。本书在编写过程中得到生态环境部海洋生态环境司（原国家海洋局生态环境保护司）领导的大力支持；原国家海洋局海洋减灾中心石晓勇研究员、中国海洋大学李铁教授、原国家海洋局东海环境监测中心秦晓光高级工程师、原国家海洋局南海环境监测中心陈畅曙高级工程师和原国家海洋局第三海洋研究所黄德坤高级工程师提出了宝贵的意见，在此表示衷心的感谢！海洋出版社钱晓彬编辑等人辛勤、耐心、细致的工作为本书增色添彩，在此一并谢忱。

由于编者水平有限，书中缺点和错误在所难免，敬请读者批评指正。

目 录

第1章　海洋监测全过程质量保证与质量控制要求

本章简要介绍了海洋监测全过程质量保证与质量控制的基本概念、方法原理、主要任务以及技术手段。海洋监测全过程质量保证与质量控制技术是海洋环境监测中一项最基础的管理和技术工作。海洋监测全过程质量保证与质量控制是对海洋监测活动进行全面的质量保证与质量控制，确保海洋监测数据具有准确性、可靠性、可比性、完整性和公正性的管理行为和技术活动，是海洋监测工作者必须掌握的一门基础性科学技术。

1.1　海洋监测全过程质量保证与质量控制概述

海洋监测全过程质量保证与质量控制是指监测质量计划、样品采集，样品的储存与运输，实验用品、水、试剂和有机溶剂，样品前处理，分析测试，样品测定中仪器的校准和海洋监测资料处理中的质量保证与质量控制等活动的总和。

海洋监测全过程质量保证的主要内容，就是对海洋监测全过程中的各项技术环节进行质量控制。包括在合同评审、方案制订、站位布设、现场环境监测、样品的采集、样品前处理、样品检测分析、数据审核、环境影响评价和检测报告的编制各环节中，质量控制工作都要贯穿其中。依据《实验室资质认定评审准则》等的要求，建立健全质量管理体系，开展海洋监测的质量控制工作，完善全过程的质量保证工作，加强海洋监测全过程质量控制管理，提高监测人员的质量意识和业务水平，加大全过程监测质控工作力度，强化现场样品的采集、保存、运输及实验室分析检测和数据处理与审核的全过程质量控制，确保监测数据的准确性和可靠性，为环境规划、环境管理、污染防治提供科学依据。

海洋监测质量保证是海洋监测的一项十分重要的技术管理工作。海洋监测质量保证是对整个海洋监测过程的全面质量管理。海洋监测质量控制是海洋监测工作中的重要组成部分，是为达到海洋监测质量要求所采取的一切技术活动（如采样、实验室分析测试等），是监测过程的控制方法，是海洋监测质量保证的一部分，是保证海洋监测数据质量的主要措施之一。

从质量保证和质量控制的角度出发，为了使监测数据能够准确地反映水环境质量的现状，预测污染的发展趋势，要求环境监测数据具有“五性”，即代表性、准确性、精密性、可比性和完整性。环境监测结果的“五性”反映了对监测工作的质量要求（刘现明等，2000）。

1）代表性

代表性样品是指在具有代表性的时间、地点，并按规定的采样要求采集到有效的样品。其样品必须能反映海水总体的真实状况，监测数据能真实代表某污染物在海水中的存在状态和海水状况。任何污染物在海水中的分布不可能是十分均匀的，因此要使监测数据如实反映环境质量现状和污染源的排放情况，必须充分考虑到所测污染物的时空分布。首先要优化布设采样点位，使所采集的水样应具有代表性。

水质监测站网规划（监测断面、站位的设置，监测频次、采样时间及监测方式的确定）、样品采集（采样方法、采样技术及人员操作等）、样品保存及运输等过程，决定着监测数据对整个监测区域水质总体的代表性，简称区域总体代表性或监测数据的代表性。

监测数据对现场采集样品的代表性，关键在于样品的稳定性，现场采集样品至实验室检测期间待测组分基本稳定不变，决定于样品的保存及运输过程。现场采集的样品对监测站位瞬时水体的代表性（或称样品采集的代表性），决定于采样点的布设、样品的采集方法、采样技术及人员操作等。监测数据对监测站位瞬时海水的代表性，决定于现场采集的样品对监测站位瞬时水体的代表性和监测数据对现场样品采集的代表性。监测站位的瞬时水体对监测站位的时段水体总体的代表性，即为在代表性时间内监测站位的瞬时水体对监测站位时段水体总体的代表性。而样品采集的代表性时间则决定于水质监测站网的规划。监测数据对监测站位时段海水的代表性，决定于监测站位的瞬时水体对监测站位的时段水体的代表性和监测数据对监测站位瞬时海水的代表性。监测站位的水体对区域水体总体的代表性，即在监测站位采集的有效样品能够代表区域水体的总体，由水质监测站网规划站位设置决定。监测数据对区域水体总体的代表性(即监测数据的代表性)，决定于监测站位的水体对区域水体总体的代表性和监测数据对监测站位时段海水的代表性。

由于海洋监测实验室的监测过程包括样品的采集、保存、运输过程以及实验室内样品的检测过程(样品的预处理和试样的分析测试)，其职责和任务不包括水质监测站网规划，因此，海洋监测实验室自身是不能完全控制和保证海水监测数据的代表性(区域水体总体海水的代表性)的，只能控制和保证监测数据对监测站位瞬时海水的代表性。

样品的稳定性决定于样品的保存及运输过程，可通过现场空白样、平行样、加标回收样的测定，并与实验室内检测过程相应的质量检验结果对比进行质量检验。对于不合格的质量检验结果，要进行原因分析，查明影响质量的最基础因素，纠正质量缺陷达到纠错目的。

样品采集的代表性目前尚无成熟、简便易行的检验方法。通常认为监测数据代表性的检验与控制，可采用高精度的采样方法检验和控制实际实施的采样方法，即在监测断面布设较多垂线和在垂线上设置较多采样点，每一采样点代表断面上一有限的单元，将这些断面上有限单元组成的集合作为该断面样品的总体，同时用时间积分采样法代替瞬时采样法，克服悬浮物等在水体中脉冲性波动的影响，以此检验实际采集样品的代表性，依据检验结果调整断面上实际布设的垂线和采样点数，或更换采样方法，达到控制实际样品采集的代表性。

如果控制了样品的稳定性和样品采集的代表性，也即控制了监测数据对监测站位瞬时海水的代表性。假定管理部门对监测站网进行了全面、系统、科学地规划，规划中指定的时间、设置的监测站位的瞬时水体可以代表该区域某一时段内的海水总体，那么实验室对样品采集、保存及运输过程的有效控制，也就控制了监测数据广义的代表性。实验室控制和保证监测数据代表性的前提，是水质监测站网得到科学合理的规划。

2)准确性

准确性是指测定值与真实值的符合程度，监测数据的准确性受从样品的现场固定、保存、传输，到实验室分析等环节的影响。一般以监测数据的准确度来表征。准确度常用以度量一个特定分析程序所获得的分析结果(单次测定值或重复测定值的均值)与假定的或公认的真值之间的符合程度。一个分析方法或分析系统的准确度是反映该方法或该测量系统存在的系统误差或随机误差的综合指标，它决定着这个分析结果的可靠性。准确度用绝对误差或相对误差表示。通常可用测量标准样品或以标准样品做回收率测定的办法来评价分析方法和测量系统的准确度。通过分析标准样品，可以了解分析结果的准确度；在样品中加入一定量标准物质，测其回收率[回收率=(加标试样测定值-试样测定值)÷加标量×100%]，是实验室确定准确度的常用方法之一。从多次回收试验的结果中，可以发现方法的系统误差；不同原理的分析方法具有相同的不准确性的可能性极小；对同一样品用不同原理的分析方法测定，并获得一致的测定结果，可将其作为真值的最佳估计。另外，不同分析方法对同一样品进行重复测定，所得结果一致，或经统计检验其差异不显著，则可认为这些方法都具有较好的准确度；若所得结果呈现显著性差异，则应以被公认的可靠方法为准。

3)精密性

精密性表现为测定值有无良好的重复性和再现性。精密性以监测数据的精密度表征，是使用特定的分析程序在受控条件下重复分析均一样品所得测定值之间的一致程度。它反映了分析方法或测量系统存在的随机误差的大小。测试结果的随机误差越小，测试的精密度越高。精密度通常用极差、平均偏差和相对平均偏差、标准偏差和相对标准偏差来表示。精密性与准确性一样，同属于监测分析结果的固有属性，必须按照所用方法的特性使之正确实现。

为满足精密性评价的需要，给出了三个与精密度密切相关的专用术语：①平行性是指在同一实验室中，当分析人员、分析设备和分析时间都相同时，用同一分析方法对同一样品进行双份或多份平行样测定结果之间的符合程度；②重复性是指在同一实验室中，当分析人员、分析设备和分析时间中的任一项不相同时，用同一分析方法对同一样品进行双份或多份平行样测定结果之间的符合程度；③再现性是指用相同的方法，对同一样品在不同条件下获得的单个结果之间的一致程度，不同条件是指不同实验室、不同分析人员、不同设备、不同(或相同)时间。

另外，在考查精密性时还应注意以下几个问题：分析结果的精密度与样品中待测物质的浓度水平有关，因此，必要时应取两个或两个以上不同浓度水平的样品进行分析方法精密度的检查；精密度因与测定有关的实验条件的改变而变动，通常由一整批分析结果中得到的精密度，往往高于分散在一段较长时间里的结果的精密度，如可能，最好将组成固定的样品分为若干批分散在适当长的时期内进行分析；标准偏差的可靠程度受测量次数的影响，因此，对标准偏差作较好估计时(如确定某种方法的精密度)需要足够多的测量次数；通常以分析标准溶液的办法了解方法的精密度，这与分析实际样品的精密度可能存在一定的差异；准确度良好的数据必须具有良好的精密度，精密度差的数据则难以判别其准确程度。

4)可比性

可比性是指用不同测定方法测量同一水样的某污染物时，所得出结果的吻合程度。在环境标准样品的定值时，使用不同标准分析方法得出的数据应具有良好的可比性。可比性不仅要求各实验室之间对同一样品的监测结果应相互可比，也要求每个实验室对同一样品的监测结果应该达到相关项目之间的数据可比；相同项目在没有特殊情况时，历年同期的数据也是可比的。在此基础上，还应通过标准物质的量值传递与溯源，以实现国际间、行业间的数据一致、可比以及大的环境区域之间、不同时间之间监测数据的可比。如用离子色谱法测定 NO_3^-—N 的结果与酚二磺酸分光光度法的结果应基本一致；用气相色谱法测定氯苯类的结果应与气相色谱-质谱法的结果相近。而我国过去使用的紫外分光光度法测定石油类与红外法测定的结果就没有可比性，这是因为紫外法使用的石油醚萃取剂与红外法使用的四氯化碳萃取效果不同；其次紫外法的吸收波长与红外法也不同，它们所测定的是不同的石油成分。

5)完整性

完整性强调的是监测工作总体规划的切实完成情况，即保证按预期计划取得有系统性和连续性的有效样品，无遗漏地获得这些样品的监测结果及其有关信息。完整性是针对过程监测而言的，强调的是获取有系统性、连续性有效样品以及监测结果和相关信息。这些信息能完整地反映一个过程，可完整地绘出一条过程曲线。欲完整地描绘一个过程，最好方法是对过程实施连续监测。现场在线监测系统可以对过程实施连续在线监测。但目前在线监测系统因其精密性、准确性较差，其适用范围受到一定的限制。实验室测试系统精密性、准确性较好，但为了保证监测数据的完整性，必须连续采集大量的样品，保证样品的稳定性和时效性，无遗漏地获得这些样品的信息，给监测工作带来极大的难度和工作量。现场在线监测系统和实验室测试系统相结合，如对一个污染源的排污过程的监测，可以采用现场在线监测系统，对污染源实施连续在线监测(监测的项目是污染源的主要污染物或与主要污染物具有相应关系的项目)。在线监测同时，采集样品，并注明采样时间和编号。根据在线监测结果过程线和排污通量过程线的关键点(极值点和拐点)，确定相应时间实验室精测的样品。以此方法检验和控制监测数据的完整性。但以现场在线连续监测检验和控制监测数据的完整性，尚存在着一定的局限性：①目前的现场在线监测仪，不能实现所有监测项目的连续在线监测；②测试数据的精密性、准确性较差，导致因分析误差而误认为是过程的变化。

综上所述，只有达到“五性”质量指标的监测结果，才算是真正正确可靠的数据，也才能在使用过程中具有权威性和法律性。正如人们所言“错误的数据比没有数据更可怕”。为获得质量可靠的监测结果，各国都在积极制订和推行质量保证计划。环境监测结果的良好质量，必然是在切实执行质量保证计划的基础上方能达到。只有取得合乎质量要求的监测结果，才能正确地指导人们认识环境、评价环境、管理环境、治理环境的行动，摆脱因对环境状况的盲目性所造成的不良后果，这就是实施环境监测质量保证的意义。

海洋监测质量保证是伴随着我国海洋监测业务而开展的。自 20 世纪 80 年代初我国开始海洋监测以来，就同时开展了海洋监测的质量保证工作，但这项工作基本停留在水质监测层面上。20 世纪 90 年代初，海洋监测工作制度化、管理规范化、技术标准化和手段计算机化的质量管理体系逐步形成，尤其是 1992 年《海洋监测规范》(HY 003. 1—1991 至 HY/T 003. 10—1991)的实施，统一了海洋监测分析方法，对海洋监测质量保证和质量控制提出了具体要求。2007 年，《海洋监测规范》(GB 17378. 1—2007 至 GB 17378. 7—2007)的改版，使海洋监测质量保证工作进一步规范化。同年，中国环境监测总站组织制定和颁布了《全国近岸海域环境监测网质量保证和质量控制工作规定(试行)》，对近岸海域环境质量监测、质量保证和质量控制工作作出了具体规定。2008 年，环境保护部出台了《近岸海域环境监测规范》(HJ 442—2008)。

1.1.1 监测质量管理体系

海洋监测工作的质量保证，依托于科学完整的质量管理体系，以质量体系文件(质量手册、程序文件、作业指导书和质量记录)的形式，对各个监测环节、各个检测部门，对实验的条件和环境，对管理者和每个检测人员的职责和行为进行规范。海洋监测的质量管理，说到底就是海洋监测质量体系的建立、持续改进和有效运行。因此，海洋监测机构可以依据《实验室资质认定评审准则》，建立适合本单位要求的质量管理体系，包括海洋监测方案的制定、样品采集、原始记录、分析测试、数据处理、报告编写等各个环节，都要严格按照体系文件规定要求开展工作，并进行管理体系的内部审核和管理评审，结合实际工作和质量体系运行中存在的问题，对质量体系文件及时进行修订和补充，健全一系列规章制度，保证质量管理体系持续有效运行。海洋监测质量保证与质量控制程序如图 1.1 所示。

1.1.2 质量保证

质量保证(quality assurance)是对环境监测能满足规定的质量要求，提供适当信任所必需的全部有计划、有系统的活动。质量保证是整个监测分析和测试过程的全面质量管理，它包含了为保证监测数据准确可靠的全部活动和措施，是指从现场调查的站位布设、样品采集、储存与运输、样品分析、数据处理、综合评价、信息利用全过程的质量保证。质量保证是环境监测十分重要的技术工作和管理工作。

实验室分析质量保证是系统的科学管理与特定的测量实践相结合的产物。它的主要任务就是把测试工作中所有的误差，即系统误差、随机误差和粗差，减少到一定限度，以获得准确、可靠的测试结果。实验室分析质量保证主要涉及两个方面的工作，即质量控制和质量评价。质量控制是减少测试过程中产生误差的措施，以控制误差来源；而质量评价则是一种检查手段，以检查质量控制的效果，发现测试中的问题，引起测试者的注意，以保证测试结果的准确。实验室分析质量保证应贯穿于整个测试过程。它包括：样品的采集、容器的盛放、保存与运输、分析方法、仪器性能、测试环境、操作技能、分析结果的表达等。无论哪一个环节出现失误，都会影响到分析质量。所以任一环节都要精

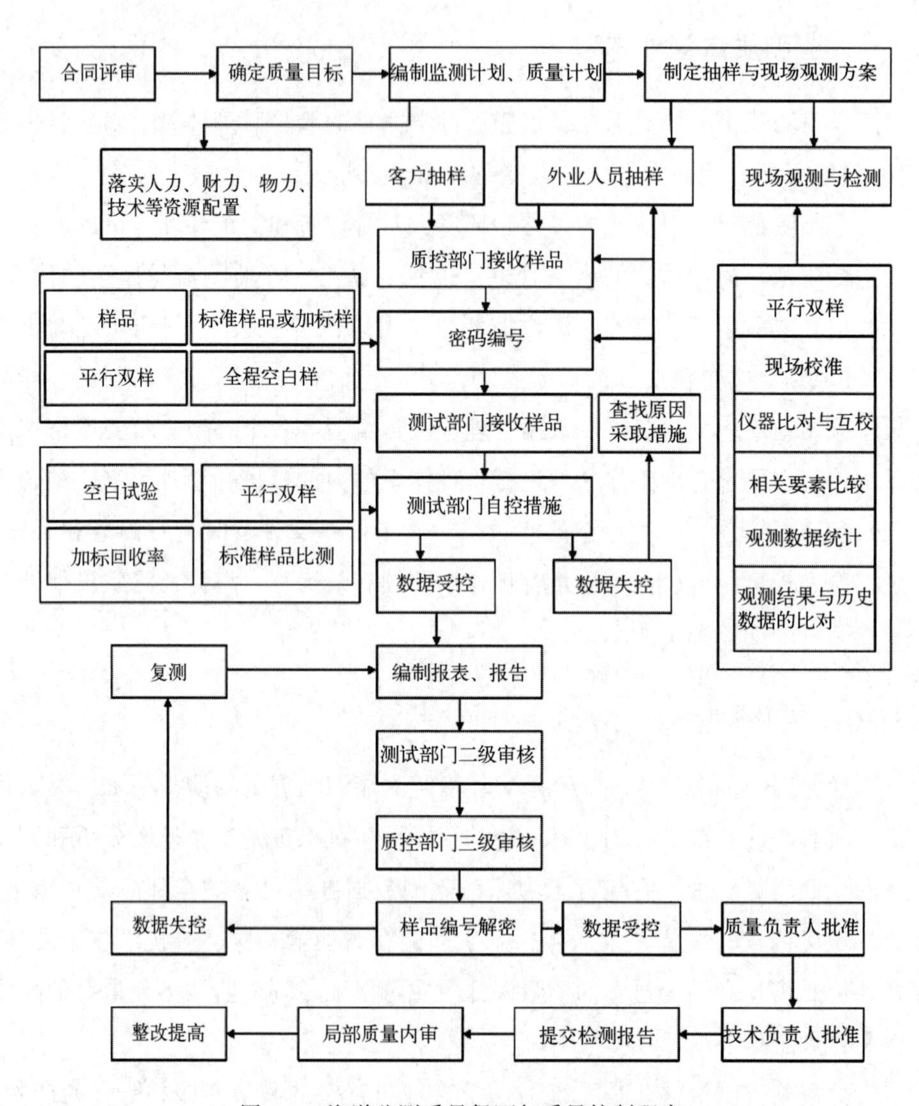

图 1.1　海洋监测质量保证与质量控制程序

益求精，绝不可粗心大意。

海洋监测质量保证与质量控制工作，除应符合《海洋监测规范　第 2 部分：数据处理与分析质量控制》(GB 17378. 2—2007)、《海洋监测规范　第 3 部分：样品采集、贮存与运输》(GB 17378. 2—2007)要求外，还应从实施计划、分析方法、人员、仪器设备、材料和标准物质的使用等方面满足《海洋监测规范　第 1 部分：总则》(GB 17378. 1—2007)的要求。通常，海洋监测的质量保证有如下要求。

1.1.2.1 一般要求

质量保证一般要求：培养和造就一批事业心强，有一定专业技术水平的监测队伍；海洋监测实行持证上岗制度，监测人员须经过专业考试，取得合格证后方可上岗；海洋环境监测实验室必须建立一个良好的、符合实验要求的检验环境(通风、采光、干湿度、无交叉感染、噪声等)，不得在不合格的实验环境中开展海洋监测工作；海洋监测仪器应满足检验要求，性能良好，并通过计量部门检定；所有监测仪器都必须严格遵守操作规程进行操作；所有实验器材都必须洁净干燥，符合相应的实验要求；所有试剂和材料都必须索证，应从正规渠道(厂家或商家)购买符合相应纯度要求的产品；所有监测数据都必须依据国家(或行业)标准方法的检验而获得。

1.1.2.2 监测计划与方法

监测计划和方法一般应满足如下要求：①海洋监测工作应按计划要求或合同要求编制实施计划；②实施计划编制应依据监测人员和资源条件考虑；③监测站位图、表及参考水深；④潮位时间安排、航线顺序和资源补给地点，采样项目、层次、数量的设计，人员组织及其分工，人员和设备的安全预防措施，出海携带物品明细表等；⑤实施计划应包括监测范围、监测站位、监测要素、监测项目、监测频率、采样层次、监测方法和质量控制等内容；⑥监测方法应选用《海洋监测规范》(GB 17378—2007)、最新版的行业标准和管理部门最新颁发的有关技术规程《海洋监测规范》中的第一分析方法或统一规定的方法；⑦当采用其他分析方法时，必须按新分析方法的要求，进行等效性试验和检验，并报国家海洋监测业务部门批准和备案；⑧当现有标准方法的内容不能满足需要时，可按照质量控制的要求，制定详细的分析检测实施细则；⑨按环境要素，分别制定翔实的采样技术细则和质量控制计划；⑩样品采样人员须严格遵守操作规程，认真填写采样记录；⑪样品采毕后，应尽快运至实验室进行分析；⑫样品储存与运输途中应防止样品破损、沾污和变质；⑬从采样器具、采样站位、采样操作到样品采集、储存与运输的每一质量环节，均应有明确的样品交接手续和质量监督人员的签收手续。

1.1.2.3 监测单位与人员

监测单位和人员一般应满足如下要求：①从事海洋监测的单位须通过实验

室资质认定，具备全过程质量保证和质量控制的运行机制，执行监测质量控制与保证的规定和要求，对监测的全过程进行质量控制；②监测单位应根据实际情况，建立并保持一套完整的监测人员培训程序，定期进行监测技术培训，提高监测人员的业务水平和操作技能，确保监测人员持证上岗，胜任监测工作；③监测技术负责人应熟知监测方案，合理组织监测队伍，按照专业和技术水平对监测人员进行分工，切实贯彻监测方案，保质保量完成监测任务；④从事海上作业及分析的监测人员，必须经过专门的海上安全训练；⑤监测人员不得从事上岗证书中规定项目以外的采样和分析测试工作；⑥没有获取上岗证的人员，只能在持证人员的指导和监督下开展工作，其工作质量由持证人负责；⑦没有经过监测专业培训的分析人员不可承担采样与样品保存工作；⑧只有经过严格培训，并培训出有质量意识、能胜任监测工作的人员，才能实施海洋监测全过程质量保证。

1.1.2.4　监测仪器与设备

监测仪器和设备一般应满足如下要求：①用于海洋监测及分析检验的仪器设备和材料，须选购有资质证明的仪器设备和实验材料，其性能指标应满足监测及分析检验质量的要求；②各类监测、分析、计量器具，应由计量部门或授权部门按检定周期及时进行检定，在有效期内使用，不得使用未按规定检定、或检定不合格、或超检器具和超检仪器设备；③船用仪器设备必须在出航前对其进行全面检查和调试，确认合格后方可使用；④海洋环境样品的采样器具，必须采取防沾污措施，须选购有资质证明的采样器具，其性能指标应满足样品采集、保存和运输的质量控制要求；⑤仪器设备须有专人负责验收、保管和维护；⑥仪器设备应备有仪器使用说明书、操作规程和实施细则，使用者须严格遵守仪器使用说明书、操作规程和实施细则，应按要求及时填写使用记录；⑦确保仪器设备技术性能要求的设施和环境条件符合监测项目的要求，及时记录仪器设备的环境数据和相关量值；⑧建立仪器设备交接记录，确证仪器设备使用前后处于正常的受控状态；⑨操作仪器设备时，应仔细检查仪器设备是否正常工作，如发现故障、意外停水、停电等事故，应立即停止工作，并记录于仪器设备的记录表中，直至修复并确认恢复到准用水平，方可继续工作；⑩当仪器设备借出或移出实验室时，须办理借用手续，返回实验室时应处于良好状态，验证合格后方可使用；⑪建立仪器设备使用维修档案，及时填写仪器设备维修记录表。

1.1.2.5 实验器皿

实验器皿一般应满足如下要求：①刻度试管、移液管、移液器(枪)、容量瓶等，使用前应校准；②实验容器、用具，使用前须清洗；③玻璃容器、用具，依次用水冲洗，洗涤剂洗涤，蒸馏水(或纯净水)洗涤，烘干或晾干。

1.1.2.6 试剂与材料

试剂和材料一般应满足如下要求：①用于海洋监测的试剂、溶剂及材料，须选购有资质证明的、性能指标符合实验质量要求的试剂、溶剂及材料，最好是同一厂家生产的同批次产品；②根据监测项目的要求，分别选用化学纯、分析纯、色谱纯或优级纯等不同等级的化学试剂；③实验中应使用二次去离子水或满足监测质量要求的纯水；④根据不同检测项目的质量和精度要求纯化试剂，净化后的试剂应充分混合均匀；⑤实验室应采取有效的隔离措施和安全防护，分类保存不同性能的试剂和材料，避免交叉污染，并杜绝不安全事故发生。

1.1.2.7 标准参考物质

标准物质一般是用准确可靠的检测方法测定一个或几个特性量值，并由法定机关确认颁发了证书的物质。标准物质具有一种或多种良好特性，这种特性可用来鉴定和标定仪器的准确度，确定原材料和产品的质量，评价检测方法的水平，确证检测数据的准确度等。

标准物质按其特性的准确度高低水平分类：一级标准物质、二级标准物质和工作标准物质。

有关标准参考物质的管理与使用一般应满足如下要求：①标准物质应具有足够的贮量，其材质应是均匀的；②标准物质须有符合要求的准确性，在有效期内的性能应是稳定的，其特性量值应该保持不变；③出售的标准物质应附带标准物质证书，其中应标注标准物质组分、标称值及其不确定度、保质期、使用方法和保存条件等信息；④应由专人负责标准物质的采购、验收、保管、标识、记录和发放，根据其性质按质量控制要求储存，防止沾污；⑤应建立标准物质档案，定期监督检查标准物质的使用情况；⑥标准物质领取、启用、稀释和配置等均需要登记和记录；⑦标准物质使用前应认真阅读标准物质使用说明书；⑧应选择使用与样品基体相类似、浓度大小相适宜的有证和有效的标准物质；⑨新购置的标准物质应进行示值测试，只有当测试浓度与以前测定结果相一致时方可使用；⑩启用的标准物质应标有使用标签，并附有使用说明和记录；⑪配置的标准物质应贴上唯一标识，其浓度单位须以法定计量单位示之；⑫稀释后的标准物质应进行稳定性试验和有效期的确定；⑬严禁使用超过使用期限的标准物质，超期的标准物质应立即注销，并及时报废处理；⑭存放标准物质时，应顾及其物化特性的变化，避免交叉污染，并杜绝高危事故的发生。

1.1.2.8 监测用船

海洋监测用船一般应该满足如下要求：①充分的安全性能，尤其对于非专业监测船，要求在适航条件下才能使用；②要求船体结构牢固，抗浪性强，续航力大于一周和航速满足采样要求；③对于生物监测用船，应装有可变螺距和减摇装置，并具有 2~3 kn 慢速稳定的性能；④应配备合适的样品采集用甲板及吊车等机械设备；⑤应配置准确可靠的导航定位系统和通信系统；⑥设有可控排污装置，减少船舶自身对采集样品的影响；⑦对于专用监测船上的实验室设置，应符合监测实验室的基本要求(空间位置、电源、照明、通风、供排水、冷藏装置、高压气瓶装置等)。

1.1.3 质量控制

质量控制是质量保证的一部分，是为控制监测过程和测量装置的性能，使其达到预定的质量要求而采取的方法、技术和措施；是为达到监测质量要求所采取的一切技术活动(如采样、实验室分析测试等)，也是监测过程的控制方法。它包括确定对象，规定控制标准，制定具体的控制方法，明确所采取的检验方法并进行检验，说明实际与标准之间的差异和原因，为解决差异而采取的行动。

质量控制包括实验室内部控制和实验室间质量控制两部分。其中实验室内部质量控制是分析质量保证的基础和关键。

1.1.3.1 实验室内质量控制

实验室内质量控制又称内部质量控制，又称实验室内质量评价。它是指分析人员对分析质量进行自我控制和内部质控人员实施质量控制技术管理的过程。

内部质量控制按照一定的质量控制程序进行分析工作，以控制测试误差。如发现异常现象，针对问题查找原因，并作出相应的校正和改进。

内部质量控制的手段主要包括：方法空白试验、现场空白试验、校准曲线核查、仪器设备定期校验、平行样分析、加标样分析、密码样分析和质控图校核等。

1.1.3.2 实验室间质量控制

实验室间质量控制又称外部质量控制，又称实验室间质量评价。它是指由外部有工作经验和技术水平的第三方或技术组织，对各实验室及分析人员进行定期和不定期的分析质量考查的过程。

实验室间质量评价旨在协同实验室之间提供准确可比的测试结果，由上一级监测中心(或中心实验室)发放标准样品，在所属实验室之间进行对比分析，也可以采用质控样以随机考核的方式，进行实际样品的考核，检查各实验室之间是否存在系统误差，以确定监测分析质量是否受控，分析结果是否有效。

1.1.3.3 密码样

质控评价单位通常采用已知浓度的物质作为密码样，进行实验室内部及实验室间能力验证的测试。可采用标准参考物质作为密码样。密码样的购买、配置、发放人员与待考察的测试人员不能为同一人。密码样只提供样品的代码信息。密码样测试结果只有符合标称值允许范围才能达到合格要求。

对分析测试系统的评价，一般由评价单位发放密码标准样品，考核各实验室的分析测试能力，检查实验室间数据的可比性，也可在现场对某一待测项目，从采样到结果报出进行全过程考核。

实验室密码样是为考查同一实验室内或不同实验室间分析测试的准确度而进行测试的样品。该密码样应与待测试样类同，可以为海水、沉积物或生物样等，也可以为样品加标样，还可以为标准参考物质，其参考值只有发样单位(或人员)知晓。密码样只由质量监督员发放，测试人测定。

同一实验室通过密码样测试结果与参考值的比较，可以判断测定结果的准确性。如果测定结果落在该参考值的范围内，该测定结果为有效；否则，该测定结果为无效。面对这种情况，应查找原因，重新校正仪器，直至测定结果合格为止。

不同实验室之间通过密码样测试结果与参考值的比较，可以判断不同实验室测定结果的准确性，进而判断不同实验室之间系统误差的大小。

1.1.3.4　空白沾污

空白沾污主要来自分析环境、分析试剂、分析仪器和分析人员等。

由于试剂的纯度，仪器的清洁状况以及环境因素的影响，分析的空白值往往不等于零，这个极小的量，称为零浓度。零浓度数值的大小称为该样品的空白值。

空白值的大小对检出限影响很大，应慎重对待，特别是低浓度样品，影响则更大。若样品空白值大于检出限，应逐一检查样品处理过程中每个环节对样品沾污的影响情况。若样品空白值大于样品值的30%，应重新分析与该样品空白相关的样品，找出沾污的主要影响因素和原因。若样品空白值的大小在检出限和控制限之间，应对监测数据进行校正处理。在采样过程中，如果更换新采样设备、新容器和新材料，应进行设备材料的空白实验。

空白控制主要分为环境控制和试剂空白的控制。实验环境条件应满足环境样品分析准确度的要求；空白实验应严格控制试剂质量和数量。选择实验用器材质，限制和控制与器具接触的时间和面积，应注意和控制人为物理接触所带来的沾污。应根据实际情况选择合适的分析方法，尽可能控制空白值对样品测定结果的影响。

浓缩实验用纯水(或试剂)，测定其中待测物含量；同时分析两份空白，其中一份按双倍量加入试剂进行测定，二者之差即为杂质含量。在可能条件下，分光光度法可先测定已显色的样品空白，再进行褪色处理，以便进行校正。由于校准曲线制作过程的不同，有扣除标准空白和分析空白之差别。标准空白为对应标准系列中零浓度的分析信号响应值，而分析空白则为在与样品分析全过程一致的条件下，空白样品的测定结果。

由空白质控图可以评价空白的稳定性和变异性，还可以判定系统空白值的趋势及飞点，由空白值的变化可以评判分析系统的沾污状况，由空白值的有效计算可以估算检出限。

1.1.3.5　检测限

(1)检出限(X_N，detection limit)是指所用方法在给定可靠程度内，能从零浓度样品中测到待测物质的最小浓度或最小量。即通过一次测量，就能以95%的置信概率定性判定待测物质存在所需要的最小浓度或最小量。“检出”是定性检出，即断定样品中确实存在有浓度高于空白的待测物质。

(2)置信水平不同，检出限数值大小不一。即使为同一置信水平，不同仪器、不同方法，其检出限的规定也不尽相同。检出限因实验室、样品种类和分析人员不同而异。

(3)测定下限(X_B，limit determination)是置信概率为95%时，可以定量测定待测物质的最低浓度或最低量。

(4)未检出为低于检出限X_N的测定结果。

通常，对于低于检出限的测定结果，应报“未检出”；但在区域性监测检出率占样品频数1/2以上(包括1/2)或不足1/2时，未检出部分可分别取检出限的1/2或1/4量值，参加统计运算。

1.1.3.6 校准曲线

校准曲线既可用于仪器的校准和稳定性检查，又可用于样品含量的计算。校准曲线可分为标准曲线和工作曲线。

标准曲线的制作与样品分析相比省略了某些分析步骤，是用标准系列制备的校正曲线，而工作曲线的制作步骤与样品分析步骤完全一致，反映了分析全过程的一切影响因素而形成的曲线，可用来计算检出限、测定限和灵敏度等参数。

校准曲线的制作一般应满足如下要求：①制作一条标准曲线，其标准系列至少需要配置5~7个浓度点；②标准曲线中最小浓度应选在检出限附近；③在精密度较差的浓度范围内，尽可能增加浓度点；④绘制散点图时，纵坐标与横坐标上所取的分度要相互适应，尽量使校准曲线的几何斜率接近1，以使二者的读数精度相当，读数误差接近；⑤以扣除空白后的各信号值为纵坐标，对应的不同浓度值为横坐标，进行线性回归，以求得回归曲线；⑥校准曲线的相关系数一般应$|\gamma| \geqslant 0.999$，否则，难以满足分析质量的要求；⑦在初始分析时，至少应分析3个不同标准浓度点，其后每次分析线性范围内的一个或两个标准点进行校正即可。

校准曲线的使用一般应满足如下要求：①直观检查散点图上的点阵整齐度，若点阵不齐，应查找原因，在未纠正前不得进行回归；②校准曲线只能在其线性范围内使用，既不能在高浓度端任意外推，也不能向低浓度端随意顺延；③当样品的响应值超出线性范围时，其响应值不能直接用校准曲线计算样品的浓度值，而应该将样品稀释后重新测定其响应值，或者重新称样分析测定，直至样品的响应值落在线性范围内，方可使用该校准曲线计算样品的浓度值；④校准曲线应定期进行不同浓度标准点的校准，只有通过校准的校准曲线方可长期使用；⑤每个工作日须用一个以上校准标准样检查校准曲线，其响应值不应超过标定值的±10%，否则应配制新的校准标准溶液，重新检验或重新绘制校准曲线；⑥在更换实验用试剂和材料时，须重新绘制校准曲线；⑦同型号仪器或相同类型仪器制作的校准曲线，彼此间不得借用。

1.1.3.7　方法灵敏度

方法灵敏度是指在量值上等于响应信号的指示量与产生该信号的待测物质的浓度或质量的比值。一般可由校准曲线斜率的大小来表示。它反映了待测物质单位浓度或单位质量变化所导致的响应信号指示量的变化程度。

1.1.3.8　精密度控制

（1）精密度为在规定条件下，相互独立的测试结果之间的一致程度。常用标准偏差来度量。

（2）重复性条件是指在同一实验室，由同一操作者使用相同的仪器设备，按照相同的测定方法，在短时间内从同一被测对象取得相互独立测定结果的条件。

（3）重复性是指在重复性条件下，相互独立的测定结果之间的一致程度。

（4）再现性条件是指在不同的实验室，由不同的操作者使用不同的仪器设备，按照相同的测定方法，从同一被测对象取得测定结果的条件。

（5）再现性是指在再现性条件下，测定结果之间的一致程度。

1.1.3.9　平行样

平行样也可以看作为重复样，为独立取自一个样本的两个以上的样品。

有关平行样的测定与结果报出，一般应满足如下要求：①平行样的测定可有效地评价监测数据的精密度，其可接受限应符合监测目标的质量要求；②平行双样应根据样品的复杂程度、所用方法、仪器精密度和操作技术水平，随机抽取5%~10%的样品进行平行双样的测定；③一批样品数量较少时，应增加测定率，保证每批样品至少测定一份平行双样；④现场平行双样要以密码方式分散在整个测试过程中，不得集中测试平行双样；⑤现场平行样的偏差应控制在监测数据质量要求的允许差内，否则应重新测定；⑥在低浓度水平时，重复测定的精密度应达到75%~125%；⑦在高浓度水平时，重复测定的精密度应达到90%~110%；⑧平行样的相对偏差[双平行样的相对偏差=$(A+B)/(A-B)\times100\%$]不能大于分析方法规定的相对标准偏差的2倍；⑨样品平行样的相对偏差应不大于6%；密码平行样的相对偏差应不大于10%；⑩每批样品平行双样合格率在90%以上时，分析结果有效，以平行双样的均值报出；⑪平行双样合格率在70%~90%时，应随机抽取30%的样品进行复查，超差的数据以复查结果与原结果的均值报出，不超差的数据以平行样数据的均值报出；⑫平行双样合格率在50%~70%时，应复查50%的样品，累积合格率达90%时，分析结果有效，否则，需查清原因后加以纠正，或重新取样分析；⑬平行双样合格率小于50%时，该批分析结果不能接受，需要重新取样分析。

1.1.3.10 准确度控制

准确度为测定结果与被测量真值或约定真值之间的一致性程度。一般用误差来表示。通常采用标准物质(或质控样)的回收率(或其质控图)来评价和控制监测结果的准确度。

准确度控制一般应满足如下要求：①做加标回收率实验时，加标样次数应与重复样测定的频数相同；②每批分析样品，自检时至少带一个已知浓度的质控样，他检时质控样占样品量的5%，抽取10%的样品量进行加标回收率分析；③用内标物校准时，需选用一个或数个合适的内标物；④所选内标物的理化性质，应与待测物的相近，且不受方法或基体的干扰；⑤当加标回收率超出一定范围(回收率的判定标准一般为95%~105%)时，准确度可能存在质量问题；⑥加标量一般为方法测定范围的25%，或定为方法检出限的2~5倍；加标量不得大于待测物含量的3倍；⑦加标后测定值不应超出方法测定上限的90%；⑧加标液宜选用浓度较大的标准溶液，以免体积发生明显变化而影响测定结果的准确度的大小；⑨当样品中待测物浓度高于校准曲线的中间浓度时，加标量应控制在待测物浓度的半量以内；⑩质控样百分之百超出允许误差时，本批测定结果无效，应重新分取样品进行测定；⑪质控样部分超出允许误差时，除重新测定超差质控样外，应随机抽取超差的样品进行复查；⑫如复查结果不超出平行双样允许误差则有效，否则，表明本批分析准确度失控，不能接受测定结果，应查找原因，待排除原因后再行测定。

1.1.3.11　质量控制图

实验室内部常用控制图一般有如下几种：均值-标准差控制图、均值-极差控制图、百分回收率控制图、回收率均值-极差控制图。

实验室质量控制中使用最多的质量控制图通常是均值-标准差控制图。

1.1.3.12　现场质控样

现场质控样是指将与环境基体样品组分和量值接近的标准控制样，或者是试剂、器具的空白样品等，一起带到采样现场，或在现场采集环境样品，或在现场加标等，按样品要求处理后，并与样品一起送回实验室测定的样品。现场质控样一般包括采样器空白、设备材料空白、运输空白、现场空白样、现场平行样和现场加标样等。

1)采样器空白

采样器空白是指用纯水(或人工海水)注入或流经该采样器后作为一个样品，然后测定各参数，检验采样器周期性使用后所引起空白值的变化。

2)采样设备材料空白

采样设备材料空白是指用纯水(或人工海水)浸泡采样设备及材料作为样品。采样设备材料空白可用来检验采样设备、材料的沾污状况。当使用新采样设备、新容器和新材料采样时，应进行设备材料的空白实验。

3)运输空白

运输空白是指将实验室纯水(或人工海水)样品由采样人员带到采样现场又返带回实验室，并对其进行检验的纯水(或人工海水)样品。

运输空白可用来测定样品运输、现场处理和储存期间或由容器带来的总沾污。

每批样品至少应有两个运输空白样。

4)现场空白样

现场空白样是指在采样现场以纯水(或人工海水)作为样品，按照监测项目的采样方法和要求，与样品相同条件下装瓶、保存、运输，直至实验室分析。通过比较现场空白和室内空白的测定结果，掌握采样过程中操作步骤和环境条件对样品质量影响的状况。

现场空白样所用的纯水(或人工海水)，其制备方法和质量要求应与室内空白纯水(或人工海水)样相同。纯水(或人工海水)要用洁净的专用容器，由采样人员带到采样现场，运输过程应注意防止沾污。

每个航次至少应带两个现场空白样。每台采样设备每天至少应采集两个现场空白样。现场空白样应在与现场样品相同的条件下进行包装、保存和运输，直至实验室分析。现场空白样测定结果应小于该分析方法的最低检出限，与实验室空白值比较应无显著差异。现场空白样的测定值，不应大于样品测定值的5%；当大于样品含量值的30%时，应对采样、运输和储存以及实验室分析测试等各环节做仔细检查；待查找出影响沾污的因素和原因后，重新分析测试样品。

5)实验室空白样

实验室空白样是以纯水(或人工海水)作为样品，按照监测项目分析方法进行分析，用以掌握实验室分析过程对样品质量影响的状况。

6)现场平行样

现场平行样是指在同等采样条件下，平行采集两个或两个以上的样品，明码或密码编号后，送实验室分析。现场平行样的测定结果可反映采样和实验室测定的精密度。当实验室的精密度受控时，主要反映采样过程精密度的变化状况。

采集现场平行样时，应注意控制采样操作和条件的一致性。当采集非均相或分布不均匀的污染物海水样品时，应边摇动采样器边灌装样品，使海水样品尽量保持均匀。但需要提及的是：在采集溶解氧样品时，不应摇动采样器和采样瓶，以免空气进入，污染样品。

采样时由监测人员在质控站位采集平行样带回实验室，除做平行样分析外，还可由质控人员抽取部分平行样进行密码编号，分散在样品中，待分析人员检测完毕再解密。当平行样的测试结果符合《海洋监测规范》(GB 17378.2—2007)中相应的容许限时，其结果即为合格；若合格率较低，则需要进行复查，甚至重新取样分析。通过平行样的测试，可对该批样品测定结果的精密度进行质量控制。

一般地，采集现场平行样的数量应占样品总量的10%以上，每批样品至少应采集两个现场平行样。

7)现场加标样

现场加标样是取一组(两个及以上)现场平行样，将实验室配制的一定浓度的标准溶液，等量加入其中一份已知体积的水样中，另一份水样则不加标。然后按样品要求进行处理，送实验室分析，与实验室加标样进行对比，以查明目标污染物在采样、运输过程中的变化状况。

现场加标样，除加标过程在采样现场按样品要求处理外，其他要求应与实验室内的加标样一致。现场使用的标准溶液应与实验室使用的标准溶液为同一标准溶液。

一般每个航次(或每批样品)至少做两个现场加标样。现场加标样或质控样应占样品总量的10%以上，每批样品不少于两个。现场加标操作应由熟练的质控人员或分析人员来完成。

8)现场空白加标样

现场空白加标样，是将实验室配制的一定浓度的被测物质的标准溶液，在采样现场加入已知体积的纯水(或人工海水)中。然后按样品要求进行处理，送实验室分析。将测定结果与现场空白样对比，以掌握环境条件对标准溶液的影响状况。

现场平行样和现场加标样或质控样的合格判定可参考表1.1执行《近岸海域环境监测规范》(HJ 442—2008)。

表1.1　实验室质量控制参考标准

分析结果所在数量结果	平行双样相对偏差(%)	精密度(%)		准确度(%)		
		室内相对标准偏差	室间相对标准偏差	加标回收率	室内相对误差	室间相对误差
10^{-4}	1.0	≤5	≤10	95~105	≤±5	≤±10
10^{-5}	2.5	≤5	≤10	90~110	≤±5	≤±10
10^{-6}	5	≤10	≤15	90~110	≤±10	≤±15
10^{-7}	10	≤10	≤10	80~110	≤±10	≤±15
10^{-8}	20	≤15	≤20	60~110	≤±15	≤±20
10^{-9}	30	≤15	≤20	60~120	≤±15	≤±20
10^{-10}	50	≤20	≤25	60~120	≤±20	≤±25

实验室加标样。取一组实验室平行样，将配制一定浓度的被测物质的标准

溶液，加入其中一份已知体积的水样中，另一份不加标，进行实验室分析，以掌握待测物在分析过程中的变化状况。

1.1.4 监测结果的质量控制

在对监测数据的质量控制过程中，除了对监测项目、方法、仪器设备、环境条件等进行审核外，还要对质控数据和监测数据计算的正确性进行审核，重点要对数据的合理性进行审核(姜欢欢 等，2014)。

1.1.4.1 与执行标准相比较

海洋监测项目均有明确的环境质量标准，其监测数据一般也在标准范围内。当监测数据超过执行标准数倍甚至更多时，应列为可疑数值，查找原因。如某养殖区水质要求为二类水质，当该养殖区水质达到四类或劣四类时，应查找原因，看是否有其他污染源，或实验过程是否有失误等。

1.1.4.2 与历史数据相比较

对监测数据进行合理性分析，首先要了解采样站点往年的监测结果范围，特别是常规监测工作，一般是定期连续的，已积累了几年或多年的数据。在进行合理性分析时，应针对同水期、同一站位的数据，如个别项目测值变化较大，如原为一类水质现变为四类，则需将该值列为可疑数值，对其进行合理性分析，查找原因。

1.1.4.3 同断面相比较

一般情况下，同一监测断面相邻站位的监测结果相差不大，同一测点连续几天的监测结果也应相近，当变化较大时，如左为一类水、中为三类水是不正常的，应查找原因，找出异常值。首先，要了解是否有新的污染源介入；其次，要了解采样全过程有无异常，包括采样是否规范、采样的容器是否达到要求，样品固定是否出差错等；再次，要了解实验室分析是否出问题，如样品是否及时分析，保存时间是否过期等。

1.1.4.4 监测项目间的相关性比较

环境要素是相互影响的，两个或两个以上的监测项目的监测数据往往存在一种固定关系。如无机氮(亚硝酸盐氮+硝酸盐氮+氨氮)低于可溶性总氮或低于总氮，活性磷酸盐低于总磷，正磷酸盐低于总磷，BOD_5低于 COD_{Mn}或低于

COD 等，都是不符合逻辑的，都是错误的。

由于海洋监测有其特殊性，尤其是采样、分样、样品储存过程中存在着多种随机因素，实施海洋监测质量控制存在多方面的困难，因此应高度重视海洋监测质量，加强质量控制技术的学习，强化全体员工的质量意识，制定和完善质量监督与管理机制，加强日常工作的质量监督与管理，不断提高海洋监测质量，保证数据审核的质量，确保监测数据准确、可靠，更好地为环境管理服务。

1.2　样品采集、保存和运输的质量保证与质量控制

海洋监测全过程质量保证与质量控制是指监测方案设计、样品采集、样品的储存与运输、实验用品(水、试剂等)选择与处理、样品前处理、分析测试、样品测定中仪器的校准和海洋监测资料处理中的质量保证与质量控制等活动的总和。它是对海洋监测活动进行全面的质量保证与质量控制，确保海洋监测数据具有准确性、可靠性、可比性、完整性和公正性的行为。

采样方法和采样设备是采样质量保证与质量控制的一个重要环节。它包括采样前的准备、采样、采样设备及采样质量保证与质量控制。从样品采集到样品分析，涉及样品保存和运输过程，必然会影响海洋监测的数据质量。由于海上作业的特殊性，因此采样后的样品储存与运输显得尤为重要。样品保存包括保存方法、保存剂的选择、保存剂的添加以及样品的处理等。样品运输包括样品运输的安全防护措施等。

从海洋环境中取得有代表性的样品，并采取一切预防措施避免在采样和分析期间发生的变化，是海洋监测的第一关键环节。合格的样品要有较好的代表性和真实性。其目的就是采集少量的、能反映海洋环境特征有信息价值的样品。要使所采样品具有代表性，必须周密设计监测海域的采样断面、采样站位、采样时间、采样频率和样品数量，使样品分析数据能够客观地表征环境的真实情况。

1.2.1　采样站位的布设和采样频率

1.2.1.1　采样站位和断面的布设

监测站位的布设，旨在能获得具有代表性、可比性、准确性、精密性和完整性的数据，以便正确地反映区域环境质量，为环境管理和经济建设服务。

监测站位布设是环境监测的关键，采样点位的选择是依据《海洋监测规范　第3部分：样品采集、贮存与运输》(GB 17378.3—2007)的原则要求，运用科学的方法和手段，确定环境监测的最优站位方案，以尽可能少的站位获取有代表性的监测数据，使之准确反映环境质量。

监测站位和监测断面的布设，应根据监测计划提出的监测目的，结合水域类型、监测项目、水文、气象、环境等自然特征及污染源分布，综合诸因素提出优化方案，在研究和论证的基础上确定。

应根据水文特征、水体功能、水环境自净能力等因素的差异性布设监测站位，还应顾及自然地理差异及特殊的需要。监测站位的典型位置(采样点)应能反映该站位的水质特征。

在监测断面布设前，应查明河流流量、污染物的种类、点或非点污染源、直接排污口污染物的排放类型及其他影响水质均匀程度的因素。断面布设应根据掌握水环境质量状况的实际需要，考虑对污染物时空分布和变化规律的控制，选择优化方案，力求以较少的断面和测点取得代表性最好的样点。入海河口区的采样断面一般与径流扩散方向垂直布设。根据地形和水动力特征布设一至数个断面。港湾采样断面(站位)视地形、潮汐、航道和监测对象等情况布设。在潮流复杂区域，采样断面可与岸线垂直布设。在海岸开阔海区，采样站位应呈纵横断面网格状布设。在海洋沿岸，可布设大断面。总之，采样断面的布设应体现近岸较密，远岸较疏，重点区(如主要河口、排污口、渔场、养殖场、风景、游览区、港口和码头等)较密，对照区较疏的原则，在优化的基础上布设采样断面。

1.2.1.2　采样时间和采样频率

采样时间和频率的确定原则是：以最小工作量满足反映环境信息所需的资料、能够真实地反映出环境要素的变化特征，尽量考虑采样时间的连续性、技术上的可行性和可能性。

一般说来，近岸海水按平、丰、枯水期进行采样。在采样月份第一次大潮期和小潮期各采样一天，每天采集断面涨平时和退平时的水样各一份。有特殊要求的监测站位，为掌握水质在一个或几个潮周期内连续的变化状况，可按1~2 h间隔，连续采样2~6个潮周期。

谱分析具有准确性和简明性，可作为确定采样时间和频率的一种方法。

1.2.2 海水样品的采集

海水样品采集，除符合《海洋监测规范　第3部分：样品采集、贮存与运输》(GB 17378.3—2007)和《海洋监测规范　第4部分：海水分析》(GB 17378.4—2007)的要求外，还应满足如下要求。

1.2.2.1 采样设备

营养盐、重金属、pH、溶解氧(DO)、化学需氧量(COD)、盐度、叶绿素-a、持久性有机污染物(主要包括有机氯农药、多氯联苯、多环芳烃和酞酸酯类等)选用GO-FLO、QCC9-1、QCC10型聚氯乙烯采水器，油类采用专用采水器(单层采水瓶)。

绞车缆绳采用不锈钢材质的缆绳，有条件可用聚乙烯包裹的不锈钢缆绳。

1.2.2.2 样品容器

DO采用专用棕色细口玻璃瓶，COD、磷酸盐、重金属、持久性有机污染物等选用细口玻璃瓶。硅酸盐、硝酸盐、亚硝酸盐、重金属(总汞除外)、盐度、pH等选用聚乙烯或聚苯烯材质的塑料瓶。总汞样品须用硬质(硼硅)玻璃容器。叶绿素-a样品须用棕色玻璃瓶。油类和铵盐样品须用棕色细口玻璃瓶。

样品瓶应采用聚乙烯袋包裹后置于样品箱内，以防沾污或损坏。

1.2.2.3 容器的洗涤

容器盖(含内衬垫)依次用洗涤剂清洗一次，自来水冲洗两次，去离子水漂洗三次，重蒸馏二氯甲烷(或丙酮)冲洗一次，烘干。磷酸盐样品瓶须用非磷洗涤剂清洗，硅酸盐、硝酸盐、亚硝酸盐、铵盐、重金属、Hg的样品瓶均须用1∶6(体积比)稀盐酸浸泡。用新瓶盛营养盐样品，用前须用适当浓度的营养盐海水充满后存放数天，清洁后再用。

其他特殊项目的样品瓶，应按具体要求进行洗涤。

1.2.2.4 采样及处理

根据海洋监测项目的具体要求，选择合适的采样设备和装置。采样前后，采样器(包括缆绳等)均应放在洁净的采样箱内保存，严防沾污。采样时，船舶定位于顶风逆流方向，在船体完全停稳后，方可实施采样作业，避免船体带来的影响和污染。采样汽车应停放在采样站位下风向50 m以外。采样人员应注意安全，现场作业时应穿工作服和戴安全帽。采样人员严禁在现场吸烟或涂抹化妆品，不得裸手随意接触采样器的排水口，以免沾污样品。严禁采样器直接接触船帮，采样前可先将采样器(油类采样瓶除外)在现场海水中荡洗几次，再行采样。

(1)重金属和营养盐样品，采样后尽量在现场过滤，加固定剂保存。重金属总量样品直接加酸固定，冷藏保存。溶解态重金属(汞除外)、营养盐样品过滤(醋酸纤维脂滤膜，孔径为0.45 μm。用前先用0.5 mol/L的盐酸溶液浸泡12 h，再用纯水冲洗至中性)后，加硝酸固定保存。汞样保存在硬质玻璃容器中，加酸和过硫酸钾固定。

(2)溶解氧样品，应避开湍流采样，严禁将水样曝气或残存空气。采样时，将玻璃管(胶管上端套在采水器的出水口，下端接玻璃管用于采样)插到样品底部，慢慢注入水样，待水样溢出时，慢慢抽出玻璃管，再依次注入氯化锰溶液和碱性碘化钾溶液固定，充分混匀。带回实验室测定的溶解氧水样，均需现场固定后，冷藏运输样品。

(3)石油类样品，用单层采水器固定样品瓶(禁用涂油的缆绳)采集。严禁用现场海水清洗样品瓶，并避开水面上浮油，在水面下1 m处采样。在现场萃取酸化后的水样。若不能现场萃取，采样后，将1 L水样中加10 mL硫酸(1∶3，体积比)，固定水样，运回实验室后，立即萃取。

(4)持久性有机污染物样品，直接现场萃取水样，冷冻保存，运输萃取后的有机萃取液。

(5)叶绿素、浮游植物等对光敏感的样品，用现场海水清洗几次样品瓶后，直接将海水样品装入棕色玻璃容器内，保存。

采样时，做好现场采样记录，准确核对样品标签。

采样后，将所有样品安全运回实验室，并及时做好样品交接工作。

1.2.2.5 采样记录

按照《海洋监测规范》(GB 17378—2007)、最新行业标准(或技术规程)的要求，现场认真填写采样记录，不得事前填写或事后补写。

采样全过程要有详细的记录，包括采样站位环境条件、天气情况及其他一些特殊情况的记录和描述。当环境条件偏离采样要求时，应按要求对采样结果进行校准或停止采样。在特殊情况下，未能进行校正而又需要继续进行采样的，应对环境条件做详细记录后，再按相关技术规范的要求补充校正记录。对于特定项目的采样，应详细记录样品的采集、保存技术等信息，并对采集的样品进行规范标识。

记录中出错时，不得任意涂改，不得擦掉，也不得删去。若需更改，应在更改处画上“=”双线，并加盖修改人的签章，同时在更改处的正上方写上需更正的数字；若对某些信息进行更改，应将补充说明填入备注栏或专门的记录页中。

在现场作业中，应整齐、清楚、准确无误地记录下观测的现象、结果和数据。

实验室记录通常用黑色签字笔书写，而海上现场采样记录须用铅笔书写，以防海水浸污。

待所有监测工作结束后，应将现场采样记录与其他相关资料一并归档。

1.2.2.6 海水样品采集的质量保证与质量控制要求

在海水样品采集的过程中，一般采用现场空白样、现场平行样、现场加标样或其他质控样的方式进行样品采集、贮存与运输的质量控制。

海水样品采集的质量保证与质量控制的一般要求：①海水采样应在前甲板采集，以减少污染影响；②采样前，应检查试剂和样品瓶的空白值的大小，洗涤后抽查10%(不得少于两个)进行空白测试；③空白试验结果若大于检出限，应查找原因，若是试剂引起，则更换试剂，若是样品瓶引起，则重新洗涤该批样品瓶，直至测试合格；④每次至少带一个现场空白样，空白值应低于样品值的5%；⑤若现场空白大于样品含量的30%，应对实验室、采样、运输和储存等步骤做仔细审查；⑥当使用新采样设备、新容器和新材料采样或检测时，应先进行设备材料的空白试验；⑦对于现场质量控制样品，其固定剂的添加、运输、保存和分析，应与所采集的样品在同等条件下处理；⑧现场控制样占样品总量的10%~20%(现场平行样和现场加标样各占5%~10%)，每批样品至少采两组平行样，每批样品至少带一个加标样，且分析结果应控制在允许差的范围内；⑨现场质控样的分析结果超出控制限时，要查找原因，在未找出原因之前不得分析样品。

1.2.2.7 现场控制样的制作

现场平行样品能够评价不同采样过程的随机误差，包括：①分析误差，重复分析在实验室准备的同一个样品，能够估计出短期的分析误差；②分析与二次分样/转移的误差，分析采集于现场的平行双样(B1 和 B2)，数据之间的差异能够估计出分析加采样的误差，这种差异包括储存引起的误差，但不包括现场采样设备引起的误差；③分析与采样的误差，分析分别独立采集的样品(A1 和 A2)，能够估计出采样和分析整个过程的误差。现场平行样的质量控制技术如图 1.2 所示。

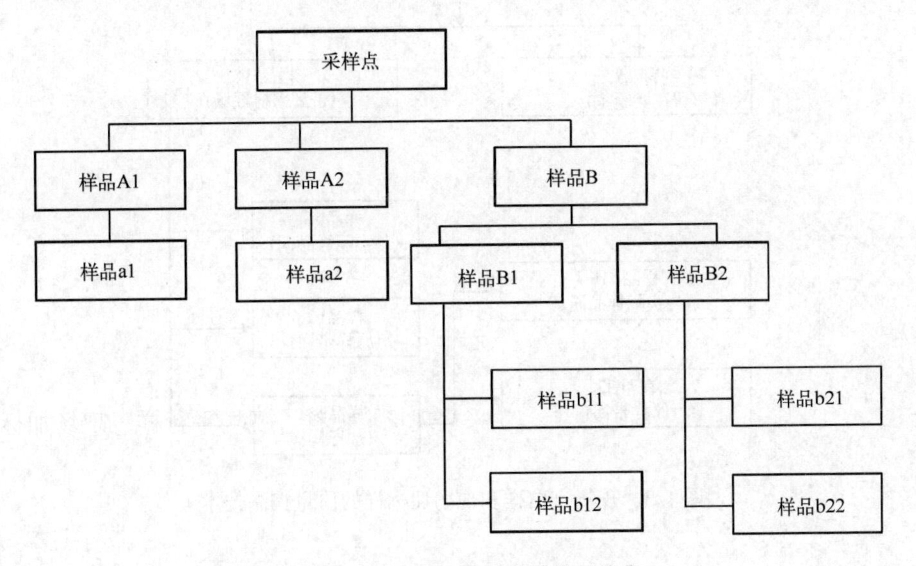

图 1.2 现场平行样的质量控制技术

A1 和 A2 的差异能够估算出包括现场采样、采样设备和容器、储存和分析等整个采样和分析过程的误差。与 A1 和 A2 相比，B1 和 B2 的差异已经排除了现场采样设备引起的误差。

对于同一个样品进行双份或多份平行样测定，如 b11、b12 和 b21、b22，它们之间的差异可以估算出分析的精密性。

现场空白样可以确定样品是否受到污染，这种污染往往由采样容器污染引起，或者是在采样过程中引入。使用空白样还可以了解样品过滤等操作引起的误差。现场加标样，除了可以判定上述提到的各种系统误差外，还可以确定由于蒸发、吸附、生物等引起样品不稳定所产生的误差。

例如，在实验室将一个去离子水样等分为 A 和 B 两个样。A 样保存在实验室，B 样带到采样现场后，再等分为 b1、b2 和 b3。b1 同现场采样一样，用现场采样容器分装。b2 则保留在原容器中，最后将样品带回实验室分析。b3 加入已知浓度的待测物后，再分装成两个样 b31 和 b32。b31 同现场采样一样，用现场采样容器分装。b32 则保留在原容器中，最后将样品带回实验室分析。现场空白样和现场加标样质量控制技术如图 1.3 所示。

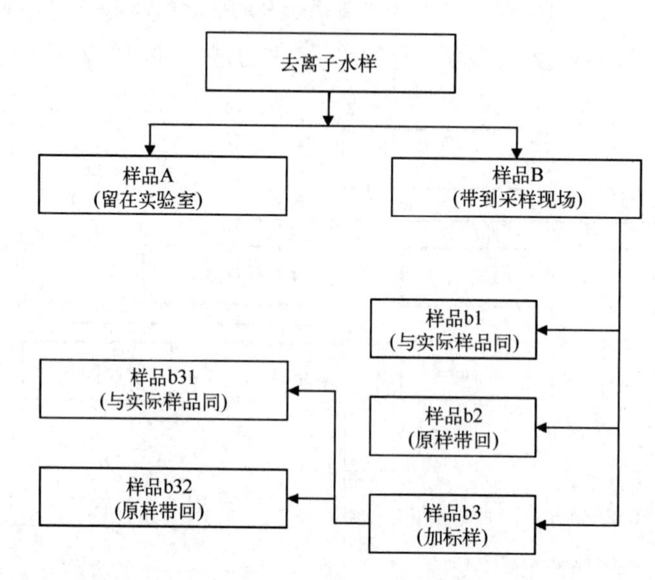

图 1.3　现场空白样和现场加标样的质量控制技术

比较 A 样和 b1 样的分析结果，可以确定从样品采集、保存到运输整个过程引起的误差。比较 A 样和 b2 样的分析结果，可以确定样品运输过程引起的误差。比较 A 样和 b32 样的分析结果，可以确定样品不稳定、污染和运输过程引起的误差。比较 A 样和 b31 样的分析结果，可以确定样品采集整个过程引起的误差。比较 b1 样和 b2 样的分析结果，可以确定采样容器污染或者样品采集过程中其他操作引起的误差。比较 b2 样和 b32 样的分析结果，可以确定样品不稳定和污染引起的误差。比较 b31 样 b32 样的分析结果，可以确定采样容器污染或者样品采集过程中其他操作引起的误差。

另外，除了用去离子水制作现场空白样-现场加标样外，还可用现场海水样品的加标的方式制作现场平行样-现场加标样(中国环境监测总站，1994)。分别用“P”表示“加标”、“f”表示“现场”、“L”表示“实验室”，对现场采集、样品制作和实验室分析的质控样进行标注。

在同一个采样站位上，同时采集双份平行样：A 样和 B 样；并按样品采集相同的操作，将实验室所用纯水采入空样品瓶中，用作现场空白样，C 样。

将 A 样和 B 样各分为两份子样，A_1、A_2样和 B_1、B_2样。

再将 B_1样分成两份，向其中一份中加入一定量的标准溶液，制成 B_{1Pf}；将另一份带回实验室做相同处理，制成实验室加标样 B_{1PL}；同时保留 B_2样。

将现场空白样 C 样分为三份，按现场加标和实验室加标进行处理，分别制成 C_{Pf}和 C_{PL}，同时保留一份 C 样。

将上述采集和制备的样品及时送回实验室进行分析测试。

测定实验室的空白和标准溶液，所得结果应符合实验室内控的要求，证明实验室测试处于受控状态。

测定 C_{Pf}和 C_{PL}。如果 C_{Pf}的回收率失控，而 C_{PL}的回收率合格，则系统误差产生于样品运交实验室之前。

测定 B_2、B_{1Pf}和 B_{1PL}。如果 B_{1Pf}的回收率失控，而 B_{1PL}的回收率受控，则可判断误差产生于分析测试之前。

若 A_1和 A_2测定的相对偏差大于其临界值 R_c($R_C = 3.27R$，R 为同一浓度范围内的相对偏差的平均值)，则可判断实验室内的分析精密度不合要求。

若 A_1和 A_2测定的平均值与 B_2的相对偏差大于其临界值 R_C，则可判断现场采样未能提供具有代表性的样品。

1.2.3 沉积物样品的采集

沉积物样品采集，除符合《海洋监测规范　第 3 部分：样品采集、贮存与运输》(GB 17378.3—2007) 和《海洋监测规范　第 5 部分：沉积物分析》(GB 17378.5—2007) 的要求外，还应满足如下要求。

1.2.3.1 采样设备

采样设备一般包括沉积物采样器和辅助采样器材。

沉积物采样器，通常用强度高、耐腐性强的钢材制成，有掘式(抓式)采泥器、箱式采样器和管式采泥器等几种类型。掘式采泥器适用于采集面积较大的表层沉积物样品；箱式采样器适用于采集面积较大及一定深度的沉积物样品；管式采泥器适用于采集柱状沉积物样品。

辅助采样器材，主要包括绞车(电动或手摇绞车，附有直径 4~6 mm 钢丝绳，负荷 50~300 kg，带有变速装置；采柱状样应使用电动绞车或吊杆，钢丝绳直径 8~9 mm，负荷不低于 300 kg)、接样盘(木质或塑料材质)、接样箱、竹铲、塑料勺、钢勺、烧杯、标签卡、钢卷尺、记号笔、铅笔和记录表格等。

1.2.3.2　样品容器及洗涤

沉积物样品容器及洗涤一般应满足如下要求：①采样前，应提前清洗样品容器，洗涤干净后用铝箔纸包好，放入洁净的采样箱内，备用；②尽量使用新购置的铝箔、聚乙烯袋或聚苯乙烯袋盛装样品；③铝箔纸用二氯甲烷(色谱纯)浸泡24 h，晾干，备用；④盛无机物样品的玻璃容器，依次用硝酸溶液(1∶2，体积比)浸泡2~3 d，去离子水清洗干净，晾干，备用；⑤盛有机物样品的玻璃容器，依次用盐酸溶液(1∶3，体积比)浸泡24 h，蒸馏水洗涤，350℃下烘4 h，二氯甲烷(色谱纯)洗涤，晾干，备用；⑥其他玻璃器皿和器具，依次用盐酸溶液(1∶3，体积比)浸泡24 h，蒸馏水洗涤，甲醇(色谱纯)洗涤，晾干，备用。

1.2.3.3　采样操作

沉积物样品的采集一般应满足如下要求：①采样前，应先将采样器具上的防锈油脂除去，再依次用洗涤剂清洗，自来水清洗，现场海水冲洗干净；②采样时，尽量减少水体对沉积物的搅动，特别是在浅海区，若海流速度大，可加大采样器配重，保证在准确的采样点位置上采样；③提升采样器时，如发现因障碍物导致采泥器斗壳不稳定、不紧密或壳口处夹有卵石或其他杂物，样品流失过多，或因泥质太软而从采样器耳盖等处流失时，应重新采样；④沉积物样品采上后，用塑料盘和小木勺接样，滤去水分，剔除砾石、木屑、杂草及贝壳等动植物残体，搅拌均匀后，再取样；⑤若海底沉积物层很硬，可在同一采样站位上重复采样几次，将所有采集上来的沉积物混合均匀后，再取样；⑥现场测定氧化还原电位，应保持原样不受搅动，避免空气进入，可将电极插入采泥器中的沉积物层中直接测定；⑦可采用离子选择性电极法，现场测定沉积物中硫化物；⑧采用比色法和碘量法测定沉积物中硫化物，应采集新鲜沉积物样品(湿样)，于磨口广口玻璃瓶中，加入醋酸锌固定液，旋紧样品瓶的磨口塞，密封保存，运回实验室后尽快测定；⑨供铜、铅、镉、锌、铬、砷等测定的沉积物样品，应盛于聚乙烯袋或聚苯乙烯袋中保存；⑩供含水率、粒度、总汞、石油类、有机碳、持久性有机污染物测定的沉积物样品，应盛于广口玻璃瓶中密封瓶口保存，亦可用铝箔包裹样品(总汞样品除外)后置于密封袋内保存；⑪样品处理完毕，将样品瓶(或容器)放入样品箱中保存，且勿与船体或其他污染源直接接触；⑫弃去采泥器中残留的沉积物，冲洗干净，待用；⑬当采集的表层样不超过5 cm时，应重采。

1.2.3.4 沉积物样品采集的质量保证与质量控制及要求

沉积物样品采集的质量保证与质量控制一般应满足如下要求：①沉积物样品采集用现场采平行双样进行质量控制，平行样应占样品总量的10%以上，当样品总数小于10个时，可采集一组现场平行样；②每个航次(或每批样品)至少采集一组现场平行样；③当使用新采样设备、新容器和新材料时，要进行设备材料的空白试验；④在同一采样站位重复采样2~3次，分别取样，分别测定，以均值报出，可增强样品的代表性；若质控样的分析结果超出控制限，应找出原因，在未查出原因之前，不得继续测试样品；⑤采集采泥器中的沉积物样品时，不得采集已接触采样器内壁上的沉积物；采样时，应防止采样装置、大气尘埃带来的沾污；⑥采样时应避免与已采集样品间的交叉沾污；⑦采样后，盛样品容器(袋)应尽快存放在清洁的样品箱内，有条件的可冷藏保存。

1.2.4 生物样品的采集

生物样品的采集，除符合《海洋监测规范　第3部分：样品采集、贮存与运输》(GB 17378.3—2007)、《海洋监测规范　第6部分：生物体分析》(GB 17378.6—2007)、《海洋监测规范　第7部分：近海污染生态调查和生物监测》(GB 17378.7—2007)的要求外，还应满足如下要求。

1.2.4.1 采样器具或分割器具

生物样品的采样器具或分割器具：采样用绞车、电缆、不锈钢刀或铲，拖网；聚乙烯镊、玻璃刀和石英刀等(为重金属样品的生物体解剖、分割工具)；不锈钢镊、不锈钢解剖刀等(为有机物样品的生物体解剖、分割工具)。

1.2.4.2 样品容器及洗涤

样品容器及洗涤一般应满足如下要求：用于有机污染物分析的生物样品，应储存在预先洗净的玻璃容器中，其容器和衬盖依次用洗涤剂清洗，用自来水冲洗，再用二氯甲烷浸泡，最后用去离子水漂洗；用于重金属分析的生物样品，应储存在聚乙烯袋或玻璃容器中，其容器和衬盖依次用洗涤剂清洗，用自来水冲洗，再用稀酸浸泡，最后用去离子水漂洗；工作台面用25%乙醇或丙酮清洗干净；去除外部组织的器具，应与解剖用的器具分开，避免交叉污染。

1.2.4.3 生物样品的采集与处理

现场采集样品，一定要保持生物个体不受损伤。栖息在岩石或其他附着物上的生物个体，可用凿子铲取。栖息在沙底或泥底中的生物个体，可用铲子采取，或用铁钩扒取。在选取生物样品时，应去掉壳碎的或损伤的个体(指机械损伤)，但在特殊情况下(如溢油或其他事故)，对采集的生物样品不能丢掉，应保存起来，带回实验室分析其原因。要挑选完好的生物个体，每种样品必须选择大小、性别、年龄都相同(或相近)的个体，记录其体长(贝类应记录壳长、壳高和壳宽)、性别、年龄等。现场无法确定生物种名时，需将该样品(2~3 个个体)放入广口玻璃瓶中，用 5%甲醛溶液或 70%酒精溶液保存，待实验室鉴定。

在养殖场、渔船、渔港采集或选取样品时，原则同上。

解剖生物组织时，为避免交叉沾污，去除外部组织的器具，应与解剖供分析用组织的器具分开放置。鱼、蟹和软体动物，应用不锈钢或石英器具处理。取出生物体内脏，剩余组织用铝箔包封，置于防腐塑料袋中，并立即冻洁。鱼类样品，应避开鱼体表面粘物质或粘附污泥的沾污。剖割组织样品应在-20℃下储存。

1) 贝类样品的采集

在全海域大尺度监测的同一项目中，应在相同(或相近)的采样时间内，尽可能采集相同年龄、相似个体大小的同一种贝类，以增强监测结果的可比性。

贝类样品的采集限定 8 种：菲律宾蛤仔、文蛤、四角蛤蜊、紫贻贝、翡翠贻贝、毛蚶、缢蛏和僧帽牡蛎。其中，长江以北沿岸优先采集顺序为：紫贻贝、菲律宾蛤仔、文蛤、四角蛤蜊和毛蚶；长江以南沿岸优先采集顺序为：翡翠贻贝、僧帽牡蛎、缢蛏、毛蚶、菲律宾蛤仔和文蛤。

优先选择采集贻贝类和蛤类，河口区优先选择采集文蛤。

挑选采集体长大致相似的个体约 1.5 kg(如牡蛎为 40 个、贻贝为 60 个左右)。若壳上有附着物，应用不锈钢刀剥掉；彼此相连的个体应用不锈钢小刀分开。用现场海水冲洗干净，放入双层聚乙烯袋中，冰冻保存(-20~-10℃)，用于生物残毒及贝毒检测[《海洋生物质量监测技术规程》(HY/T 078—2005)和《贻贝监测技术规程》(HY/T 079—2005)]。

2) 大型藻类样品的采集

采集大型藻类(次年以上的)样品 100 g 左右，用现场海水冲洗干净，放入双层聚乙烯袋中，冰冻保存(-20~-10℃)。

3) 细菌学检测指标(粪大肠菌群、异养细菌)样品的采集

细菌学检测指标的生物样品，栖息在岩石(或其他附着物)上的生物个体，

可用凿子铲取。栖息在沙底或泥底中的生物个体，可用铲子采取，或铁钩子扒取。在选取生物样品时，不得采集壳碎(或损伤)的个体。将无损伤、活力强的生物个体装入做好标记的塑料袋中，再将样品放入冰瓶中，冷藏(0~4℃)保存，不超过24 h，全过程严格无菌操作。

4)虾、鱼类样品的采集

虾、鱼类等生物的取样量为1.5 kg左右。为保证样品的代表性和分析用量，应根据生物个体大小确定生物的个体数，确保足够量(一般需要100 g肌肉组织)的样品用于分析测试，冰冻保存(-10~-20℃)。

1.2.4.4 生物样品采集的质量保证与质量控制及要求

生物样品采集的质量保证与质量控制一般应满足如下要求：采样时要谨防采样工具(如绞车或缆绳等)上的油脂、发动机、船体灰尘和冷却水的沾污；在采样及处理过程中，严禁吸烟和涂抹化妆品；尽量在现场解剖和分割生物样品，处理生物样品时应戴洁净手套，将分割的样品盛于干净的广口玻璃瓶中，分开保存；如现场或方法空白大于方法的检出限，应仔细核查样品处理的所有步骤，查找原因后再行分析；现场平行样占样品总量的5%~10%，每个航次(或每批样品)至少采集一组平行样；现场平行样的测试结果应控制在允许差范围内，若现场质控样分析结果超出控制限时，要查找原因，在未找出原因之前不得测试样品；实验室可采用标准添加法、基质校正法对等分样混合不均匀所产生误差进行校正。

1.2.5 样品的保存

海洋监测样品保存中的质量保证与质量控制，除了符合《海洋监测规范　第3部分：样品采集、贮存与运输》(GB 17378.3—2007)的要求外，还应满足以下要求。

海水样品的保存基本要求是要抑制微生物作用，减缓化合物或络合物的水解及氧化还原作用，减少组分的挥发和吸附损失，防污染。海水样品保存方法有冷藏法、充满容器法及化学法。冷藏法是指将样品在4℃冷藏或将水样迅速冷冻，在暗处储存，但冷藏温度要适宜，冷藏储存海水样品不能超过规定的保存期；充满容器法是指采样时用样品充满容器，盖紧塞子，加固使其不松动；化学法通常是指加入化学试剂控制溶液pH值，或者加入抗菌剂、氧化剂或还原剂等保存样品，使其增加稳定性。

样品采集后，要选择正确的保存剂处理，同时要在现场测量和记录样品温度和 pH 值、溶解性气体(如溶解氧)、悬浮物等物理参数，如果无法现场测量，也要在采样后尽可能短的时间内测量。要确保样品按照正确的方式送回实验室分析。一般要求样品瓶密封、避光、避热，以免样品由于气体交换、化学反应和微生物新陈代谢等作用发生性质上的变化。不能立即分析的样品要使其保持稳定，短期内分析的样品需要在 4℃条件下保存，长期分析的可在-20℃冷冻保存。由于在冷冻过程中可能会造成样品浓度分布不均匀，因而在使用样品前必须确保其解冻完全；也可以通过加入化学保存剂的方法保存样品，但要确定保存剂的加入不会对分析测试产生干扰或影响分析结果。采取的保存方法要详细记录在采样报告中。

样品保存的有关注意事项如下：海水样品须按规定条件保存，并尽快分析；DO、铵盐、亚硝酸盐和叶绿素 a 海水样品应避光保存；叶绿素 a 样品采集后要立即过滤，然后用铝箔将滤膜包裹起来，在-20℃条件下保存，待测；湿样沉积物样品应在 4℃以下保存，尽快分析，一般不超过 7 d；微生物检测样品，冷藏(4℃以下)运回实验室，立即进行无菌样品制备和检测；生物残毒样品，须在采样 24 h 后处理，将样品放在聚乙烯袋中，冷冻保存；生物残毒和贝毒检测样品，-20℃冷冻保存，尽快分析，一般不超过 14 d。

1.2.6 样品的运输

海洋监测样品运输中的质量保证与质量控制，除了符合《海洋监测规范 第 3 部分：样品采集、贮存与运输》(GB 17378.3—2007)的要求外，还应满足以下要求。

样品运输应注意的事项如下。

(1)送往采样地点的空样容器，尤其是运回实验室的样品容器，均应小心运输，以防容器破裂。

(2)为防止样品瓶破碎，样品箱盖应衬有隔离材料，以加强箱内样品瓶的固定性。

(3)样品包裹应严密，拧紧容器盖，以避免任何沾污或蒸发，并用洁净的聚乙烯袋包裹后稳定在包装箱内。

(4)除现场测定的样品外，其余样品应及时运回实验室储存或分析。

(5)样品运输前，应根据采样记录和样品登记表清点样品，填好装箱单和送样单，由专人负责，将样品安全送回实验室。

(6)盛装海水等液体样品桶(或箱)的运输，应在样品桶(或箱)的外部标注“↑”的符号，并加贴写有“内装海水，小心轻放，不得倒置!”字样的警示条。

(7)现场不能及时分析的样品(如溶解氧样品)，若需长途运输，应在现场加入固定剂，盖紧瓶盖，置入特制的固定样品箱中，以免松动瓶盖，进入空气污染样品。

(8)沉积物样品采集后，若需长途运输，应把样品放入样品箱(或塑料桶)中运输。

(9)盛装分析硫化物等的沉积物样品瓶，应在现场加固定剂固定，盖紧瓶盖，放入特制的固定样品箱中运输，以免松动瓶盖，进入空气氧化。

(10)生物样品采集后，若需长途运输，应把样品放入样品箱(或塑料桶)中。对于无须封装的生物样品，应将现场清洁海水淋洒在生物样品上，保持生物样品润湿状态。

(11)在不同季节运输样品，应采取不同的保护措施，确保样品运输中不损坏或不变质。

(12)在冬季运输水样，要注意防冻，应采取适宜的保温措施；在夏季运输生物样品，要注意防腐，必要时需采取适宜的冷冻措施。

1.3 分析测试的质量保证与质量控制

有关分析测试的质量保证与质量控制，除应符合《海洋监测规范　第4部分：海水分析》(GB 17378.4—2007)、《海洋监测规范　第5部分：沉积物分析》(GB 17378.5—2007)、《海洋监测规范　第6部分：生物体分析》(GB 17378.6—2007)、《海洋监测规范　第7部分：近海污染生态调查和生态监测》(GB 17378.7—2007)的相关规定外，分析测试的质量保证与质量控制还应符合如下要求。

1.3.1 玻璃器皿等实验用具的质量保证

玻璃器皿等实验用具的质量保证与质量控制一般应满足如下要求：①直接或间接给出测试数据的计量器具，应由计量监督部门(或被授权的机构)定期检定；②对尚无检定规程的计量器具，应编写自校方法，进行自校验，贴上合格标志，在有效期内使用，以保证监测数据有足够的准确性和可靠性；③带有刻度的试管、移液管和容量瓶等实验器皿，应在使用前进行校准；④玻璃器皿及用具，依次用洗涤剂洗涤、自来水冲洗、纯净水冲洗干净，烘干或风干后，待用；⑤实验容器及用具，每次实验用前须用实验试剂清洗干净，一般不使用清洗过夜的器具；⑥实验室用于洗涤实验器具的洗涤剂，用后应倒掉，不得重复使用。

1.3.2 分析仪器的校准及其质量保证

分析仪器的校准及其质量保证与控制一般应满足如下要求：①检查仪器性能指标是否正常，各操作条件是否与以前最佳条件相一致；②按仪器操作方法，每天至少调试一次仪器，分析一次标准物质，以核查仪器是否处于受控状态；③在样品分析前，应认真清洗进样器或比色皿等器具，直至仪器无干扰信号或不干扰样品测定为止；④环境样品或标准样品的仪器进样量应尽量小，以防止出现仪器(或色谱柱等)的记忆效应；⑤在分析检测过程中，被测物的响应值应落在校准曲线响应值的范围内，不得外推；当被测物的响应值与最初响应值相差±15%时，应重新绘制校准曲线；⑥应定期对分析测试系统进行正确调试和初始校准，以维持仪器设备处于正常的运转状态；⑦应确保分析空白、分析系统、玻璃器皿和试剂处于受控之中，严防分析测试系统遭受沾污。

1.3.3 试剂、水和有机溶剂的质量保证

试剂、水和有机溶剂的质量保证与质量控制一般应满足如下要求：①实验用试剂质量的优劣，将直接影响分析结果的准确性，严重影响到环境监测数据的质量，应购买优质的名牌试剂；②在同一个测定项目中，所用试剂和溶剂最好是同一厂家生产的同类产品；③应根据不同精度的检测方法，分别选用化学纯、分析纯、色谱纯或优级纯等不同级别的化学试剂，以满足不同方法的质量要求；④分析检测用水，应使用二次去离子水或满足分析质量要求的水；⑤根据不同方法精度的要求，选用不同净化方法纯化试剂、水和有机溶剂等；⑥重蒸试剂应混匀后再用；⑦标准物质(或基准物质)贮备液应按使用说明书配置，标准使用溶液通常现用现配，或按分析方法的要求配制。

1.3.4 海水样品前处理的质量保证与质量控制

海水样品前处理一般应满足如下要求：①用于海水样品前处理的容器或器皿，

须用铬酸洗液或洗涤剂浸泡 15 min 以上，依次用自来水、去离子水洗净，使用前按照不同测项的需求再选用其他试剂浸泡或漂洗；②每次前处理应做一个试剂空白，使其空白值低于方法检出限；③按照污染轻重的顺序，先处理洁净的样品，后处理污染重的样品，避免分析过程中仪器对重污染样品的记忆效应所带来的样品间的交叉沾污；④应做好记录，准确记录前处理过程中样品体积变化等事宜。

1.3.5 生物或沉积物样品提取的质量保证与质量控制

生物或沉积物样品提取的质量控制与保证一般应满足如下要求：①生物样品的分割实验室要保持干净，并设有防沾污措施；②最好在陆地实验室分割生物样品，用于分割生物的玻璃板应清洁、防尘；③生物样品采集后，最好在 10 d 内匀浆或提取，使用组织匀浆机前，须彻底清洗；④用聚乙烯镊分割用于分析重金属的生物样品，用不锈钢刀或镍刀分割用于有机污染物的生物样品；⑤应选择适当的索氏提取器或超声波提取样品管，样品量和加入溶剂的总体积一般不超过容器的 3/4；⑥样品处理时，应使用干净的滴管，严禁滴管与样品液面接触，防止交叉污染；⑦浓缩样品提取液时，提取液温度不宜太高(一般不超过 70℃)，浓缩速度应适宜，不要太快，更不要蒸干，适当保留欲浓缩的体积；⑧每批样品的前处理温度和时间要一致，不应损失待测组分，也不得引入干扰组分；⑨每次处理样品，至少分析一个标准物质和一个试剂(或溶剂)空白，其空白液中待测物的含量应低于方法的检出限。

1.3.6 分析测试中的质量控制与质量保证要求

分析测试中的质量控制与保证一般应满足如下要求：①可选用质控图、明码质控样或加标回收等方法进行实验室内自控；②环境样品应插入 5%～10%的质控样进行分析；③当环境样品不足 10 个时，应插入 20%的质控样进行分析；④分析空白和标准样的数量应均占环境样品总数的 5%；⑤每批样品至少加测一个分析空白样和一个标准样；⑥分析空白值一般应低于方法的检出限；当分析空白值大于环境样品测定值的 30%时，应对实验条件和分析结果进行仔细检查；⑦当质控样品的测定值超出控制限时，应查找原因，在未找出原因之前不得分析环境样品；⑧当样品的测定结果受盐度或 pH 值影响时，应分别对其测定结果进行盐度校正或酸度校正。

1.3.7 分析测试中的质量控制样

1.3.7.1 分析空白样

分析空白样是指除不加样品外，其余过程(包括条件)同样品分析一样所制备的空白样品。分析空白值的大小主要是由分析用水、试剂、分析仪器、器皿、分析环境、分析人员的操作等引起的。为此，应进行空白实验，降低空白值，保证样品的分析质量。通过控制环境因素以及实验条件，主要包括试剂和用水的选择与处理、仪器设备的调试、器皿和环境的净化、分析人员的熟练操作以及通过估算检出限大小来进行空白评价。如连续 5 天测定空白平行双样，并计算检出限。若计算结果明显高于测试方法规定的检出限，则说明空白测定的精密度不好，必须加强控制方法并重新进行空白试验，直至合格为止。分析空白平行双样测定结果的相对偏差不应大于30%。

1.3.7.2 外业现场取样

外业现场取样是海洋监测过程中至关重要的一环。样品的最终测试结果，除了受测试人员、测试环境、测试用品、测试方法等的影响外，还与外业作业条件、作业人员的取样动作、取样工具等密切相关。为了控制样品自外业取样到进入实验室测试完毕的整个过程中的污染，通常实施现场空白样的质量控制。一般由监测人员将空白样品携带至采样现场，由质控人员抽样并密码编号，检测完毕后解密。如果得到的空白值符合要求，则视本航次取样过程和相关用品合格，分析结果有效；否则，要查清原因，排除干扰影响后，再报送分析结果。

1.3.7.3 原始平行样

原始平行样是监测人员在同一监测站位采集多份样品带回实验室，交由质控人员统一进行（或分样后进行）密码编号，分散分布在样品中，进行分析测试。平行双样($n=2$)一般每批抽取5%~10%（至少 1 个）的样品进行测定。检测完毕后解密，平行样测试结果符合实验室误差容许限即为合格，每批合格率要求在95%以上。若合格率较低，则需要进行复查，甚至重新取样分析。

1.3.7.4 测试平行样

测试平行样是检测人员在实验室内对同一样品进行平行双样的分析测定，其结果可以表征实验室分析检测的精密度。在样品量允许的情况下，监测人员可以选取一定比例的样品进行测试平行样的分析，实施自控式质控。

通过平行双样的测试，可以对该批样品测定结果的精密度进行质量控制。

1.3.7.5 质量控制样

质控平行样品被带回实验室后，交由质控人员将其中一份平行样中加入标准物质，作为加标样，将另一份平行样品作为本底样品；或者在监测样品中插入标准样品，统一密码编号后再发送至测试部门进行分析，以此作为准确度的控制手段。每批样品一般选取样品数量10%(至少1个)进行加标回收分析，或插入样品数量5%(至少1个)的标准样品参与分析。标准加入量应尽可能地小，以基本不改变样品量为准，加入的浓度与样品中待测物浓度尽量接近。在任何情况下加标量不得大于待测物含量的3倍，加标后的测定值不应超过方法测定上限的90%。当样品中待测物浓度高于校准曲线的中间浓度时，加标量应控制在待测物浓度的一半以内。在测定加标回收率时，应在与加标样对应的样品中加入与加标体积相同的溶剂(与稀释标准样品用的溶剂相同)，并使总体积与加标回收样的总体积相当，以削减溶剂不纯带来的误差。另外，标准样品测定值要在标准物质标称值不确定度范围内，加标回收率要符合GB 17378—2007相应的容许限，每批合格率要求在95%以上。同样，测试部门可以根据情况进行相应的自控手段。

(1)海水样品的质控样测定率应达到10%~20%。当样品数量少于10个时，每批样品测定数不少于1组或1个；海水平行样的相对偏差允许值和海水样品加标回收率的允许值，皆不得超出方法给出的范围值，若无此规定，均按表1.1执行，或由分析质量控制图来控制。

每批平行样合格率在90%以上，分析结果有效；合格率在70%~90%时，随机抽30%的样品进行复查，复查结果与原结果总合格率达90%以上时，结果有效；合格率在50%~70%时，应复查50%的样品，累计合格率达90%以上时，结果有效；合格率小于50%时，需重新取样分析；上报数据时，按平行双样结果的均值计算。

当质控样超出允许误差时，应重新分析超差的质控样，并随机抽取一定比例样品进行复查。如复查的质控样品合格，且复查样品的结果与原结果不超出平行双样的允许偏差，则原分析结果有效，如复查的质控样仍不合格，表明本批分析结果准确度失控，分析结果不得接受，应找出原因加以排除后，再行分析。

(2)沉积物质量控制采用平行样分析、标准样品分析等方法，可根据具体情况，采用密码或明码两种方式。从分析样中按表1.2中给出的比例，任意抽取检查样，分别另编样品号，与原样品同等测试。沉积物平行样(包括抽查样)的相对偏差允许值，按表1.3执行。

表1.2　沉积物分析抽取检查样比例

分析样/个	<10	10~30	>30
检查样抽取百分数(%)	20~50	10~20	10

表1.3　沉积物平行双样相对偏差

分析结果所在数量级	10^{-4}	10^{-5}	10^{-6}	10^{-7}	10^{-8}	10^{-9}
相对偏差允许限(%)	4	8	15	20	30	40

每批平行样合格率在90%以上，分析结果有效；当合格率在70%~90%时，随机抽30%的样品进行复查，复查结果与原结果总合格率达90%以上时，结果有效；当合格率在50%~70%时，应复查50%的样品，累计合格率达90%以上时，结果有效；当合格率小于50%时，超差的样品需重新称样进行测定，直至结果合格为止；在上报数据时，按平行双样结果的均值计算。每批样品应插入2~3个海洋沉积物标准物质进行分析，用于检验有无系统误差；当样品数量较少时，分析沉积物标准物质不应少于一个。

(3)微生物在同类同批的水样中，选出最先的15个阳性水样，由同一实验人员作平行双样分析，得出双样分析的15组数据n_1和n_2，然后计算n_1和n_2的对数值$\lg n_1$和$\lg n_2$(如果任一双样结果中有一个为零，则将n_1和n_2均加1，再计算对数值)，求每组数据对数值差值的绝对值，其平均值作为R值，取3.27R作为精密度判断值。假设某批样品的15个阳性水样的R值为0.051 8，则精密度判断值=$3.27R=3.27\times0.0518=0.1694$。

取待测水样中的10%，做双样分析，按上述计算结果，当对数值的差值大于3.27 R(精密度判据)时，表示试验的精密度已失控，须废弃自上一次精密度检查之后的双样试验结果，并找出原因加以纠正后，方可继续检测水样。

定期用最新获得的15对双样试验数据计算出最新的精密度判据值3.27 R，用以比较和检查控制精密度的程度。

(4)叶绿素a取10%~20%的样品进行平行双样分析，其平行双样相对偏差要求同上述(1)项的相关要求。

(5)海洋生物的分类鉴定，尤其是优势种，应鉴定到种的水平，并计数。确实鉴定不到种的，可上升至上一级分类单位。

鉴于海洋生物种类繁多，且地区间差异较大，宜采用实验室内或实验室间互校的办法。要求不同鉴定人员对固定种类所鉴定的误差不超过10%。

(6)生物体污染物残留量质量控制样可参照上述(2)项的相关规定执行。

1.4 海洋监测资料处理中的质量保证与质量控制

1.4.1 海洋监测资料形式

海洋监测资料形式主要包括：以数值为主体的海洋监测资料；以字符为主体的海洋监测资料；以模拟信号、图形、声像为主体的海洋监测；有保留价值的样品或标本为海洋监测实物性资料。

1.4.2 海洋监测资料的载体形式

海洋监测资料的载体形式主要包括：海洋监测资料数据、报表；海洋环境现场监测采样记录；磁带、软盘、光盘等监测资料的记录。

1.4.3 海洋监测报表的制作要求

海洋监测报表的制作一般应满足如下要求：海洋监测人员要逐项按规定编制海洋监测数据报表；填写前应全面审查原始记录表，发现可疑数据应认真核对，按规定在报表中填写相应的质量符；严格抄、校制度，必要时对报表进行检查和校对；对于特殊情况，应在备注栏目内加以说明和记载；每张报表出现三次以上修改，应重新编制；抄录人、校对人和复校人等都应在相应栏目中签字。

1.4.4 海洋监测数据的统计检验

海洋监测数据统计检验一般应满足如下要求：使用法定标准计量单位，在使用单位量纲上按统一规定保持一致；按《海洋监测规范　第2部分：数据处理与分析质量控制》(GB 17378.2—2007)对海洋监测数据进行有效数字修约，保留准确的有效数字位数；检出浓度低于检出限的报“未检出”；统计报表缺项时，用斜线符号“/”表示；在监测数据报表中，上下行或左右栏数据相同时，须如实填写，不得简写或用其他符号代替。

1.4.5 海洋监测资料的整理与检查

海洋监测资料的整理与检查一般应满足如下要求：按照海洋监测计划要求，对原始资料、海洋监测数据进行分类、筛选，形成较全面、系统的数据资料，计算出必需的统计量，并编制成图表；对海洋监测数据进行逻辑性判断，如发现反常现象，应查找出原因，纠正错误结果；对报表进行统计检验和校对，可利用横列相加与纵栏相加等于总计的原则，对统计报表进行检验，按10%对报表进行抽检复查，防止由原始记录向报表转抄、誊写过程中出现的错误，对原稿进行校对；对海洋监测数据进行完整性检查，如发现缺漏要设法弥补，无法弥补时应注明原因。

1.4.6 监测数据的相关性比较

分析人员和质量保证人员，除了熟练掌握必要的数理统计方法外，还必须熟悉采样站位的情况，了解样品中待测物的来源以及干扰物质的影响，与其他分析项目的相关性等。对监测结果既要作纵向比较(与以前的分析数据比较)，又要作横向比较(与其他分析项目的相关性比较，如化学需氧量与生化需氧量和溶解氧之间的相关性，是否出现异常情况)。监测数据只有在纵向、横向比较无异常现象出现或各质控指标都处于受控的情况下才是可靠的。否则，应查找原因，采取补救措施。

1.4.7 监测数据的三级审核

监测数据必须是有效的数据。监测数据的处理必须按照《海洋监测规范　第2部分：数据处理与分析质量控制》(GB 17378.2—2007)中有关规定执行，严格按照“四舍六入五留双”原则取舍。

出具监测数据报告前，应对采样、分析测试、分析结果的计算等环节进行逐一核实，确认无误后才能上报。对于采样人员或分析测试人员的差错及样品损伤或破坏等原因造成的错误数据必须剔除；超出分析方法灵敏度以外的数据亦必须剔除。

测定中出现离群值，在没有充分理由说明错误原因的情况下，不能随意舍去，要在报告中加以说明。监测数据和报告的审核执行三级审核制：一级审核为采样人员与分析人员之间的互核；二级审核为实验室负责人的审核；三级审核为技术主管的审核。所有审核人员必须在报告上签名。

1.4.8 海洋监测资料的管理

海洋监测资料管理一般应满足如下要求：海洋监测资料应实施统一管理；应组织熟悉监测数据资料的专业技术人员对数据资料进行人工审核；用计算机对数据资料进行自动质量控制时，应定期进行非法码、误码、有效性、要素可变化的范围、唯一性、合理性和相关性等检验；数据资料录入前须核对录入程序，录入完成后须对已录入数据资料进行批处理抽样检查；抽样率不得低于录入量的5%，误码率应低于万分之一；对不合格的批处理数据资料，应重新复核或视情况重新录入，直至抽样合格为止；采用人工或计算机进行监测数据资料的审核时，所选择的数据资料处理方法引入的误差不得超过获取原始资料规定的误差标准；单项监测或某一监测任务结束后，监测数据资料应及时归档和传递。

思考题

1. 何谓海洋环境监测数据的“五性”？
2. 何谓海洋环境监测质量保证与质量控制？
3. 简述标准曲线和工作曲线的异同点。
4. 简述海洋环境监测中质量控制样的种类和使用方法。

参考文献

姜欢欢，张威，马芳，等，2014. 浅谈海洋环境监测质量控制及质量保证技术[J]. 海洋开发与管理，4：58-61.

刘现明，徐恒振，马永安，等，2000. 海洋监测质量保证手册[M]. 北京：海洋出版社.

中国环境监测总站，1994. 环境水质监测质量保证手册[M]. 2版. 北京：化学工业出版社.

第2章　数据处理与常用统计方法

本章主要对数据处理和常用统计方法的基本概念、方法原理、技术手段以及应用实例作了概述。数据处理与常用统计方法属于海洋环境监测数据处理和分析中的基础知识之一，是海洋环境监测分析工作者理应掌握的一门科学知识。

2.1　有效数字及其运算规则

由于任何测量都不可避免地存在测量误差，另外在数据处理中应用无理数时不可能取无穷位，所以通常得到的测定数据和测定结果都是近似数，加之目前普遍采用计算机进行数据处理。计算机可以使计算精确到几乎无限的小数位，经常造成测定结果以假乱真的现象。人们往往容易产生这样两种想法：认为一个数值中小数点后面位数愈多愈准确；或者计算结果保留位数愈多愈准确。其实，这两种想法都是错误的，究其原因有以下两条。其一，小数点的位置不决定精确度，而与所用单位大小有关。例如，用电位差计测定热电偶的电动势记为 764.9 μV 或 0.764 9 mV，精确度是完全相同的。其二，测定仪器只能达到一定的精度(或灵敏度)。仍以上面的例子来说，这种电位差计精度不会超过 0.1 μV 或 0.000 1 mV，运算结果的精确度绝不会超过这个仪器所允许的范围。

2.1.1　有效数字和有效位数

2.1.1.1　有效数字

为了取得准确的分析结果，不仅要准确测定，而且还要正确记录与计算。所谓正确记录指记录数字的位数，因为数字的位数不仅表示数字的大小，也反映测定的准确程度。若截取得到的近似数，其绝对误差(截取或舍入误差)的绝对值不超过近似数末位的半个单位，则该近似数从左边第一个非零数字到最末一位数字为止的全部数字称为有效数字[《数值修约规则与极限数值的表示与判定》(GB /T 8170—2008)]。

有效数字保留的位数，应根据分析方法与仪器的精确度来决定，一般使测得的数值中只有最后一位是可疑的。例如，在分析天平上称取试样0. 500 0 g，这不仅表明试样的质量为0. 500 0 g，还表明称量的误差在0. 0002g以内。如将其质量记为0. 50 g，则表明该试样是在台秤上称量的，其称量误差为0. 02 g，故记录数据的位数不能任意增加或减少。如上例中，在分析天平上测得称量瓶的质量为10. 432 0 g，这个记录说明有六位有效数字，最后一位是可疑的。因为分析天平只能称准到0. 000 2 g，即称量瓶的实际质量应为(10. 432 0±0. 000 2)g。

无论计量仪器如何精密，其最后一位数总是估计出来的。因此，所谓有效数字就是保留末一位不准确数字，其余数字均为准确数字。同时，从上面的例子也可以看出，有效数字与仪器的准确程度有关，即有效数字不仅表明数量的大小，而且也反映测定的精确度。

2. 1. 1. 2　直接测量数据的有效数字

实验中所测得的数据都只能是近似值，通常测定时可读到仪表最小刻度最后一位数，末位数是估计值，包含在有效数字内。如二等标准温度计最小刻度为0. 1℃，但可读至0. 01℃，如40. 76℃，此时有效数字为四位，而可靠数字仅三位，最后一位为估计值，不可靠。读数为40. 8℃时，应记为40. 80℃，表明有效数字为四位。

在科学与工程中，为了清楚地表示出数值的精度，可将有效数字写出，并在第二个有效数字前面加上小数点，而数值的数量级用10的整数幂来确定。这种用10的整数幂来记数的方法称为科学记数法。例如0. 000 388可写作3.88×10^{-4}，而38 800可写作3.88×10^{4}。科学记数法的好处是，不仅便于辨认一个数值的精确度(因为现存的数字无疑都是有效数字)，而且便于运算。

例如：98 100，若有效数字为四位，则记为9.810×10^{4}；若有效数字为三位，则记为9.81×10^{4}；若有效数字为两位，则记为9.8×10^{4}。

测定时，取几位有效数字取决于对实验结果精确度的要求及测定仪表本身的精确度。

2.1.1.3　非直接测量值的有效数字

实验中，除使用上一类有单位的数字外，还会碰到另一类没有单位的常数，如圆周率 π、自然对数的底 e、重力加速度 g 等以及某些因子，如 1/2 等。它们的有效数字位数，可以认为是无限的，引用时取几位为好，取决于计算所用的原始数据的有效数字的位数。

2.1.1.4　有效数字中“0”的意义

“0”在有效数字中有两种意义，一种是作为数字定值，另一种是有效数字[《数据的统计处理和解释正态性检验》(GB/T 4882—2001)]。例如在天平上称量物质，得到如表 2.1 所列的质量。

表 2.1　天平称量物品实例

物质	称量瓶	Na_2CO_3	高纯 Cu 粉	称量纸
质量/g	10.143 0	2.104 5	0.210 4	0.012 0
有效数字位数	六位	五位	四位	三位

表中所列数据中的“0”所起的作用是不同的。在 10.143 0 中两个“0”都是有效数字，所以其有六位有效数字；在 2.104 5 中“0”也是有效数字，其有效数字位数为五位；在 0.210 4 中，小数点前面的“0”是定值，不是有效数字，而数据中的“0”是有效数字，所以它有四位有效数字；在 0.012 0 中，“1”前面的两个“0”都是定值，而末尾的“0”是有效数字，因此其有三位有效数字。

综上所述，数字中间的“0”和末尾的“0”都是有效数字，而数字前面所有的“0”都只起定值作用。以“0”结尾的正整数，有效数字位数不确定，例如 4500 这个数，就不能确定是几位有效数字，可能是两位或三位，也可能是四位。遇到这种情况，应根据实际的有效数字书写成：4.5×10^3(两位有效数字)，4.50×10^3(三位有效数字)，4.500×10^3(四位有效数字)。

因此，很大或很小的数，常用 10 的整数幂来表示。当有效数字确定后，在书写时留一位可疑数字，多余数字按数字修约规则处理。

2.1.2　数字舍入规则

由于计算或其他原因，实验结果数值位数较多时，需将有效数字截到所要求的位数。我国科学技术委员会正式颁布的《数字修约规则与极限数值的表达与判定》(GB /T 8170—2008)，通常称为“四舍六入五留双”法则，即当尾数小于4时舍去，尾数为6时进位。当尾数为5时，则应视末位数是奇数还是偶数。若5前为偶数，应将5舍去；若5前面为奇数，应将5进位。

这一法则的具体运用如下：

(1)若舍去部分的数值，小于保留数字末位的0.5，则留下部分的末位不变；

(2)若舍去部分的数值，大于保留数字末位的0.5，则留下部分的末位加1；

(3)若舍去部分的数值，恰为保留数字末位的0.5，则留下部分的末位凑成偶数。即若末位数为奇数时，则加1变为偶数；若末位数为偶数时，则末位数不变(仍保留原偶数)。

为便于记忆，这种舍入原则可简述为：小则舍，大则入，正好等于奇变偶。下面给出几个例子便于掌握。

(1)将28.175和28.165处理成四位有效数字，则分别为28.18和28.16。

(2)若被舍去的第一位数字大于5，则其前一位数字加1。如28.2645处理成三位有效数字时，其被舍去的第一位数字为6，大于5，则有效数字应为28.3。

(3)若被舍去的第一位数字等于5，而其后数字全部为零时，则视被保留末位数字为奇数或偶数(零视为偶数)而定进或舍。末位数是奇数时进1，末位数为偶数时不进1。例如28.350，28.250，28.050处理成三位有效数字时，分别为28.4，28.2，28.0。

(4)若被舍去的第一位数字为5，而其后的数字并非全部为零时，则进1。例如28.2501，只取三位有效数字时，成为28.3。

(5)若舍去的数字包括几位数字时，不得对该数字连续修约，而应根据以上原则进行一次处理。如2.154546，只取三位有效数字时，应为2.15，不得连续修约为2.16 (2.154546 →2.15455 →2.1546 →2.155→2.16)。

2.1.3 有效数字运算规则

前面曾根据仪器的精确度介绍了有效数字的意义和记录原则，在分析计算中，有效数字的保留更为重要。下面仅就加减法和乘除法的运算规则加以讨论(钱政 等，2008)。

通过运算后所得到的结果其精确度不可能超过原始记录数据，所以在计算过程中，一个数据的位数保留过多，并不能提高精度，反而浪费时间，位数取得过少，会降低应有的精度。数字位数的取舍是有效数字运算规则确定的。有效数字运算规则如下。

(1)在加、减计算中，各运算数据以小数位数最少的数据位数为准，其余各数据可多取一位，但最后结果应与小数位数最少的数据的小数位数相同。

如：13.65、0.008 2和1.632三数相加时，应写为13.65+0.008 2+1.632=15.29。

(2)在乘、除计算中，以有效数字最少的数为标准，将有效数字多的其他数字删至多保留一位，然后进行运算，最后结果中的有效数字位数与运算前诸数据中有效数字位数最少的一个相同。

如1.3048×236，首先变为1.305×236，计算结果为307.98，最后取结果为308，是根据236的有效位数来定的。

(3)在乘方、开方计算中，其结果的有效数字位数应与其底数有效数字位数相同。

如 $\sqrt{49}=7.0$，而不能写成 $\sqrt{49}=7$；$4.0^2=16$，而不能写成 $4.0^2=16.0$。

至于指数、对数、三角函数运算结果的有效数字位数，可由改变量来确定。例如35°35′的最后一个存疑数字是5′，当换算成以度表示的十进制数时为35.58°。其sin35.58°=0.581 839 1…，

哪位是存疑数字呢？计算sin35.59°的值为0.581 981…，两数在小数点后第四位产生了差别，因而sin35.58°=0.581 84，最后一个“8”是存疑数字。

以上这些结论，在一般情况下是成立的，有时会有一位的出入。准确的方法还是应该评定出间接测定结果的不确定度，用不确定度去确定间接测定结果的有效数字位数。

2.1.4 海洋环境监测中有效数字的取舍及规定

例如，当用最小刻度为0.1 mL的滴定管来测定由滴定管从0刻度开始放出的溶液体积 V，规定取最终刻度读数 v 为 V 的近似值，这时 v 的误差限为最小刻度单位的1/2，即0.05 mL，如读得 $v=16.7$ mL，则准确值 V 应在[16.65，16.75]区间内。

现有某个近似值 δ，其误差限已知，是 δ 值的某一位上的半个单位，则该位到第一位非零数字共有 n 位，则称 δ 有 n 位有效数字，如上面的16.7 mL，误差

限是最后一位(数字7)上的半个单位(0.05 mL)，从数字7起往前数，数到第一位非零数字为止均为有效数字，即该数有三位有效数字。在有效数字的计算中，要特别注意到数字“0”的处理，因为有的场合中“0”应作为有效数字，有的场合中“0”则不能作为有效数字。一般来说，非零数字中间的“0”均为有效数字。例如2003中的两个“0”都是有效数字；在第一位非零数字前的“0”均不作为有效数字，如16.7 mL改写成为0.0167L，这两种表示方法都是三位有效数字。前面的两个“0”不算有效数字，在小数点(非零数字)后面的“0”均是有效数字。例如，将溶液体积记作 v=16.70 mL，这样的写法表示滴定管的最小刻度为0.01mL，误差限为0.005 mL，准确值 V 在[16.695，16.705]区间内，精度大大提高，因此16.70有四位有效数字。必须注意16.7 mL和16.70 mL这两种写法的区别，表示了两种不同精度的测定结果。小数点后面的“0”不能随便加上，也不能随便舍去。当不用小数点表示时，非零数字后面的“0”就比较含糊。例如某个污染物的排放量为2 700 g，此时有效数字可能只有两位，也可能有三位或四位。为了明确地表明有效数字的位数，最好用10的幂次前面的数字来表示有效数字的位数，上面的排放量可以用 2.7×10^2 g、2.70×10^2 g 和 2.700×10^2 g 分别表示两位、三位和四位有效数字。

有效数字的位数应与测试样品时所用的仪器和方法的精度相一致，即只应保留一位不准确数字，其余数字都是准确的。用万分之一的分析天平，称重量为1 g的样品，应记为1.000 0 g，用分度值为0.01的分光光度计测定水溶液的光密度时，只能读到0.001的精度。

常见的一等量器准确容量的记录按表2.2和表2.3的格式进行记录。

表2.2　一等无分度移液管准确容量的表示　　单位：mL

容量示值	允许差	准确容量
2	±0.006	2.00
3	±0.006	3.00
5	±0.01	5.00
10	±0.02	10.00
15	±0.03	15.00
20	±0.03	20.00
25	±0.04	25.00
50	±0.05	50.00
100	±0.08	100.0

表 2.3　一等量入式量瓶准确容量的表示　　单位：mL

容量示值	允许差	准确容量
10	±0.02	10.00
25	±0.03	25.00
50	±0.05	50.00
100	±0.10	100.0
200	±0.10	200.0
250	±0.10	250.0
500	±0.15	500.0
1 000	±0.30	1 000.0
2 000	±0.50	2 000.0

在进行监测数据的整理之前，必须遵循有效数字的计算规则与数字修约规则(张大年 等，1992)。

(1)在有效数字的位数确定之后，其后面的数字一律按照“四舍六入五留双”的原则来修约，即有效数字后面的数小于5则弃去，大于5则进1，如恰逢5就应采取奇进偶舍的原则，下面的例子将能说明上述的规则：

14.924 9→14.92；

14.926 0→14.93；

14.925 0→14.92；

14.915 0→14.92；

14.925 1→14.93。

(2)在加减计算中，其结果的误差限应与各数中误差限最大的那一个相同。在小数运算中，加减计算的结果，其小数点后保留的位数应与各数中小数点后位数最少者相同，即与误差限最大者相同。在实际计算中，可将各数先修约成比小数点后位数最少的数多保留一位小数进行计算，计算的最后结果再按上述修约规则修约。如：

$$561.32+491.6+86.954+3.946\,2$$

$$\approx 561.32+491.6+86.95+3.95=1\,143.82\rightarrow 1\,143.8$$

当两个数值相近的近似值相减时，其差的有效数字位数应比原数值减少很多，例如：

$$24.3271-24.3269=0.0002$$

原数值有六位有效数字，相减之后的差仅有一位有效数字，前面相同的有效数字都被消去。在这种情况下，如有可能尽量先做其他的计算，最后再相减或预先在原来的数值内尽可能多取几位有效数字。

(3)在乘除计算中，其结果的有效数字位数应与各数中位数最少者相同。具体计算中可以先将有效数字位数较多的数值，先修约成比位数最少的数值多保留一位有效数字，然后再进行乘除计算，并将所得结果修约成与有效数字位数最少的位数相同的数。例如：

$$\frac{4.8251 \times 2.534}{2.1} \approx \frac{4.83 \times 2.53}{2.1} = 5.819 \rightarrow 5.8$$

(4)近似值的平方、立方或多次方运算时，计算结果的有效数字位数与原数值位数相同，近似值的平方根、立方根或多次方根的有效数字位数也与原数值相同。

(5)对有效数字的第一位等于或大于 8 的数值进行计算时，有效数字可以多算一位。如 0.089 4，十分接近于 0.100 0，因此可以把该数认为有四位有效数字。

(6)由于测定平均值的精度要优于个别测定值的精度，因此，在计算准确度相同 4 个或 4 个以上的测定值的平均值时，其结果的有效数字位数可以增加一位。

(7)在计算式中的常数，如 π，e 等以及乘除因子，如$\sqrt{3}$，1/6 之类的数值，其有效数字的位数可以认为是无限的，应根据需要来选取。

(8)在对数计算时，所取对数的位数(不包括首数)应与真数的有效数字的位数相一致。

(9)对于标准偏差等表示测定精度数值的修约，一般情况下，最多只取两位有效数字；当测定次数大于 50 时，可多取一位。但必须注意，对标准偏差等的修约，不能用“四舍六入五留双”的原则取舍，而是只进不舍。例如，计算出的标准偏差为 0.213 时，则应修约为 0.22，而不是 0.21。因为标准偏差为 0.21 的精度高于 0.213 的精度，通过修约来提高精度显然是不合理的。

(10)对于自由度，则只取整数部分，舍弃小数部分。关于有效数字的计算法则还可参阅专门的文献。但必须强调在进行统计分析计算时，往往都是一系列连续的运算，在计算过程中可以多保留几位有效数字，无须在计算的每一步上拘泥于上述修约规则，尽管这样会增加很多计算的工作量，但在计算工具已十分普及的当今，已不成问题了，只要注意在最终报告中出现的有效数字位数的合理性就可以了。

有关环境监测中海水、沉积物、生物样品中测定的有效数字的取舍，可参照表 2.4 至表 2.6 的规定。

表 2.4　海水分析方法、有效位数和检出限

监测项目	方法	单位	方法检出限	最多有效数字位数	小数点后最多位数
溶解氧	《海洋监测规范 第 4 部分：海水分析》(GB 17378.4—2007/31)碘量法	mg/L	0.08	4	2
化学需氧量	《海洋监测规范 第 4 部分：海水分析》(GB 17378.4—2007/32)碱性高锰酸钾法	mg/L	0.08	4	2
悬浮物	《海洋监测规范 第 4 部分：海水分析》(GB 17378.4—2007/27)重量法	mg/L		4	2
盐度	《海洋监测规范 第 4 部分：海水分析》(GB 17378.4—2007/2)9.1 盐度计法			5	3
	《海洋监测规范 第 4 部分：海水分析》(GB 17378.4—2007/29.2)温盐深仪(CTD)法			4	2
氨氮	《海洋监测规范 第 4 部分：海水分析》(GB 17378.4—2007/36.1)靛酚蓝分光光度法	μg/L	0.7	3	3
	《海洋监测规范 第 4 部分：海水分析》(GB 17378.4—2007/36.2)次溴酸盐氧化法	μg/L	0.7	3	3
	《海洋监测技术规程 第 1 部分：海水》(HY/T 147.1—2013/9.1)流动分析法	μg/L	1.1	3	3
硝酸盐	《海洋监测规范 第 4 部分：海水分析》(GB 17378.4—2007/38.1)镉柱还原法	μg/L	0.6	3	3
	《海洋监测规范 第 4 部分：海水分析》(GB 17378.4—2007/38.2)锌—镉还原法	μg/L	0.7	3	3
	《海洋监测技术规程 第 1 部分：海水》(HY/T 147.1—2013/8.1)流动分析法	μg/L	0.6	3	3
	《水质 硝酸盐氮的测定 酚二磺酸分光光度法》(GB /T7480—1987)	μg/L	20	3	3

续表

监测项目	方法	单位	方法检出限	最多有效数字位数	小数点后最多位数
亚硝酸盐	《海洋监测规范 第4部分：海水分析》(GB 17378.4—2007/37)萘乙二胺分光光度法	μg/L	0.4	3	3
	《海洋监测技术规程 第1部分：海水》(HY/T 147.1—2013/7.1)流动分析法	μg/L	0.3	3	3
总磷	《水质 总磷的测定 钼酸铵分光光度法》(GB/T 11893—1989)	μg/L	10	3	3
	《海洋监测规范 第4部分：海水分析》(GB 17378.4—2007/40)过硫酸钾氧化法	μg/L	2.8	3	3
	《海洋监测技术规程 第1部分：海水》(HY/T 147.1—2013/13)流动分析法	μg/L	10	3	3
总氮	《水质 总氮的测定 碱性过硫酸钾消解紫外分光光度法》(HJ 636—2012)	μg/L	50	3	3
	《海洋监测规范 第4部分：海水分析》(GB 17378.4—2007/41)过硫酸钾氧化法	μg/L	53	3	3
	《海洋监测技术规程 第1部分：海水》(HY/T 147.1—2013/12)流动分析法	μg/L	20	3	3
活性磷酸盐	《海洋监测规范 第4部分：海水分析》(GB 17378.4—2007/39.1)磷钼蓝分光光度法	μg/L	0.6	3	3
	《海洋监测技术规程 第1部分：海水》(HY/T 147.1—2013/10.1)流动分析法	μg/L	0.7	3	3
pH值	《海洋监测规范 第4部分：海水分析》(GB 17378.4—2007/26)pH计法			4	2
	《水质 pH值的测定 玻璃电极法 》(GB/T 6920—1986)			4	2
总汞	《海洋监测规范 第4部分：海水分析》(GB 17378.4—2007/5.1)原子荧光法	μg/L	0.007	3	3
	《水质 汞的测定 冷原子荧光法(试行)》(HJ/T 341—2007)	μg/L	0.001	3	3
铜	《海洋监测规范 第4部分：海水分析》(GB 17378.4—2007/6.1)无火焰原子吸收分光光度法	μg/L	0.2	3	2
	《海洋监测技术规程 第1部分：海水》(HY/T 147.1—2013/5)电感耦合等离子体质谱法	μg/L	0.1	3	2

续表

监测项目	方法	单位	方法检出限	最多有效数字位数	小数点后最多位数
铅	《海洋监测规范 第4部分：海水分析》(GB 17378.4—2007/7.1)无火焰原子吸收分光光度法	μg/L	0.03	3	2
	《海洋监测技术规程 第1部分：海水》(HY/T 147.1—2013/5)电感耦合等离子体质谱法	μg/L	0.07	3	2
锌	《海洋监测规范 第4部分：海水分析》(GB 17378.4—2007/9)火焰原子吸收分光光度法	μg/L	3.1	3	2
	《海洋监测技术规程 第1部分：海水》(HY/T 147.1—2013/5)电感耦合等离子体质谱法	μg/L	0.1	3	2
镉	《海洋监测规范 第4部分：海水分析》(GB 17378.4—2007/8.1 无火焰原子吸收分光光度法	μg/L	0.01	3	2
	《海洋监测技术规程 第1部分：海水》(HY/T 147.1—2013/5)电感耦合等离子体质谱法	μg/L	0.03	3	2
总铬	《海洋监测规范 第4部分：海水分析》(GB 17378.4—2007/10.1)无火焰原子吸收分光光度法	μg/L	0.4	3	2
	《海洋监测技术规程 第1部分：海水》(HY/T 147.1—2013/5)电感耦合等离子体质谱法	μg/L	0.05	3	2
砷	《海洋监测规范 第4部分：海水分析》(GB 17378.4—2007/11.1)原子荧光法	μg/L	0.5	3	3
	《海洋监测技术规程 第1部分：海水》(HY/T 147.1—2013/5)电感耦合等离子体质谱法	μg/L	0.05	3	2
油类	《海洋监测规范 第4部分：海水分析》(GB 17378.4—2007/13.1)荧光分光光度法	μg/L	1.0	3	2
	《海洋监测规范 第4部分：海水分析》(GB 17378.4—2007/ 13.2)紫外分光光度法	μg/L	3.5	3	2
硅酸盐	《海洋监测规范 第4部分：海水分析》(GB 17378.4—2007/17.1)硅钼黄法	μg/L		3	3
	《海洋监测规范 第4部分：海水分析》(GB 17378.4—2007/17.2)硅钼蓝法	μg/L	12.6	3	3
	《海洋监测技术规程 第1部分：海水》(HY/T 147.1—2013/11)流动分析法	μg/L	0.8	3	3

续表

监测项目	方法	单位	方法检出限	最多有效数字位数	小数点后最多位数
叶绿素 a	《海洋监测规范 第 7 部分：近海污染生态调查和生物监测》(GB 17378.7—2007/8.1)荧光分光光度法	μg/L		3	2
	《海洋监测规范 第 7 部分：近海污染生态调查和生物监测》(GB 17378.7—2007/8.2)分光光度法	μg/L		3	2

表 2.5 沉积物分析方法、有效位数和检出限

监测项目	方法	方法检出限	最多有效数字位数	小数点后最多位数
含水率	重量法		3	2
总汞	冷原子荧光法	0.004×10^{-6}	3	3
	原子荧光法		3	3
	冷原子吸收法	0.010×10^{-6}	3	3
铜	无火焰原子吸收分光光度法	0.50×10^{-6}	3	2
	火焰原子吸收分光光度法	2.0×10^{-6}	3	2
镉	无火焰原子吸收分光光度法	0.04×10^{-6}	3	3
	火焰原子吸收分光光度法	0.05×10^{-6}	3	3
铅	无火焰原子吸收分光光度法	1.0×10^{-6}	3	2
	火焰原子吸收分光光度法	3.0×10^{-6}	3	2
锌	火焰原子吸收分光光度法	6.0×10^{-6}	3	2
铬	无火焰原子吸收分光光度法	2.0×10^{-6}	3	2
	二苯碳酰二肼分光光度法	2.0×10^{-6}	3	2
砷	氢化物-原子吸收法	3.0×10^{-6}	3	2
	原子荧光法	0.10×10^{-6}	3	2
油类	荧光分光光度法	1.0×10^{-6}	3	2
	紫外分光光度法	3.0×10^{-6}	3	2
	重量法	20×10^{-6}	3	2
硫化物	甲基蓝分光光度法	0.3×10^{-6}	3	2
	离子选择电极法	0.2×10^{-6}	3	2
	碘量法	4.0×10^{-6}	3	2
六六六	气相色谱法	15.0×10^{-9}	3	3
滴滴涕	气相色谱法	39.0×10^{-9}	3	3

续表

监测项目	方法	方法检出限	最多有效数字位数	小数点后最多位数
多氯联苯	气相色谱法	0.05×10^{-9}	3	3
有机碳	重铬酸钾氧化还原容量法	0.03×10^{-2}	3	2
氧化还原电位	电位计法		4	1
总磷	分光光度法		3	3
总氮	凯式滴定法		3	3

表 2.6　生物体分析方法、有效位数和检出限

监测项目	方法	方法检出限	最多有效数字位数	小数点后最多位数
石油烃	荧光分光光度法	0.2×10^{-6}	3	3
总汞	冷原子吸收法	0.01×10^{-6}	3	3
	原子荧光法	0.004×10^{-6}	3	3
铜	无火焰原子吸收分光光度法	0.4×10^{-6}	3	3
	火焰原子吸收分光光度法	2.0×10^{-6}	3	3
镉	无火焰原子吸收分光光度法	0.005×10^{-6}	3	3
铅	无火焰原子吸收分光光度法	0.04×10^{-6}	3	3
锌	火焰原子吸收分光光度法	0.40×10^{-6}	3	3
铬	无火焰原子吸收分光光度法	0.04×10^{-6}	3	3
	二苯碳酰二肼分光光度法	0.40×10^{-6}	3	3
砷	氢化物-原子吸收法	0.40×10^{-6}	3	3
	原子荧光法	0.01×10^{-6}	3	3
六六六	气相色谱法	0.03×10^{-9}	3	3
滴滴涕	气相色谱法	0.04×10^{-9}	3	3
多氯联苯	气相色谱法	0.05×10^{-9}	3	3

2.2　误差分析

2.2.1　随机误差

随机误差也称偶然误差，是在相同条件下，多次测定同一量值时，绝对值和符号以不可预知的方式变化的误差。

随机误差是由许多不能掌握、不能控制、不能调节、更不能消除的微小因素所构成。虽然产生随机误差的原因很多，但主要可分为以下三个方面(钱政 等，2008；梁晋文 等，2001)。

(1)测定装置方面的因素。由于所使用的测定仪器在结构上不完善或零部件制造不精密，因而给测定结果带来随机误差。例如，由于轴与轴承之间存在间隙，因而润滑油在一定条件下所形成的油膜不均匀的现象会给圆周分度测定带来随机误差。

(2)测定环境方面的因素。最常见的如实验过程中温度的波动、噪声的干扰、电磁场的扰动、电压的起伏和外界振动等。

(3)测定人员方面的因素。操作人员对测定装置的调整、操作不当，如瞄准、读数不稳定等。

这些因素之间可能很难找到确定的关系，而且每个因素的出现与否以及这些因素对测定结果的影响，都难以预测和控制。

从统计意义来看，虽然某一个随机误差的出现没有规律性，也不能用实验的方法予以消除。但是如果进行大量的重复实验，就能发现它在一定程度上遵循某种统计规律。这样，就有可能运用概率统计的方法对随机误差的总体趋势及其分布进行估计，并采取相应的措施减小其影响。常见的随机误差分布特征有很多种。若以正态分布为例，则随机误差的出现服从以下统计规律。

(1)单峰性：测定值与真值相差越小，其可能性越大；与真值相差很大，其可能性较小。

(2)对称性：测定值与真值相比，大于或小于某量的可能性是相等的。

(3)有界性：在一定的测定条件下，误差的绝对值不会超过一定的限度。

(4)抵偿性：随机误差的算术平均值随测定次数的增加越来越小。

正态分布的概率密度函数如图 2.1 所示。

正态分布的概率密度函数表达式为：

$$y = \frac{1}{\sigma\sqrt{2\pi}}\exp\left[-\frac{1}{2}\left(\frac{x-\mu}{\sigma}\right)^2\right] \tag{2.1}$$

式中：y——正态分布概率密度函数；

x——被测量的测定值；

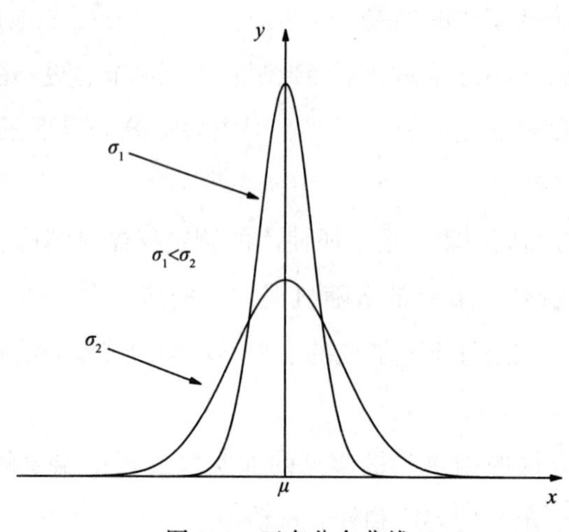

图 2.1　正态分布曲线

μ——被测定的真值；

σ——标准差。

从图 2.1 可以看出，σ 越大，则测定的数据越分散。

减小随机误差的技术途径主要有如下三种。

(1)测定前，找出并消除或减少产生随机误差的物理源。

(2) 测定中，采用适当的技术措施，抑制和减小随机误差。

(3)测定后，对采集的数据进行适当处理，抑制和减小随机误差。

如数据处理中常用低通滤波、平滑滤波等方法来消除中高频随机噪声，用高通滤波方法来有效消除低频随机噪声等。

2.2.2　算术平均值

基于随机误差的上述特性、通过多次测定求平均值的方法，可以使随机误差相互抵消。算术平均值与真值较为接近，一般作为最后测定结果。

在等精度测量的条件下，对某被测物理量进行多次重复测定，将测定值代数和除以测定次数所得到的商值称其为算术平均值。其表达式为：

$$\bar{x} = \frac{1}{n}\sum_{i=1}^{n} x_i \tag{2.2}$$

式中：　　　　　n——测定次数；

$x_i = (1,\ 2,\ \cdots,\ n)$——$n$ 个测定结果。

由于算术平均值与被测定的真值最为接近，若测定次数无限增加，则必然趋近于真值，因此可将其作为测定结果的最佳估计。

根据误差定义有：

$$\delta_i = x_i - \mu \tag{2.3}$$

式中：δ_i——某次测定的误差；

x_i——某次测定的测定值；

μ——被测定的真值。

式(2.3)还可写成

$$\delta_i = x_i - \mu = [x_i - E(x)] + [E(x) - \mu] \tag{2.4}$$

式中：$E(x)$——测定结果的期望(又称数学期望)。

由式(2.4)可以知道，测定误差δ_i由两个分量组成：①$[x_i - E(x)]$为单次测定结果与期望的偏差，一般称为随机误差，其特点是：当测定次数趋于无限大时，随机误差的期望趋于零；②$[E(x) - \mu]$为期望与真值的偏差，通常称为系统误差。

由此可以得到以下结论。

(1)在重复条件下对同一被测量进行无限次测定，测定结果的平均值就是数学期望。

(2)随机误差等于误差减系统误差。

(3)因为测定次数不可能做到无限次，因此只能确定随机误差的估计值。

总之，随机误差是测定误差中数学期望为零的误差分量，而系统误差则是测定误差中数学期望不为零的误差分量。

2.2.3 测定的标准差

标准差作为随机误差的表征指标，是随机误差绝对值的统计均值。在国家计量技术规范中，标准差的正式名称是标准偏差，简称标准差，用符号σ表示。当对一个参数进行有限次测定时，应将其视为对测定总体取样而求得的标准差估计值，用s表示，以区别于总体标准差σ。为便于教学描述，对标准差估计值仍用σ表示，但应对两者的区别有所了解。

2.2.3.1 单次测定的标准差

测定列中单次测定值(任一测定值)的标准差定义为：

$$\sigma = \sqrt{\sum_{i=1}^{n} \delta_i^2 / n} \tag{2.5}$$

式中：δ_i——第 i 次测定的真差。

由于真差 δ_i 未知，所以不能直接按照定义求得 σ 值，故实际测定时常用残余误差 $v_i = x_i - \bar{x}$ 代替真差，按照贝塞尔(Bessel)公式求得 σ 的估计值为：

$$\sigma = \sqrt{\sum_{i=1}^{n} v_i^2 / (n-1)} \tag{2.6}$$

2.2.3.2　算术平均值标准偏差

如果在相同条件下对同一量值进行多组重复的系列测定，则每一系列测定都有一个算术平均值。由于误差的存在，各个测定列的算术平均值也不相同，它们围绕着被测定的真值有一定的分散，此分散说明了算术平均值的不可靠性，而算术平均值的标准差则是表征同一被测定的各个独立测定列算术平均值分散性的参数，可作为算术平均值不可靠性的评定标准。其值按下式计算：

$$\sigma_x = \frac{\sigma}{\sqrt{n}} \tag{2.7}$$

可见，算术平均值的标准差为单次测定标准差的 $1/\sqrt{n}$，当测定次数 n 增加时、算术平均值将更加接近真值。但从 $\sigma_x = \frac{\sigma}{\sqrt{n}}$ 可得，测定精度与测定次数的平方根成反比。若想显著增加精度，必须付出更多的劳动。而统计结果表明，当 $n>10$ 后，精度的提高已非常缓慢，且次数的增加也难以保证测定条件的恒定，从而带来新的误差，因此通常情况下取 $n<10$ 较为适宜。

2.2.4　测定的极限误差

测定的极限误差是极端误差，测定结果的误差不超过极端误差的概率为 p，并且差值 $(1-p)$ 可以忽略。

2.2.4.1　单次测定的极限误差

由概率积分可知，随机误差正态分布曲线下的全部面积相当于全部误差出现的概率，而随机误差在 $\pm\delta$ 内的概率为：

$$P(\pm\delta) = \frac{1}{\sigma\sqrt{2\pi}} \int_{-\delta}^{\delta} \mathrm{e}^{-\frac{\delta^2}{2\sigma^2}} \mathrm{d}Z = \frac{2}{\sqrt{2\pi}} \int_{0}^{Z} \mathrm{e}^{-\frac{Z^2}{2}} \mathrm{d}Z = 2\phi(Z) \tag{2.8}$$

式中：$Z=\delta/\sigma$；

$\phi(Z)$——正态概率积分。

若某随机误差在$\pm Z\sigma$范围内出现的概率为$2\phi(Z)$，则超出的概率为$1-2\phi(Z)$。表2.7列出了几个典型Z值情况下超出和不超出$\{\delta\}$的概率。

表2.7 不同Z值下超出和不超出$\{\delta\}$的概率情况表

Z	$\lvert\delta\rvert=Z\sigma$	不超出$\lvert\delta\rvert$的概率：$2\phi(Z)$	超出$\lvert\delta\rvert$的概率：$1-2\phi(Z)$	测定次数	超出误差次数
0.67	0.67σ	0.4972	0.5028	2	1
1	1σ	0.6826	0.3174	3	1
2	2σ	0.9544	0.0456	22	1
3	3σ	0.9973	0.0027	370	1
4	4σ	0.9999	0.0001	15626	1

可见，随着Z值的增加，超出$\lvert\delta\rvert$的概率快速衰减，当$Z=3$时，在370次测定中只有一次超出设定的误差限值。由于在一般测定中，测定次数很少超过几十次，因此可以认为绝对值大于3的误差是不可能出现的。通常把这个误差称为单次测定的极限误差，即：

$$\delta_{\lim}x=\pm 3\sigma \tag{2.9}$$

实际测定时，也可取其他Z值来表示单次测定的极限偏差（通常情况下取2~3），此时单次测定的极限误差可用下式表示：

$$\delta_{\lim}x=\pm Z\sigma \tag{2.10}$$

若已知测定标准差d，选定置信系数Z，则可由$\delta_{\lim}x=\pm Z\sigma$求得单次测定的极限误差。

2.2.4.2 算术平均值的极限误差

由概率论理论可知，若测定值遵循正态分布，则其算术平均值及算术平均值误差也遵循正态分布规律，因此测定列算术平均值极限误差的计算方法与单次测定相同，即

$$\delta_{\lim}\overline{X}=\pm Z_{\overline{X}}\sigma_{\overline{X}} \tag{2.11}$$

式中：$Z_{\overline{X}}$——置信系数，通常取2~3；

$\sigma_{\overline{X}}$——算术平均值的标准差。

例 2.1 对某量进行十次测定，测得数据如下（单位为 mm）：802.40、802.50、802.38、802.48、802.42、802.46、802.39、802.47、802.43、802.44，求算术平均值及其极限误差。

按照算术平均值的定义可得：

$$\bar{x} = \frac{\sum_{i=1}^{10} x_i}{10} = 802.44 \text{ mm}$$

单次测定结果的标准差为：

$$\sigma = \sqrt{\sum_{i=1}^{10} (x_i - \bar{x})^2/(10-1)} = 0.040 \text{ mm}$$

算术平均值的标准差为：

$$\sigma_x = \frac{\sigma}{\sqrt{n}} = 0.013 \text{ mm}$$

若按正态分布计算，取 $p=0.99$，则查表 2.8 可得，此时对应的 $Z=2.60$，算术平均值的极限误差为：

$$\delta_{\lim}\overline{X} = \pm Z_{\overline{X}}\sigma_{\overline{X}} = \pm 0.013 \times 2.60 = \pm 0.03 \text{ mm}$$

其他 p 值情况下的计算方法与此相同。

测定标准差只是揭示相同误差分布下分散性的程度，还不能说明误差分布的界限。通常情况下将上面所讲的 p 称为置信概率，并定义在置信概率下误差分布的区间称为置信区间，如本例的置信区间为（-0.03，+0.03）。

上述都是正态分布的情况，实际测定中也经常会遇到其他类型误差分布的情况，其他常用随机误差分布特征，可参阅相关书籍，相关指标的计算方法均可参考正态分布的方法进行。

表 2.8 正态分布积分表：$\phi(t)=\frac{1}{\sqrt{2\pi}}\int_0^t e^{-\frac{t^2}{2}}dt$

t	$\phi(t)$	t	$\phi(t)$	t	$\phi(t)$	t	$\phi(t)$
0.00	0.0000	0.40	0.1554	0.80	0.2881	1.20	0.3849
0.05	0.0199	0.45	0.1736	0.85	0.3023	1.25	0.3944
0.10	0.0398	0.50	0.1915	0.90	0.3159	1.30	0.4032
0.15	0.0596	0.55	0.2088	0.95	0.3289	1.35	0.4115

续表

t	$\phi(t)$	t	$\phi(t)$	t	$\phi(t)$	t	$\phi(t)$
0.20	0.0793	0.60	0.2257	1.00	0.3413	1.40	0.4192
0.25	0.0987	0.65	0.2422	1.05	0.3531	1.45	0.4265
0.35	0.1368	0.75	0.2734	1.15	0.3740	1.55	0.4394
1.60	0.4452	1.95	0.4744	2.60	0.4953	3.60	0.499841
1.65	0.4505	2.00	0.4772	2.70	0.4965	3.80	0.499928
1.70	0.4554	2.10	0.4821	2.80	0.4974	4.00	0.499968
1.75	0.4599	2.20	0.4861	2.90	0.4981	4.50	0.499997
1.80	0.4641	2.30	0.4893	3.00	0.49865	5.00	0.49999997
1.85	0.4678	2.40	0.4918	3.20	0.49931		
1.90	0.4713	2.50	0.4938	3.40	0.49966		

2.2.5 系统误差

通过对系统误差产生原因、特点和分类方法的介绍，更深入地了解系统误差的处理原则和系统误差的发现方法，以便减小和消除定值系统误差和变值系统误差。

2.2.5.1 系统误差的基本概念

在相同条件下，对同一被测量的多次测定过程中保持恒定或以可预测方式变化的测定误差分量，称为系统误差。

按其本质被定义为：对同一被测量进行大量重复测定所得结果的平均值，与被测定真值之差。它的大小表示测定结果对真值的偏离程度，反映测定的准确度，对测量仪器而言，可称为偏移误差。如量块检定后的实际偏差、在按“级”使用此量块的测定过程中，它便是定值系统误差。

这种误差可以通过实验或分析的方法，查明其变化的规律及其产生的原因，并在确定其数值后，可以在测定结果中予以修正，或在新的一次测定前，采取措施改善测定条件或改进测定方法，从而使之减小或排除，但是不能依靠增加测定次数的方法而使系统误差减小或消除。系统误差的存在决定了测定的“准确”程度，因为它的存在歪曲了测定结果的真实面目。

2.2.5.2 系统误差的分类

系统误差按来源可分为：工具误差、调整误差、习惯误差、条件误差和方法误差。

(1)工具误差是由所使用的测定工具结构上不完善、零部件制造时的缺陷与偏差等因素造成的。例如，尺子刻度偏大、微分螺丝钉的死程、温度计刻度的不均匀、天平两臂长的不等以及刻度盘的偏心等。

(2)调整误差是由测定前未能将仪器或待测件安装到正确位置(或状态)造成的。例如，使用未经校准零位的千分尺测定零件，使用零点调不准的电器仪表做检测工作等。

(3)习惯误差是由测定者习惯造成的。例如，用肉眼在刻度上估读时习惯偏向一个方向；某些人在进行动态测定记录某一信号时有滞后的倾向，或者凭听觉鉴别时在时间判断上提前后滞后。

(4)条件误差是由测定过程中条件的改变造成的。例如，测定工作开始与结束时的一些条件按一定规律发生变化(如温度、气压、湿度、气流和振动等)后带来的系统误差。

(5)方法误差是由于所采用的测定方法或数学处理方法不完善而产生的。例如，在长度测定中采用不符合“阿贝原则”的测定方法，或在计算时采用近似计算方法以及测定条件或测定方法不能满足理论公式所要求的条件等引起的误差。

另外，根据系统误差产生的原因可以确信它不具有抵偿性，是固定的或服从一定的规律。可以将系统误差分为恒定系统误差和可变系统误差两大类。

在整个测定过程中，误差的符号和大小都固定不变的系统误差称为恒定系统误差，也称为不变系统误差。例如，某尺子的公称尺寸为100 mm，实际尺寸为100.001 mm，误差为-0.001 mm，若按公称尺寸使用，始终会存在-0.001 mm的系统误差。

在整个测定过程中，误差的符号和大小都可能变化的系统误差称为可变系统误差。它又可分为以下三类。

(1)线性变化的系统误差。在测定过程中，误差值随某些因素作线性变化的系统误差，称为线性变化的系统误差。例如，刻度值为1mm的标准刻度尺，由于存在刻画误差Δ_i，每一刻度间距实际为(1mm+Δ_i)，若用它测定某一物体，得到的值为k，则被测长度的实际值为$L=k(1\text{mm}+\Delta_i)$。这样就产生了随测定值k的大小而变化的线性系统误差$-k\Delta_i$。

(2)周期性变化的系统误差。测定值随某些因素按周期性变化的系统误差，称为周期性变化的系统误差。例如，仪表指针的回转中心与刻度盘中心有偏心值 e 时，则指针在任一转角 ϕ 下由于偏心引起的读数误差 Δ_L，即为周期性系统误差 $\Delta_L = e\sin\phi$。

(3)复杂规律变化的系统误差。在整个测定过程中，若系统误差是按确定的且复杂规律变化的，叫做复杂规律变化的系统误差。例如，微安表的指针偏转角与偏转力矩不能严格保持线性关系，而表盘仍采用均匀刻度所产生的误差等。

2.2.5.3 发现某些系统误差的常用方法

提高测定精度的首要问题是发现系统误差。然而，在测定过程中形成系统误差的因素是复杂的，因此，目前对发现各种系统误差还没有普遍适用的方法，只有根据具体测定过程和测定仪器进行全面仔细的分析，针对不同情况合理选择一种或几种方法加以校验，才能最终确定有无系统误差。恒定系统误差对每一测定值的影响均为相同常量，对误差分布范围的大小没有影响，但可使算术平均值产生偏移。通过对测定数据的观察分析，或用更高精度的测定鉴别，可较容易地把这一误差分量分离出来并修正。可变系统误差的大小和方向随测试时刻或测定值的大小等因素按一定的函数规律而变化。如果确切掌握了其规律性，则可以在测定结果中加以修正。

实验对比法主要用于发现固定系统误差。其基本思想是改变产生系统误差的条件，进行不同条件的测定。如量块按公称尺寸使用时，测定结果中就存在由量块尺寸偏差而产生的不变的系统误差，多次重复测定也不能发现这个误差，只有用高一级精度的量块进行对比时才能发现。

理论分析法主要进行定性分析来判断是否有系统误差。如分析仪器所要求的工作条件是否满足，实验所依据的理论公式所要求的条件在测定过程中是否满足，如果这些要求没有满足，则实验必有系统误差。

数据分析法主要进行定量分析来判断是否有系统误差。一般可采用残余误差观察法、残余误差校验法、不同公式计算标准差比较法、计算数据比较法、t 检验法及秩和检验法等。

2.2.5.4 消除和减小系统误差的方法

在实际测定中，如果判断出有系统误差存在，就必须进一步分析可能产生系统误差的因素，设法减小和消除系统误差。由于测定方法、测定对象、测定环境及测定人员不尽相同，因而没有一个普遍适用的方法来减小或消除系统误差，而必须针对系统误差产生的原因采取相应的措施。

从产生系统误差的根源上消除误差是最根本的方法。通过对实验过程中的各个环节进行认真仔细的分析，发现产生系统误差的各种因素。可以采取如下措施：采用近似性较好又比较切合实际的理论公式，尽可能满足理论公式所要求的实验条件；选用能满足测定误差所要求的实验仪器装置，严格保证仪器设备所要求的测定条件，采用多人合作，重复实验的方法。

通过预先对仪器设备将要产生的系统误差进行分析计算，找出误差规律，从而找出修正公式或修正值，对测定结果进行修正。

另外，对于某种固定的或有规律变化的系统误差，可以采用以下方法。

(1)替代法：在测定过程中将被测量以等值的标准量进行替代。

(2)正负误差补偿法：通过改变实验中的某一条件，使恒定系统误差一次为正，一次为负，取两次之和的 1/2 为读数，它与系统误差无关。

(3)换位抵消法：通过适当地安排测定，使产生恒定系统误差的因素以相反的方向影响结果，从而抵消其影响。

此外，对称测定法、半周期偶数次测定法等也是比较有效的方法。采用什么方法要根据具体的实验情况及实验者的经验来决定。

无论采用哪种方法都不可能完全将系统误差消除，只要将系统误差减小到测定误差要求允许的范围内，或者系统误差对测定结果的影响小到可以忽略不计时，就可以认为系统误差已被消除。

2.2.6 粗大误差

本部分对粗大误差的基本概念，特别是粗大误差的判别准则进行分析和介绍，以帮助读者剔除粗大误差，提高测定的精度。

2.2.6.1 粗大误差的基本概念

粗大误差是明显超出规定条件下预期的误差，也称为疏忽误差、粗差或过失误差。引起粗大误差的原因有：错误读取示值，使用有缺陷的测定器具。是否存在粗大误差是衡量该测定结果合格与否的标志。含有粗大误差的测定值是不能用的，因为它会明显地歪曲测定结果，从而导致错误的结论，故这种测定值也称为异常值(坏值)。所以，在进行误差分析时，要采用不包含粗大误差的测定结果，即所有的异常值都应当剔除。因此，计量工作人员必须以严格的科学态度，严肃认真地对待测定工作，杜绝粗大误差的产生。

2.2.6.2 粗大误差的判断准则

在一列重复测定所得数据中，经修正系统误差后，如有个别数据与其他数据有明显差异，则这些数值很可能含有粗大误差，称其为可疑数据，记为 x_d。根据随机误差理论，粗大误差出现的概率虽小但不为零，因此必须找出这些异常值，给以剔除。然而，在判别某个测得值是否含有粗大误差时要特别慎重，需要作充分的分析研究，并根据选择的判别准则予以确定，因此要对数据按相应的方法进行预处理。

预处理并判别粗大误差有多种方法和准则，有 3σ 准则(向先全 等，2015)、罗曼诺夫斯基准则、狄克逊准则和拉罗布斯准则等。其中，3σ 准则是常用的统计判断准则，罗曼诺夫斯基准则适用于数据较少场合。

1)3σ 准则

首先假设数据只含有随机误差，再对它进行处理，计算得到标准偏差，按一定概率确定一个区间，凡超出这个区间的误差，就不属于随机误差而是粗大误差，含有该误差的数据应予以剔除。这种判别处理原理及方法仅局限于对正态或近似正态分布的样本数据处理。

3σ 准则又称拉依达准则，进行判别计算时先以测得值 x_i 的平均值 $\bar{x}$ 代替真值，求得残差 $y_i = x_i - \bar{x}$；再以贝塞尔(Bessel)公式计算的标准偏差的 3 倍为准，与各残差 y_i 作比较，以决定该数据是否保留。如某个可疑数据 x_d，若其残差 v_d 满足下式：

$$|v_d| = |x_d - \bar{x}| > 3\sigma \tag{2.12}$$

则为粗大误差，应予以剔除。

每剔除一次粗大误差后，剩下的数据要重新计算 σ 值，再以数值变小的新 σ 值为依据，进一步判别是否还存在粗大误差，直至无粗大误差为止。

应该指出：3σ 准则以测定次数充分大为前提，当 $n<10$ 时，用 3σ 准则剔除粗大误差是不够可靠的。因此，在测定次数较少的情况下，最好不要选用 3σ 准则。

2)罗曼诺夫斯基准则

当测定次数较少时，用罗曼诺夫斯基准则较为合理。这一准则又称 t 分布检验准则。它是按照 t 分布的实际误差分布范围来判别粗大误差的。其特点是，首先剔除一个可疑的测定值，然后按 t 分布检验被剔除的测定值是否含有粗大误差。

设对某量作多次等精度独立测定，得 x_1，x_2，…，x_n。若认为测定值 x_d 为可疑值，将其剔除后计算平均值(计算时不包括 x_d)为：

$$\bar{x} = \frac{1}{n-1}\sum_{i=1,\ i\neq d}^{n} x_i \tag{2.2}$$

并求得测定列的标准差估计量(计算时不包括 $v_d = x_d - \bar{x}$)：

$$\sigma = \sqrt{\frac{\sum_{i=1}^{n-1} \nu_i^2}{n-2}} \tag{2.13}$$

根据测定次数 n 和选取的显著水平 α，即可由表 2.9 查得 t 分布的检验系数 $K(n,\ \alpha)$。若有

$$|x_d - \bar{x}| \geqslant K(n,\ \alpha)\sigma \tag{2.14}$$

则数据 x_d 含有粗大误差，应予以剔除；否则，予以保留。

表 2.9　t 分布的检验系数 $K(n,\ \alpha)$ 值表

n	α		n	α		n	α	
	0.05	0.01		0.05	0.01		0.05	0.01
4	4.97	11.46	13	2.29	3.23	22	2.14	2.91
5	3.56	6.53	14	2.26	3.17	23	2.13	2.90
6	3.04	5.04	15	2.24	3.12	24	2.12	2.88
7	2.78	4.36	16	2.22	3.08	25	2.11	2.86
8	2.62	3.96	17	2.20	3.04	26	2.10	2.85
9	2.51	3.71	18	2.18	3.01	27	2.10	2.84
10	2.43	3.54	19	2.17	3.00	28	20.9	2.83
11	2.37	3.41	20	2.16	2.95	29	2.09	2.82
12	2.33	3.31	21	2.15	2.63	30	2.08	2.81

2.2.6.3　粗大误差的剔除

在上面介绍的准则中，3σ 准则适用于测定次数较多的情况。一般情况下测定次数都比较少，因此用此方法判别，可靠性不高，但由于它使用简便，不需要查表，故在要求不高时经常使用。对测定次数较少，而要求又较高的数列，应采用罗曼诺夫斯基准则。

按前面介绍的判别准则，若判别出测定数列中有两个以上测定值含有粗大误差时，只能首先剔除含有最大误差的测定值，然后重新计算测定数列的算术平均值及其标准差，再对剩余的测定值进行判别，依此程序逐步剔除，直至所有测定值都不再含有粗大误差时为止。

在实际测定过程中，为保证尽量预防和避免粗大误差，测定者应做到以下几点。

(1)加强测定者的工作责任心，以严格的科学态度对待测定工作。

(2)保证测定条件的稳定，应避免在外界条件发生剧烈变化时进行测定。

(3)根据粗大误差的判别准则剔除粗大误差。

2.3 平均值、中位数和精密度的表示方法

误差自始至终存在于一切科学试验的过程之中(四川省环境科学学会，1983)。如何科学地处理环境监测中得到的大量试验数据，如对数据中离群较远的极值(极大值或极小值)的取舍，估计数据的可靠程度，对影响试验结果因素的分析，对误差进行计算，准确简练地表达分析结果，并给以合理的解释等，都需要使用数理统计方法。也就是要具体应用概率论的一些知识，通过样本分析，了解和判断总体的统计特性。

什么是总体和样本呢？总体(或称母体)指从研究对象得到的所有可能的观测结果。样本(或称子样)指从总体中抽取出来的一部分样品 x_1、x_2，…，x_n的测定值。样本中样品的个数称为样本的大小(或容量)，当 $n>30$ 时，称为大样本。

必须指出的是，使用数理统计方法仅仅是分析工作者解决问题的有力工具，但不能代替严格的试验工作；只有在可靠分析的测试基础上统计方法才能发挥其应有的作用。

误差，根据产生的原因可分为系统误差(可测误差)、偶然误差(随机误差)及粗差(过失误差)。

系统误差和偶然误差并没有绝对严格的界限，有时人们对系统误差的复杂规律认识不清时，往往把系统误差作为偶然误差来处理。

2.3.1 平均值

平均值是最可信赖值：平均值的误差最小，是真实值 μ 的最好估计值。常以

平均值 $\bar{x}$ 作为 μ 的代表值，这已为人们所公认，称之为平均值公理，可以简单地证明如下：

在相同条件下独立地进行 n 次测定，得数据 x_1、x_2，…，x_n。如系统误差以消除，则：

$$d_1 = x_1 - \mu，d_2 = x_2 - \mu，\cdots，d_n = x_n - \mu，$$

$$\frac{1}{n}\sum_{i=1}^{n} d_i = \frac{1}{n}\sum_{i=1}^{n} x_i - \frac{n\mu}{n} = \bar{x} - \mu$$

由于偶然误差的抵偿性，

$$故\frac{1}{n}\sum_{i=1}^{n} d_i \to 0，则\ \bar{x} \approx \mu。$$

以下将介绍各种平均值的计算方法。

2.3.1.1　算术平均值

算术平均值是实际工作中最常用的一种平均值的计算方法。算术平均值的计算公式可按式(2.2)计算。

2.3.1.2　加权平均值

用不同方法或在不同条件下对同一样本得到的测定值的平均值，由于方法及条件不同，其数值的精度与测定次数可能不一致，可靠程度也有差异。如果要把这些因素全部反映出来，应须对不同的数据给以不同的“权”，即对一系列不同条件下得到的测定值，用数学的方法对其中好的测定值给予大的信任，在计算平均值时，使好的测定值占有较大的比例。

“权”的大小与标准差 S 的平方成反比。即测定精度愈高，标准差愈小，则“权”的值就愈大。所谓加权，就是对精度较高的测定值乘一个较大的系数，对精度较差的测定值乘一个较小的系数。这个系数就称为“权”，一般用 ω_i 代表第 i 个测定值的“权”。

$$\omega_i = \frac{1}{S_i^2} \tag{2.15}$$

按此式求出“权”后，再用下式求出加权平均值：

$$\bar{x}_{加} = \frac{\sum_{i=1}^{n} \omega_i x_i}{\sum_{i=1}^{n} \omega_i} \tag{2.16}$$

例 2.2 有 5 组测定值，精密度不一致，其测定值及计算结果见表 2.10。

表 2.10 测定结果

组测定值($\bar{x}$)	标准差(S_i)	权$\left[\omega_i(\frac{1}{S_i^2})\right]$	权[ω'_i]
14.7	0.22	20.66	1.62
14.1	0.39	6.57	0.52
14.2	0.28	12.76	1.00
14.6	0.50	4.00	0.31
14.9	0.10	100	7.84

由于ω_i数值太大，计算加权平均值不方便，可任选一个ω值令其等于 1，求出其余的ω与它的比例系数。如令 12.76(ω_3)改为 1.00，则

$$\omega_1 = \frac{20.66}{12.76} \approx 1.62,$$

$$\omega_2 = \frac{6.57}{12.76} \approx 0.52,$$

$$\cdots$$

如表中的ω_i'所示。

加权平均值为：

$$\bar{\bar{x}}_{加} = \frac{\sum_{i=1}^{n} \omega_i \bar{x}_i}{\sum_{i=1}^{n} \omega_i} = \frac{166.6}{11.29} = 14.75$$

在 5 个平均值中，14.9 的精度最高，S值最小，权的值也就最大(7.84)，表示对它的信任程度最高。

如按平均值的一般计算法，则总平均值$\bar{\bar{x}} = 14.50$，与加权平均值相差较大。

如果测定的数据，精度基本一致. 而测定次数不同，有时也需用加权平均。

2.3.2 中位数

在环境监测中，当其得到数据比较分散，其中有少数数据离群较远，而取舍又难以确定时，可用中位数代替平均值。使用中位数并不要求分析数据必须遵循正态分布，比较方便。

确定中位数的方法是把 n 个测定值依大小顺序排列，当 n 为奇数时，取中

间位置的数，即中位数 $\bar{x}_m = x_{\frac{n+1}{2}}$；当 n 为偶数时，取中间两数的算术平均值，即 $\bar{x}_m = \dfrac{x_{\frac{n}{2}} + x_{\frac{n}{2}+1}}{2}$。

2.3.3 精密度的表示方法

精密度高低的表示方法有多种，现介绍常用的几种。

2.3.3.1 极差

极差是指一组测定值中最大值和最小值之差，也称范围误差。以 $R = X_{\max} - X_{\min}$ 表示。

求极差时，未充分利用所有数据，用它反映精密度的高低是比较粗糙的，有时造成的误差较大，但计算简便，在快速检验中常有应用。

2.3.3.2 算术平均偏差

算术平均偏差是每个测定值与平均值之差的绝对值的平均。

设测定值为 x_1，x_2，…，x_n。算术平均值为 $\bar{x}$，测定值与算术平均值的偏差为：

$$d_i = |x_i - \bar{x}|$$

则算术平均偏差为：

$$d_i = \frac{1}{n}\sum_{i=1}^{n} d_i = \frac{1}{n}\sum_{i=1}^{n} |x_i - \bar{x}|$$

算术平均偏差用百分数或千分数表示时，称为相对平均偏差。分别为：

$$\% = \frac{\bar{d}}{\bar{x}} \times 100$$

用算术平均偏差表示各次测定值之间彼此符合的情况，有时产生与实际情况不一致的错误，这是因为有可能在一组测定值中偏差彼此接近。而另一组测定值中偏差有大有小，而 $\bar{d}$ 值完全可能相同。

2.3.3.3 标准偏差和变异系数

标准偏差简称标准差。主要有总体标准差和样本标准差两种表示方法。

总体标准差为

$$\sigma = \sqrt{\frac{\sum_{i=1}^{n} (x_i - \mu)^2}{n}} \tag{2.17}$$

式中：σ——总体标准差；

μ——总体平均值；

x_i——i 次测定值；

n——测定值数目。

在实际工作中，都是取少数几个样本进行测定，求不出总体标准差，故上式在实际运算中使用较少。

样本标准差的计算方法有多种，在通常情况下采用标准法——贝塞尔(Bessel)公式为好。

$$S = \sqrt{\frac{\sum_{i=1}^{n} (x_i - \bar{x})^2}{n - 1}}$$

或

$$S = \sqrt{\left[\sum_{i=1}^{n} x_i^2 - \frac{\left(\sum_{i=1}^{n} x_i\right)^2}{n}\right] \Big/ (n - 1)} \tag{2.18}$$

上述两式是等效的，后者是由前者的平方项展开整理后而得到的。

式中，$(n-1)$称为自由度，表示独立偏差的数目。n 次测定，测定值与平均值之偏差共有 n 个。当引入一个平均值后，n 次测定中独立偏差数为$(n-1)$。也有人提出，自由度在这里的意义表示独立变数(测定次数 n)的个数减去计算偏差时所用非独立变数(平均值)的个数，故式中自由度为$(n-1)$。

标准差用百分数表示时，称为变动系数(或变异系数)，用 CV 表示。

$$CV = \frac{S}{\bar{x}} \times 100\% \tag{2.19}$$

标准差是表示精密度的好方法，原因是使用了平方项，对一组测定中的较大误差和较小误差反映比较灵敏，反映的是有效精密度。

2.3.3.4 瞬时标准差

标准差的计算公式除上述标准法外，还常使用简便的近似计算法，如 Dean 和 Dixon 提出的适用于少量数据的标准差计算方法，称为极差法(或称瞬时标准差）。此法是把 n 次测定值的极差乘以与测定次数有关的偏差因子，其值可查表 2.11。

即

$$S_{极} = 极差 \times 偏差因子 \tag{2.20}$$

表 2.11　偏差因子

测定次数	偏差因子	测定次数	偏差因子
2	0.886	9	0.337
3	0.591	10	0.325
4	0.486	11	0.316
5	0.430	12	0.308
6	0.395	13	0.300
7	0.370	14	0.294
8	0.350	15	0.288

例 2.3　有两组数据，求标准差 S。

组 1 数据：17.65、17.83、17.63、17.71、17.92，

计算：$\bar{x}=17.75$，$R=17.92-17.63=0.29$，$S_{标}=0.124$，$S_{极}=0.29\times0.430=0.125$。

组 2 数据：4.51、4.49、4.59、4.53、4.46，

计算：$\bar{x}=4.52$，$R=0.13$，$S_{标}=0.049$，$S_{极}=0.13\times0.430=0.056$。

$S_{标}$是按标准法（Bessel 法）计算的标准差值。$S_{极}$是按极差法计算的标准差值。

极差法计算简便，适用于分析数据不多时使用，但不如用 Bessel 公式计算精确。

2.3.3.5　多个样本测定时标准差的计算

若从同一总体中抽样 m 个，每个样本重复进行多次测定。每个样本重复分析次数不同，或各样本测定精度不同，这时总体标准差可按下式计算：

$$S = \sqrt{\frac{\sum_{j=i}^{m}\sum_{i=1}^{n}(x_{ij}-\bar{x}_i)^2}{\sum_{i=1}^{n} n_i - m}} \tag{2.21}$$

例 2.4　测定一批鱼体内的含汞量，抽取 7 条鱼，每条鱼测定 n 次，测定结果见表 2.12，计算标准差。

表 2.12 鱼体内汞含量的测定结果

试验号 m	n_i	Hg 含量($\times 10^{-6}$)						均值$\overline{x_i}$	$\sum_{i=1}^{n}(x_{ij}-\overline{x_i})^2$
1	3	1.80	1.58	1.64				1.673	0.025 9
2	4	0.96	0.98	1.02	1.10			1.015	0.011 5
3	2	3.13	3.35					3.240	0.024 2
4	6	2.06	1.93	2.12	1.16	1.89	1.95	2.018	0.061 1
5	4	0.57	0.58	0.64	0.49			0.570	0.011 4
6	5	2.35	2.44	2.70	2.48	2.44		2.482	0.068 5
7	4	1.11	1.15	1.22	1.04			1.130	0.017 0

$$S_{总} = \sqrt{\frac{0.025\,9 + 0.011\,5 + 0.024\,2 + 0.061\,1 + 0.011\,4 + 0.068\,5 + 0.017\,0}{28 - 7}} = 0.102$$

对于多个样本，若每个样本测定次数 n 都相同，例如做平行试验，则测定值的标准偏差可用极差法进行计算，见表 2.13。

表 2.13 标准偏差的极差法列表

测定样本次数(m)	测定值 1	测定值 2	极差 $d_i = x'_n - x''_n$
1	x'_1	x''_1	$x'_1 - x''_1$
2	x'_2	x''_2	$x'_2 - x''_2$
…	…	…	…
m	x'_n	x''_n	$x'_n - x''_n$

多个样本的标准差：

$$S = \sqrt{\frac{\sum_{i=1}^{n} d_i^{\,2}}{2m}} \tag{2.22}$$

由于没有平均值，故自由度为 $2m$。

2.4 偶然误差的分布特征

分析化学中由试验而得到的一系列测定值，如吸光度、质量、体积、时间等，它们的值是不确定的，是随着很多偶然因素(如温度的微小变化，滴定速度的改变，终点观察颜色的差异，电压电流的波动等)而变化的，是属于在一定范围内连续型随机变量。这种变量遵从一定的概率分布规律。

2.4.1 偶然误差的分布

连续变量服从连续型分布，如正态分布、F-分布、t-分布等。

频率与概率：在相同条件下，进行 n 次重复试验，某一测定值出现 γ 次，则某测定值在 n 次试验中出现的频率为 γ/n，当 n 足够大时，可用频率 γ/n 近似表示该测定值出现的概率 P。测定值在某一范围的概率为某一范围内出现的次数与总次数之比。即把概率理解为随机变量在某一范围内出现可能性大小的量度。

研究偶然误差(随机变量)的分布情况，就需要研究偶然误差的概率分布规律。

正态分布(高斯分布)是概率分布的一种重要形式。

为了便于直观了解、分析试验数据及研究误差服从正态分布，从试验数据分布着手，进行讨论。

在系统误差已经排除的情况下，由于偶然误差的存在，试验所得数据不会完全一样，如将这些数据进行整理，发现有一定的分布规律存在。例如，测得某物质含量的数据从 0.441、0.446、0.447、…、0.469 共 60 个，将这批数据由小至大排列起来。并按一定的间距(这里取 0.004 0)分组。其分组办法一般按照分组数等于$\sqrt{n}$，n 为数据个数，如上述 60 个数据。按 $\sqrt{60}$ 可分为 8 组，为了不至于出现同一个数据跨两个组的情形，将分组范围多取一位有效数字，上述测定值是三位有效数字，分组范围取四位有效数字，如从 0.440 5~0.444 5 为第一个组，0.444 5~0.448 5 为第二个组等。分组数据列入表 2.14 中。

表 2.14 频数分布表

测定范围	0.440 5	0.444 5	0.448 5	0.452 5	0.456 5	0.460 5	0.464 5	0.468 5	0.472 5
频数(出现次数)		1	3	11	21	14	7	2	1

将表 2.14 数据，以分组值为横坐标，频数为纵坐标，绘成直方图(图 2.2)，将直方上端中点连线，得频数分布多边形。

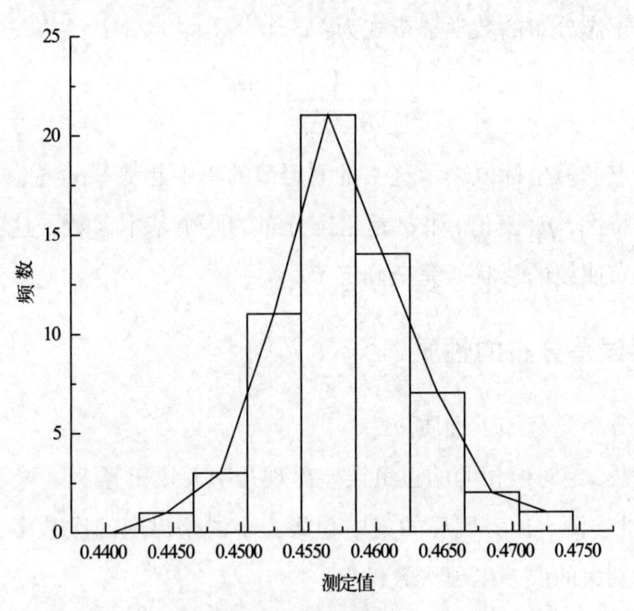

图 2.2　频数分布直方图和频数分布多边形

如测定值很多，则所绘出的频数分布多边形成为一条圆滑的曲线，它反映了测定值的分布状况。在系统误差已经消除的情况下，用横坐标表示测定值的偶然误差值，纵坐标表示误差出现的频率大小，所绘制的曲线可以反映测定值的偶然误差分布状况。当测定值连续变化时，偶然误差的分布服从正态分布，如图 2.3 所示。图中横坐标误差值单位取 $u=\frac{x-\mu}{\sigma}$，式中 x 代表测定值，μ 代表真实值或总体平均值，σ 是很多次测定的总体标准差。

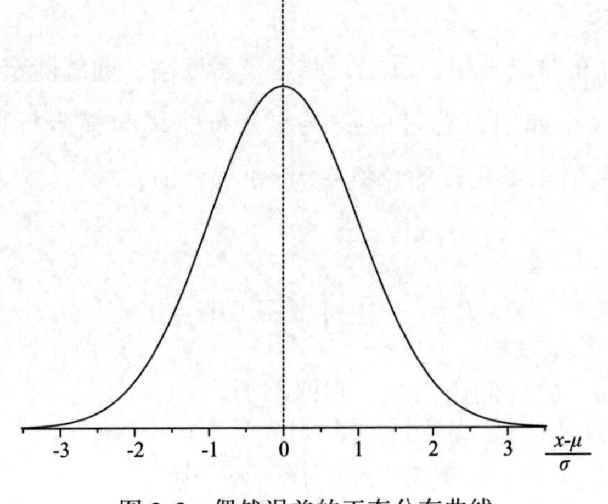

图 2.3　偶然误差的正态分布曲线

偶然误差正态分布的数学解析式为：

$$y = \frac{1}{\sigma\sqrt{2\pi}} e^{\frac{-(x-\mu)^2}{2\sigma^2}} \tag{2.23}$$

曲线最高点的横坐标值表示这一批测定值的集中趋势。σ(总体标准差)表示测定值的离散特性，μ(真值)和σ是正态分布的两个基本参数，这两个数值一经确定，正态分布曲线的形状就完全确定了。

2.4.2 偶然误差分布的性质

偶然误差分布只有如下性质。

(1)对称性：绝对值相等的正负误差出现几率大致相等。

(2)单峰性：测定值有明显的集中趋势，小误差出现的次数多，大误差出现的次数少，特别大的误差出现次数极少。

(3)有界性：有限次测试中偶然误差绝对值不超过一定界限。

(4)抵偿性：相同条件下测定同一量，当测定次数(n)无限增加时，误差的算术平均值极限为零。

$$\operatorname*{Lim}_{n\to\infty}\sum_{i=1}^{n}\frac{d_i}{n} = 0,$$

$$d_i = x_i - \mu$$

偶然误差曲线表明，曲线的形状与平均值和σ有关。曲线最高点$\frac{x-\mu}{\sigma}=0$，即$x=\mu$处，$y=\frac{1}{\sigma\sqrt{2\pi}}$，$\sigma$大，表明测定精密度差，数据分散，$y$的数值小，即误差出现的概率小，分布曲线平坦；反之，测定精密度高，曲线陡窄。

无论σ值的大小如何，总可以把误差分布曲线与横坐标间所围面积定为100%，或理解为所有误差出现的总概率为100%，即：

$$P = \frac{1}{\sigma\sqrt{2\pi}}\int_{-\infty}^{\infty} e^{-\frac{(x-\mu)^2}{2\sigma^2}} dx = 1 \tag{2.24}$$

如样本值在(a, b)区间内出现，则概率为：

$$P = \frac{1}{\sigma\sqrt{2\pi}}\int_{a}^{b} e^{-\frac{-(x-\mu)^2}{2\sigma^2}} dx \tag{2.25}$$

通过计算，发现一系列数据中，误差范围与曲线和横坐标相应所围面积(即出现的概率)及测定值所在区间有如下关系，见表 2.15 及图 2.4。

表 2.15 偶然误差与概率的关系

误差范围$\left(\frac{x-\mu}{\sigma}\right)$	概率(%)	测定值所在区间
±0.67	50.0	$\mu \pm 0.67\sigma$
±1.00	68.3	$\mu \pm 1.00\sigma$
±1.65	90.0	$\mu \pm 1.65\sigma$
±1.96	95.0	$\mu \pm 1.96\sigma$
±2.00	95.5	$\mu \pm 2.00\sigma$
±2.58	99.0	$\mu \pm 2.58\sigma$
±3.00	99.7	$\mu \pm 3.00\sigma$
±3.29	99.9	$\mu \pm 3.29\sigma$

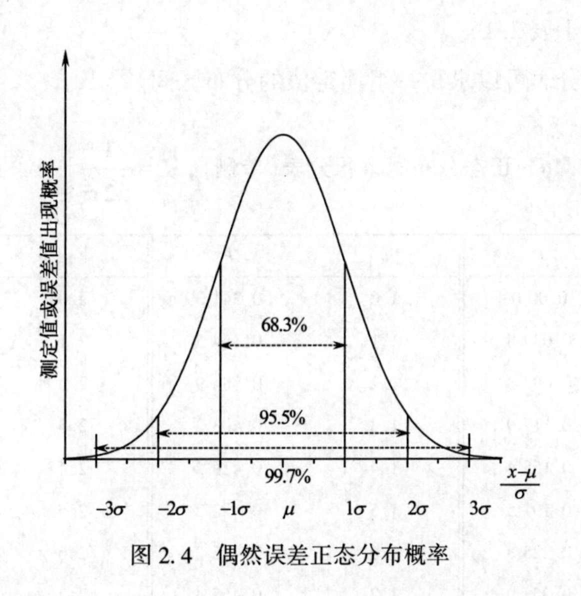

图 2.4 偶然误差正态分布概率

测定值或误差出现的概率 95.5%、99.7%等称为置信概率(常用 P 表示)或置信水平、置信度。$P=1-\alpha$，α 称为显著性水平，或小概率。将误差出现的范围如 $\pm 2\sigma$、$\pm 3\sigma$ 等称为在一定的置信概率下误差的置信区间，也称为置信范围。其意义为真实值在指定的概率下，将落在测定值(平均值)附近的一个区间内。置信概率的意义可理解为有把握的程度，可靠性的程度。例如置信概率 95%表示在一组测定值中出现偏差大于 2σ 的测定值的概率仅小于 5%。在一般分析测试中，测定次数不可能太多，同一个样本，通常测定 3~4 次或稍多一点，某一测定值

的误差出现在 $\pm 2\sigma$ 范围以外的可能性已属极小，如果出现这样大误差的分析值，从统计观点看来，有理由认为不是偶然误差引起，可能属于过失误差，应将这样的测定值舍去，这正是决定异常值(极值)取舍的基本出发点。选用不同的置信概率，就有对应不同的置信区间。根据对测试数据的不同要求而选取不同的置信概率。现在大多采用95%或99%两种置信概率。在我国计量科学中多采用99%的置信概率，而在冶金、机械等理化检验数据处理中，常采用95%的置信概率。

如将正态分布的数学解析式改写，并在 $0 \sim u\left(u=\frac{x-\mu}{\sigma}\right)$ 区间积分，则：

$$P=\frac{1}{\sqrt{2\pi}}\int_0^u \mathrm{e}^{-\frac{-u^2}{2}}\mathrm{d}u \tag{2.26}$$

其积分值列于表2.16。

利用概率积分表可以求得一组测定值的分布区间。

表2.16　正态分布概率积分表(单侧)，$P=\frac{1}{\sqrt{2\pi}}\int_0^u \mathrm{e}^{-\frac{-\mu^2}{2}}\mathrm{d}u$

$\lvert u \rvert$	P	$\lvert u \rvert$	P	$\lvert u \rvert$	P
0.0	0.000	1.0	0.341 3	2.0	0.477 3
0.1	0.039 8	1.1	0.364 3	2.1	0.482 1
0.2	0.097 3	1.2	0.384 9	2.2	0.486 1
0.3	0.117 9	1.3	0.403 2	2.3	0.489 3
0.4	0.155 4	1.4	0.419 2	2.4	0.491 8
0.5	0.191 5	1.5	0.433 2	2.5	0.493 8
0.6	0.225 8	1.6	0.445 2	2.6	0.495 3
0.7	0.258 0	1.7	0.455 4	2.7	0.496 5
0.8	0.288 1	1.8	0.464 1	2.8	0.497 4
0.9	0.315 9	1.9	0.471 3	2.9	0.498 7

例2.5　有6个测定值：59.09、59.17、59.27、59.13、59.10、59.14，问当置信概率为95.5%时，测定值存在区间是多大？如存在区间是59.15±0.05(即59.10~59.20)，概率会是多大？

解：求出测定值的平均值 $\bar{x}=59.15$。

标准差 $S=0.065$，把 S 近似地当作 σ，由表2.16查得，当 $P=0.477\ 3$(单

侧)，即 $P=95.5\%$（双侧）时，$|u|=2.0$，测定值存在区间 $\mu\pm2S=59.15\pm2\times0.065$，即 59.02~59.28。

如果测定值存在区间是 59.15±0.05（即 59.10~59.20），概率则发生变化，此时：

$$|u|=\left|\frac{x-\mu}{\sigma}\right|\approx\left|\frac{59.10-59.15}{0.065}\right|\approx0.77$$

查表，当 $|u|=0.77$，用内插法求得：

$P=2\times0.2794\approx55.9\%$，

即：测定值 59.15±0.05 的概率为 55.9%。

例 2.6 分析某试样合碳量平均值为 1.75%，$S=0.10\%$，求分析结果落在 (1.75±0.15)%范围内的概率是多少？在本例中分析结果大于 2.00%的概率又是多少？

解：把 S 近似为 σ。

$$|u|=\left|\frac{x-\mu}{\sigma}\right|\approx\left|\frac{1.90-1.75}{0.10}\right|\approx1.5,$$

查表，当 $|u|=1.5$ 时，$p=2\times0.4332\approx86.6\%$，所求概率为 86.6%。

大于 2%的测定值，是属于单侧分布。

由 $|u|=\left|\frac{x-\mu}{\sigma}\right|\approx\left|\frac{2.00-1.75}{0.10}\right|=2.5$，

查表，当 $u=2.5$ 时，$P=49.38$

而大于 2%的测定值，相应的 $u>2.5$

故 $P=0.5000-0.4938=0.62\%$，

即大于 2%的测定值，概率为 0.62%。

例 2.7 试样中某成分含量，经多次测定平均值为 15.0 μg/g，标准差 $S=0.2$ μg/g，求测定值(14.8~15.4)μg/g 区间，概率是多大？

解：大于平均值部分：$|u_1|=\frac{15.4-15.0}{0.2}=2.0$，

查表得，$P_1=47.73\%$

小于平均值部分：$|u_2|=\frac{|14.8-15.0|}{0.2}=1.0$，

查表得，$P_2=34.13\%$，

故(14.8~15.4)μg/g区间的概率为(47.73+34.13)%，即81.86%。

由上述例题可见，对于任一组测定值，当计算出平均值及标准差后，即可近似地估算出置信概率的大小。测定值范围一定，测定精密度愈高，其置信概率愈大。

在分析测定与环境监测数据中，尽管不是所有的测定值都严格服从正态分布，但正态分布仍占有重要地位。这可从中心极限定理加以理解。该定理认为，对于大样本($n>30$)，不管总体遵从什么分布，n愈大时，变量(测定值)的平均值$|x|$渐近地遵从正态分布，即它们的平均值可近似地按照服从正态分布处理。

2.4.3 *t*-分布

在分析测试中，测定次数是有限的，一般是取小样本进行3~5次平行测定。由于实验数据有限，总体标准差是不能求得的，只能求出样本标准差s(或称σ的估计值)。有限次测定值的偶然误差是不完全服从正态分布的，而是服从类似于正态分布的t-分布的。

t-分布是由英国化学家威廉·希利·戈塞特(W. S. Gosset)提出，

$$t = \frac{\bar{x} - \mu}{S_{\bar{x}}} = \frac{\bar{x} - \mu}{S}\sqrt{n} \tag{2.27}$$

式中：$S_{\bar{x}}$——平均值标准差，其数值等于$\frac{S}{\sqrt{n}}$。

t是与置信概率和自由度f有关的统计量，称为置信因子t，见t-分布表(表2.17)，t-分布曲线如图2.5所示。

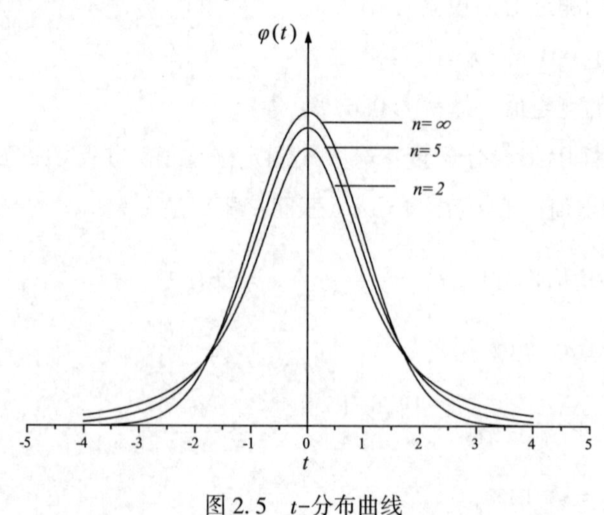

图2.5　t-分布曲线

表 2.17　t-分布表(双侧)

f	0.10	0.05	0.02	0.01	f	0.10	0.05	0.02	0.01
1	6.31	12.71	31.82	63.66	15	1.75	2.13	2.60	2.95
2	2.92	4.30	6.97	9.93	16	1.75	2.12	2.58	2.92
3	2.35	3.18	4.54	5.84	17	1.74	2.11	2.57	2.90
4	2.13	2.78	3.75	4.60	18	1.73	2.10	2.55	2.88
5	2.02	2.57	3.37	4.03	19	1.73	2.09	2.54	2.86
6	1.94	2.45	3.14	3.71	20	1.73	2.09	2.53	2.85
7	1.90	2.37	3.00	3.50	21	1.72	2.08	2.52	2.83
8	1.86	2.31	2.90	3.36	22	1.72	2.07	2.51	2.82
9	1.83	2.26	2.82	3.25	23	1.71	2.07	2.50	2.81
10	1.81	2.23	2.76	3.17	40	1.68	2.02	2.42	2.70
11	1.80	2.20	2.72	3.11	60	1.67	2.00	2.39	2.66
12	1.78	2.18	2.68	3.06	120	1.66	1.98	2.36	2.62
13	1.77	2.16	2.65	3.01	∞	1.65	1.96	2.33	2.58
14	1.76	2.15	2.62	2.98					

t-分布曲线的纵坐标仍代表概率密度，横坐标代表统计量 t，曲线保持了正态分布的形状。当 $f>20$ 时，t-分布曲线和正态分布曲线很近似；当 $f\to\infty$ 时，t-分布曲线和正态分布曲线严格一致，这时 $t=u$ 。

t-分布在分析数据处理中有多种用途，将在以后的章节中讨论。与正态分布曲线一样，t-分布曲线与横坐标所包围的面积也就是该范围内测定值出现的概率。

2.4.4　F-分布

要检验两个独立的正态总体方差是否一致，是否属于同一正态总体，往往要进行 F-检验，即检验是否遵从 F-分布规律。

F-检验的统计量：

$$F_{(f_1,\ f_2)} = \frac{S_1^2(\text{大})}{S_2^2(\text{小})} \tag{2.28}$$

F-分布曲线如图 2.6 所示，F 值的大小与计算方差 S_1^2 和 S_2^2 时所用自由度 f_1 和 f_2 的大小有关。当自由度 f_1 和 f_2 数值一定时，在一定的置信概率下，F 临界值可以计算出来，参见表 2.18、表 2.19。

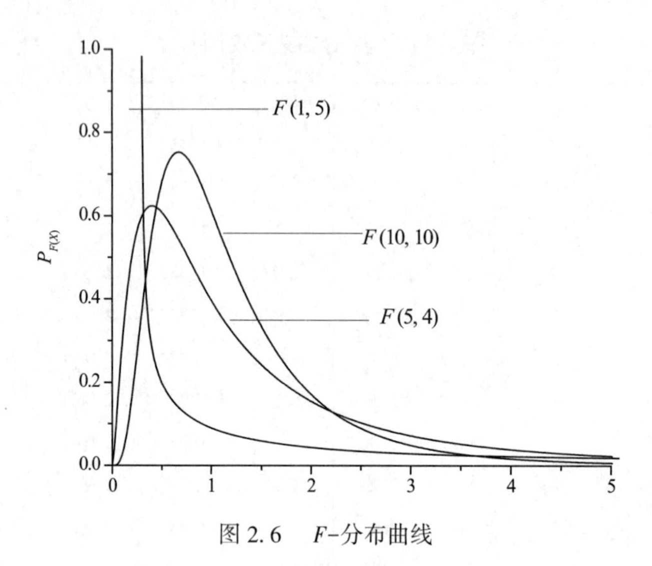

图 2.6　*F*-分布曲线

表 2.18　*F*-分布表(α=0.05)

f_2	f_1(较大均方的自由度)														
	1	2	3	4	5	6	7	8	9	10	12	14	16	18	20
1	161	200	216	225	230	234	237	239	241	242	244	245	246	247	248
2	18.5	19.0	19.2	19.2	19.3	19.3	19.4	19.4	19.4	19.4	19.4	19.4	19.4	19.4	19.4
3	10.1	9.55	9.28	9.12	9.01	8.94	8.89	8.85	8.81	8.79	8.74	8.71	8.69	8.67	8.66
4	7.71	6.94	6.59	6.39	6.26	6.16	6.09	6.04	6.00	5.96	5.91	5.87	5.84	5.82	5.80
5	6.61	5.79	5.41	5.19	5.05	4.95	4.88	4.82	4.77	4.74	4.68	4.64	4.60	4.58	4.56
6	5.99	5.14	4.76	4.53	4.39	4.28	4.21	4.15	4.10	4.06	4.00	3.96	3.92	3.90	3.87
7	5.59	4.74	4.35	4.12	3.97	3.87	3.79	3.73	3.68	3.64	3.57	3.53	3.49	3.47	3.44
8	5.32	4.46	4.07	3.84	3.69	3.58	3.50	3.44	3.39	3.35	3.28	3.24	3.20	3.17	3.15
9	5.12	4.26	3.86	3.63	3.48	3.37	3.29	3.23	3.18	3.14	3.07	3.03	2.99	2.96	2.94
10	4.95	4.10	3.71	3.48	3.33	3.22	3.14	3.07	3.02	2.98	2.91	2.86	2.83	2.80	2.77
11	4.84	3.98	3.59	3.36	3.20	3.09	3.01	2.95	2.90	2.85	2.79	2.74	2.70	2.67	2.65
12	4.75	3.89	3.49	3.26	3.11	3.00	2.91	2.85	2.80	2.75	2.69	2.64	2.60	2.57	2.54
13	4.67	3.81	3.41	3.18	3.03	2.92	2.83	2.77	2.71	2.67	2.60	2.55	2.51	2.48	2.46
14	4.60	3.74	3.34	3.11	2.96	2.85	2.76	2.70	2.65	2.60	2.53	2.48	2.44	2.41	2.39
15	4.54	3.68	3.29	3.06	2.90	2.79	2.71	2.64	2.59	2.54	2.48	2.42	2.38	2.35	2.33
16	4.49	3.63	3.24	3.01	2.85	2.74	2.66	2.59	2.54	2.49	2.42	2.37	2.33	2.30	2.28
17	4.45	3.59	3.20	2.96	2.81	2.70	2.61	2.55	2.49	2.45	2.38	2.33	2.29	2.26	2.23
18	4.41	3.55	3.16	2.93	2.77	2.66	2.58	2.51	2.46	2.41	2.34	2.29	2.25	2.22	2.19
19	4.38	3.52	3.13	3.90	2.74	2.63	2.54	2.48	2.42	2.38	2.31	2.26	2.21	2.18	2.16
20	4.35	3.49	3.10	3.87	2.71	2.60	2.51	2.45	2.39	2.35	2.28	2.22	2.18	2.15	2.12

表 2.19 F-分布表(α=0.01)

f_2	f_1(较大均方的自由度)														
	1	2	3	4	5	6	7	8	9	10	12	14	16	18	20
1	4 052	5 000	5 403	5 625	5 764	5 859	5 928	5 981	6 022	6 056	6 106	6 142	6 169	6 190	6 209
2	98.5	99.0	99.2	99.3	99.3	99.4	99.4	99.4	99.4	99.4	99.4	99.4	99.4	99.4	99.4
3	34.1	30.8	29.5	28.7	28.2	27.9	27.7	27.5	27.3	27.2	27.1	26.9	26.8	26.8	26.7
4	21.2	18.0	16.7	16.0	15.5	15.2	15.0	14.8	14.7	14.5	14.4	14.2	14.2	14.1	14.0
5	16.3	13.3	12.1	11.4	11.0	10.7	10.5	10.3	10.2	10.1	9.89	9.77	9.68	9.61	9.55
6	13.7	10.9	9.78	9.15	8.75	8.47	8.26	8.10	7.98	7.87	7.72	7.60	7.52	7.45	7.40
7	12.2	9.55	8.45	7.85	7.46	7.19	6.99	6.84	6.72	6.62	6.47	6.36	6.27	6.21	6.16
8	11.3	8.65	7.59	7.01	6.63	6.37	6.18	6.03	5.91	5.81	5.67	5.56	5.48	5.41	5.36
9	10.6	8.02	6.99	6.42	6.06	5.80	5.61	5.47	5.35	5.26	5.11	5.00	4.92	4.86	4.81
10	10.0	7.56	6.55	5.99	5.64	5.39	5.20	5.06	4.94	4.85	4.71	4.60	4.52	4.46	4.41
11	9.65	7.21	6.22	5.67	5.32	5.07	4.89	4.74	4.63	4.54	4.40	4.29	4.21	4.15	4.10
12	9.33	6.93	5.95	5.41	5.06	4.82	4.64	4.50	4.39	4.30	4.16	4.05	3.97	3.91	3.86
13	9.07	6.70	5.74	5.21	4.86	4.62	4.44	4.30	4.19	4.10	3.96	3.86	3.78	3.71	3.66
14	8.86	6.51	5.56	5.04	4.70	4.46	4.23	4.14	4.03	3.94	3.80	3.70	3.62	3.56	3.51
15	8.68	6.36	5.42	4.89	4.56	4.32	4.14	4.00	3.89	3.80	3.67	3.56	3.49	3.42	3.37
16	8.53	6.23	5.29	4.77	4.44	4.20	4.03	3.89	3.78	3.69	3.55	3.45	3.37	3.31	3.26
17	8.40	6.11	5.18	4.67	4.34	4.10	3.93	3.79	3.68	3.59	3.46	3.35	3.27	3.21	3.16
18	8.29	6.01	5.09	4.58	4.25	4.10	3.81	3.71	3.60	3.51	3.37	3.27	3.19	3.13	3.08
19	8.18	5.93	5.01	4.50	4.17	3.94	3.77	3.68	3.52	3.43	3.30	3.19	3.12	3.05	3.00
20	8.10	5.85	4.94	4.43	4.10	3.87	3.70	3.56	3.46	3.37	3.23	3.13	3.05	2.99	2.94

2.4.5 平均值的精密度

由误差分布规律可知，测定次数愈多，$\bar{x}$ 愈接近μ。$\bar{x}$ 与μ 的接近程度称为平均值的精密度，其高低可用平均值的标准差$S_{\bar{x}}$来估计，对于有限次测定，$S_{\bar{x}}$则为：

$$S_{\bar{x}} = S/\sqrt{n} \tag{2.29}$$

用$S_{\bar{x}}$与测定次数 n 的关系作图，得曲线如图 2.7 所示。式(2.29)表明了平均值的标准差与测定次数的平方根成反比。增加测定次数可使平均值的偏差值减小，但增加次数太多，对偏差变化影响很小。由图 2.7 曲线可见，当 $n>5$ 时，$S_{\bar{x}}$变化减慢。$n>10$ 时，$S_{\bar{x}}$变化更小。因此应根据测定方法的难易程度，成本高低等实际情况，决定测定次数的多少。若是一般要求，平行测定 3~4 次即可。若要求较高，可以测定10次左右。

如果平均值的精密度用算术平均偏差$\bar{d}_{\bar{x}}$估计，则$\bar{d}_{\bar{x}}=\bar{d}/\sqrt{n}$，$\bar{d}$是测定值的算术平均偏差。

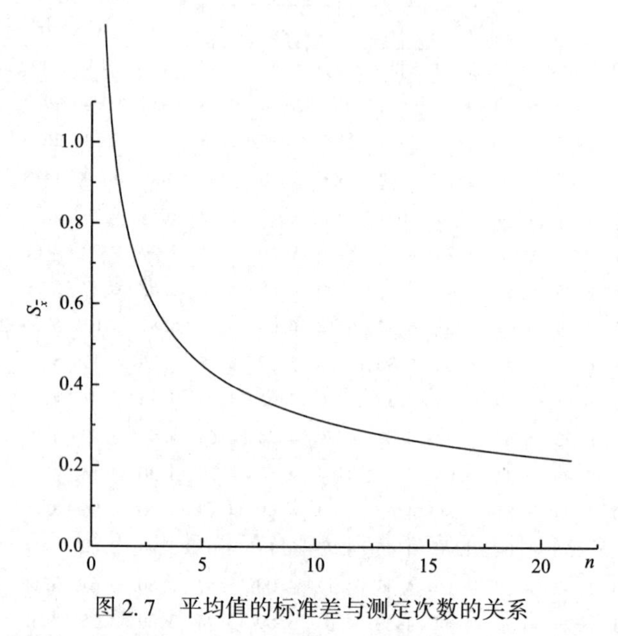

图2.7 平均值的标准差与测定次数的关系

例2.8 某试样中铬的百分含量测定值为1.62，1.60，1.58，1.56，求$S_{\bar{x}}$值。

解：$\bar{x}=1.59\%$，$S=0.026\%$，$S_{\bar{x}}=0.026/\sqrt{4}\approx0.01\%$

平均值的置信范围：在一定的置信度下，如系统误差已经消除，则真实值将处于以平均值为中心，平均值附近的一个范围内，这个范围称为平均值的置信范围。其数值可由t分布公式得来。即

$$\mu=\bar{x}\pm tS/\sqrt{n} \tag{2.30}$$

式(2.30)表明，平均值精密度愈高，$S/\sqrt{n}$愈小，平均值与真实值愈接近。

式(2.30)是分析结果的一般表达式。

2.5 可疑值取舍和均值检验

分析测试中经常遇到这样的情况，在一组测定值中，某一测定值离群较远，这个测定值是否该舍弃呢？当用标准样品来检验分析方法时，得到的平均值与标

样值总是有一定差异，这个差异允许有多大呢？两个分析人员同时对同一试样进行测定，其结果也不完全一致，如何来评价、判断这些数据呢？这就需要用统计检验来加以解决(蒋子刚等，1991；中国环境监测总站，1994)。

2.5.1 统计检验

先假设某一总体具有某种统计特性(如具有某种参数，或遵从某种分布等)，然后再检验这个假设是否可信，这种方法称为统计检验(或称为假设检验)。

根据小概率原理，认为在一次事件中概率很小(接近于零)的事件实际上不可能发生。

当对某些总体参数(如平均值，标准差，……，等)进行区间估计时，定义总体参数 θ 在某一个区间(θ_1，θ_2)的置信概率 P 满足下列关系式：

$$P(\theta_1 < \theta < \theta_2) = 1 - \alpha \tag{2.31}$$

α 称为小概率(危险率)或显著性水平。用它反映显著异常的程度。一经确定，当概率属于 α 范围内的事件，则认为是异常情况，习惯上人们认为，当显著性水平：①α>10% 时，事件不显著；②α 为 5%~10%时，事件可能显著；③α 为 1%~5%时，事件显著；④α 为 0.1%~1.0%时，事件很显著；⑤α<0.1%时，事件极度显著。

选择 α 值的大小很重要，若选得太大，置信概率太小，则可能把本来无显著差异，或者说来自同一总体的事件错判成异常而予以否定，犯“去真”的第Ⅰ类错误。另一方面，如 α 选得太小，置信概率很大，犯第Ⅰ类错误的可能性小了，但可能把本来异常的事件错判成正常的事件而予以肯定，犯“存伪”的第Ⅱ类错误。所以在选择 α 值时，必须根据实际情况(如技术水平，经济效益等)，权衡两类错误的相对严重性，予以确定。

在进行统计检验时，其步骤为：

(1)作原假设(H_0)，如假设二者属于同一正态分布(或称零假设)，则 $\mu_1=\mu_2$；

(2)选定显著性水平，如选 $\alpha=5\%$；

(3)选取统计量计算公式并进行计算，如果服从 t-分布，可用 t-检验，计算 t 值；

(4)根据计算结果作出统计推断。

若计算值<临界值(由统计表中查出)，接受原假设，认为被检验者无显著性差异。

若计算值≥临界值，否定原假设，认为被检验者存在显著性差异，应考虑补做实验，或舍弃某些数据。

注意有的检验要求计算值>临界值时，接受原假设；计算值≤临界值时，否定原假设。情况与上相反，检验时应特别留意。

2.5.2 可疑值的取舍

在一系列测定值中，由于偶然误差的存在，数据总有一定的离散性，这是正常的。但也可能有个别数据由于过失误差的原因使它离群较远，通常称它为可疑值或极值。如果保留了这样的数据，势必影响平均值的可靠性。如果把属于偶然误差范围内的数据随便弃去，而暂时得到精度较高的结果是不科学的，是虚假的。这是因为，以后在同样条件下再次实验时，超过该精度的数据必然会再次出现。所以，在数据处理中，如何正确判断可疑值的弃留是很重要而又经常遇到的问题。

可疑值的取舍，实质是区别这个误差较大的数据究竟是偶然误差还是过失误差造成的。因此，应该按照统计检验的步骤进行处理。

首先提出原假设，认为 x_1 或 x_n 是正常的随机抽样值($x_1 \leqslant x_2 \leqslant$，…，$\leqslant x_n$)，然后利用一些统计量来检验这个假设是否成立。如果按统计公式算出的值满足临界值要求，便接受原假设，x_1 或 x_n 保留；反之，否定原假设，舍弃 x_1 或 x_n。当分析的样本容量较大，测定次数很多，且服从正态分布的，若选用95%的置信概率($u=2$)，即误差>2σ 的测定值作为小概率事件，可认为是由于过失误差造成的极值应予舍弃。误差在 2σ 以内的测定值是合理的。而对于少数的几次测定值，这样处理极值是不合理的，因为少数几次测定偶然误差分布不是完全符合正态分布，总体标准差 σ 也无法求得。下面介绍几种对少数几次测定值判断可疑值是否舍弃的方法。

2.5.2.1 格拉布斯(Grubbs)检验法

设有一组测定值 $x_1 \leqslant x_2 \leqslant$，…，$\leqslant x_n$，其中 x_1 或 x_n 可疑，要进行判断。算出 n 个测定值的 $\bar{x}$ 及 S：

若怀疑 x_1，则计算

$$T_1 = \frac{\bar{x} - x_1}{S} \tag{2.32}$$

若怀疑 x_n，则计算

$$T_n = \frac{x_n - \bar{x}}{S} \tag{2.33}$$

算出的 T_1 或 T_n 的值大于表 2.20 的临界值(置信概率选 95%)，则 x_1 或 x_n 弃去，反之则保留。

表 2.20　格拉布斯临界值表

数据个数	置信概率 95%	置信概率 99%	数据个数	置信概率 95%	置信概率 99%	数据个数	置信概率 95%	置信概率 99%
3	1.15	1.15	12	2.29	2.55	21	2.58	2.91
4	1.46	1.49	13	2.33	2.61	22	2.60	2.94
5	1.67	1.75	14	2.37	2.66	23	2.62	2.96
6	1.82	1.94	15	2.41	2.70	24	2.64	2.99
7	1.94	2.10	16	2.44	2.74	25	2.66	3.01
8	2.03	2.22	17	2.47	2.78	30	2.74	3.10
9	2.11	2.32	18	2.50	2.82	35	2.81	3.18
10	2.18	2.41	19	2.53	2.85	40	2.87	3.24
11	2.24	2.48	20	2.56	2.88	50	2.96	3.34

例 2.9　测定某样品中铅的含量(μg/g)得到结果如下：1.25、1.27、1.31 和 1.40，问 1.40 这个数据是否保留。

解：$\bar{x}=1.31$　$S=0.066$

$$T_n=\frac{x_n-\bar{x}}{S}=\frac{1.40-1.31}{0.066}=1.36$$

查表，当 $n=4$，置信概率 95%，$T_{表}=1.46$。

$T_n<T_{表}$，故 1.40 应该保留。

如果有两个或两个以上的可疑值，并处于 $\bar{x}$ 同侧，其中 x_1、x_2、x_3 与其他数据偏离较远，可先用上述方法检验内侧的 x_3，这时用 $x_3 \sim x_n$ 计算 T，如判断 x_3 应舍弃，则 x_1、x_2 也随之舍去。如 x_3 应保留，则需检查 x_1、x_2。

如果两个或两个以上可疑值处于 $\bar{x}$ 的两侧，可用上法暂时去掉 x_1，用 x_2、…、x_n 计算 T_n，检验 x_n 是否保留。再暂时除去 x_n，用 $x_1 \sim x_{n-1}$ 计算 T_1，检验 x_1 是否保留。

2.5.2.2 狄克逊(Dixon)检验法

当测定值数目较大时，计算标准差比较麻烦。利用极差比的方法，可得到简化而严密的计算公式。为了提高判断效率，对不同测定次数应用不同的极差比计算。本法原则上适用于有一个可疑值的情况，如有 2 个或 3 个可疑值，宜用 Grubbs 法。

将测定结果按大小排列 $x_1 \leqslant x_2 \leqslant, \cdots, \leqslant x_n$，当 x_1 或 x_n 可疑时，分别用表 2.21 所示的公式计算 r 值。算出之 r 值如小于临界值，则 $x_{可疑}$ 是合理的，应该保留。

表 2.21 Dixon 检验的临界值及系数 r 的计算公式

数据数	置信概率 P		统计量 r	
n	95%	99%	怀疑 x_1 时	怀疑 x_n 时
3	0.941	0.988		
4	0.765	0.889		
5	0.642	0.780	$\frac{x_2-x_1}{x_n-x_1}$	$\frac{x_n-x_{n-1}}{x_n-x_1}$
6	0.560	0.698		
7	0.507	0.637		
8	0.554	0.683		
9	0.512	0.635	$\frac{x_2-x_1}{x_{n-1}-x_1}$	$\frac{x_n-x_{n-1}}{x_n-x_2}$
10	0.477	0.597		
11	0.576	0.679		
12	0.546	0.642	$\frac{x_3-x_1}{x_{n-1}-x_1}$	$\frac{x_n-x_{n-2}}{x_n-x_2}$
13	0.521	0.615		
14	0.546	0.641		
15	0.525	0.616		
16	0.507	0.595		
17	0.490	0.577		
18	0.475	0.561		
19	0.462	0.547	$\frac{x_3-x_1}{x_{n-2}-x_1}$	$\frac{x_n-x_{n-2}}{x_n-x_3}$
20	0.450	0.535		
21	0.440	0.524		
22	0.430	0.514		
23	0.421	0.505		
24	0.413	0.497		
25	0.406	0.489		

例 2.10 对一组数据：1.25、1.27、1.31 和 1.40 进行 Dixon 检验：

怀疑 x_n(1.40)，n=4。使用公式：

$$r = \frac{x_n - x_{n-1}}{x_n - x_1} = (1.40 - 1.31) \div (1.40 - 1.25) = 0.60$$

查表，n=4，置信概率95%，临界值为0.765，比 r 值大，故1.40应该保留，与Grubbs法判断一致。

2.5.2.3　Q 值法

如果测定次数小于10次，Dixon法还可简化，1951年Dean和Dixon提出只利用计算公式$\frac{x_2-x_1}{x_n-x_1}$和$\frac{x_n-x_{n-1}}{x_n-x_1}$来计算统计量，即利用$\frac{|\text{可疑值}-\text{邻近值}|}{\text{极差}}=Q$进行计算 Q 的极限值见表2.22。表中 $Q_{0.90}$、$Q_{0.96}$、$Q_{0.99}$ 分别表示置信概率为90%、96%、99%时的弃去临界商。

表2.22　Q 的极限值

可疑值	计算公式	n	$Q_{0.90}$	$Q_{0.96}$	$Q_{0.99}$
		3	0.94	0.98	0.99
		4	0.76	0.85	0.93
		5	0.64	0.73	0.82
最小值	$Q=\frac{x_2-x_1}{x_n-x_1}$	6	0.56	0.64	0.74
(x_1)		7	0.51	0.59	0.68
最小值	$Q=\frac{x_n-x_{n-1}}{x_n-x_1}$	8	0.47	0.54	0.63
(x_n)		9	0.44	0.51	0.60
		10	0.41	0.48	0.57

若 $Q_{计算}<Q_{表}$，则可疑值保留，反之则弃去。通常选用 $Q_{0.90}$ 为临界值，即当 $Q_{计算}>Q_{0.90}$时，意味着有90%的把握，认为可疑值与其他数据有显著的差异。

Q 值检验法在统计上是正确的，也较简单，除去有较大误差的测定值比较方便，但由于置信概率通常只选90%(即 $Q_{0.90}$)，而不是96%或更高，有可能舍弃一些误差较小的测定值。而当数据较少时，如3~5个，Q 检验法仅弃去了偏差最大的值，有可能保留错误的测定结果。为弥补这一缺陷，对于只有3个测定值进行检验时，若判定其中一个应于弃去，此时最好再补充实验，增加测定值，重新进行计算处理。也有人提出，当用 Q 检验判断可疑值应舍弃时，就舍弃，然后求平均值；如不应舍弃，则取用中位数代替平均值为好。

例 2.11 用 Q 检验法检查下列分析结果：

5.12、6.82、6.12、6.32、6.22、6.32、6.02，把这 7 个数据列表，见表 2.23。

表 2.23 7 个测定值的 Q 检验

测定值	$n=7$ 检验 5.12	$n=6$ 检验 6.82	$n=5$ 检验 6.02	$n=5$ 检验 6.32
5.12	x_1	弃去	弃去	弃去
6.02	x_2	x_1	x_1	x_1
6.12	x_3	x_2	x_2	x_2
6.22	x_4	x_3	x_3	x_3
6.32	x_5	x_4	x_{n-1}	x_{n-1}
6.32	x_{n-1}	x_{n-1}	x_n	x_n
6.82	x_n	x_n	弃去	弃去

首先对 $X_{\min}(5.12)$ 进行检验：

$$Q=\frac{x_2-x_1}{x_n-x_1}=\frac{6.02-5.12}{6.82-5.12}=0.53$$

查表，当 $n=7$ 时，$Q_{0.90}=0.51$

因为 $Q_{计算}(0.53)>Q_{表}(0.51)$，故 $X_{\min}(5.12)$ 应弃去。

$$Q=\frac{x_n-x_{n-1}}{x_n-x_1}=\frac{6.82-6.32}{6.82-6.02}=0.625$$

查表，当 $n=6$ 时，$Q_{0.90(表)}=0.56$

因为 $Q_{计算}(0.625)>Q_{表}(0.56)$，故 $X_{\max}(6.82)$ 应弃去。

剩下 5 个数据中，X_n 与 X_{n-1}，皆为 6.32，没有必要再检验，但需要对这 5 个数据中最小者 6.02 进行检验。

$$Q=\frac{x_2-x_1}{x_n-x_1}=\frac{6.12-6.02}{6.32-6.02}=0.33$$

查表，当 $n=5$ 时，$Q_{0.90}(表)=0.64$，因为 $Q_{计算}(0.33)<Q_{表}(0.64)$，故 6.02 应予以保留。

最后可将这 5 个测定值求取平均值。

2.5.2.4 t-检验法

本法从 t-分布出发，把可疑值先暂时除去后计算 S，这样既保证了 S 值的正

确性，也保证了可疑值与 S 的独立，因此在理论上是严格的。如选 95%的置信概率，当测定次数达 20 次以上时，t 值变化很小，其数值接近于 2，故只要 $|x_{可疑}-\bar{x}|>2S$，$x_{可疑}$就应舍去。若测定次数只有几次，不能一般地使用 $2S$ 法，具体计算步骤是求出 n 个测定值中 $(n-1)$ 个的平均值 $\bar{x}_{n-1}$ 及标准差 S，再按下式进行计算，若 $|x_{可疑}-\bar{x}|/S>K_{(p,n)}$，则 $x_{可疑}$舍弃，反之则保留。

K 值大小与置信概率及测定次数有关，与 t 的关系如下式：

$$K_{(p,\ n)}=t_{(p,\ n-2)}\sqrt{\frac{n}{n-1}} \tag{2.34}$$

K 值见表 2.24。

表 2.24　t 检验的 $K_{(p,n)}$ 数值表

n	置信概率		n	置信概率		n	置信概率	
	95%	99%		95%	99%		95%	99%
4	4.97	11.46	13	2.29	3.23	22	2.14	2.91
5	3.56	6.53	14	2.26	3.17	23	2.13	2.90
6	3.04	5.04	15	2.24	3.12	24	2.12	2.88
7	2.78	4.36	16	2.22	3.08	25	2.11	2.86
8	2.62	3.96	17	2.20	3.04	26	2.10	2.85
9	2.51	3.71	18	2.18	3.01	27	2.10	2.84
10	2.43	3.54	19	2.17	3.00	28	2.09	2.83
11	2.37	3.41	20	2.16	2.95	29	2.09	2.82
12	2.33	3.31	21	2.15	2.93	30	2.08	2.81

例 2.12　测得试样中含硫百分率为 0.112、0.118、0.115、0.119 和 0.123，其中 0.123 可疑，判断 0.123 是否应舍去。

解：暂时除去 0.123，求 4 个值的平均值 $\bar{x}=0.116\%$

标准差 $S=0.0032$，则

$$|x_{可疑}-\bar{x}|/S=\frac{0.007}{0.0032}=2.19$$

查 K 值表 2.24，$n=5$，置信概率 95%，$K_{表}=3.56$

2.19<3.56，故 0.123 不应舍去。

可疑值的取舍主要使用上述方法，其他方法如 Paúta 检验法，Chauvenet 检验法，γ 检验法等就不一一详述了。

这些取舍可疑值的办法，可以帮助克服处理数据上的盲目性和任意性。一般来说，分析一个试样测定次数 3~5 次，如果发现个别数据偏离较大，首先对可疑值全面检查，从原始数据记录到操作方法和条件都要考虑，如能找到确切原因引起偏差，这个数据就可以舍去。如果找不到原因不能说明有过失误差，可疑值就应该用上述方法之一进行检验；如果检查结果，认为应舍去可疑值，最好再补做两个数据，重行检验。这样更可靠一些。还应注意舍去的可疑值是个别的、少量的，否则应从技术上查明原因。

缺乏经验的人往往喜欢从三次测定数据中挑选两个“好”的数据，这种做法是没有根据的，有时甚至是荒谬的。表面上似乎提高了测定的精密度，但是对平均值的置信范围来说有时是相反的结果。例如，有下列三个测定值，40. 12、40. 16 和 40. 18。表面看来取后两次数据的平均值 40. 17 似乎更理想，其实，把平均值的置信范围放宽了，是不合理的。

不舍去 40. 12，平均值的置信范围：

$$40.15 \pm \frac{t_{(n-3)}S_{(n-3)}}{\sqrt{n}} = 40.15 \pm \frac{4.3 \times 0.031}{\sqrt{3}} = 40.15 \pm 0.08$$

即：40. 07~40. 23。

舍去 40. 12 后平均值的置信范围：

$$40.17 \pm \frac{t_{(n-2)}S_{(n-2)}}{\sqrt{n}} = 40.17 \pm \frac{12.71 \times 0.014}{\sqrt{2}} = 40.17 \pm 0.13$$

即：40. 04~40. 30，范围变宽了。

所以，从 3 个数据中，选两个“好”数据的做法是不合理的。当然，如果已找到原因，可疑值是由过失误差造成，舍去这个数据当然是应该的，否则还应补作一些数据。

总之，出现可疑数据时，应着重从技术上查明原因，然后再用统计检验进行处理，切忌任意舍弃。

2. 5. 3　平均值的比较

为了鉴定一个分析方法的准确度，或者对分析人员进行技术考查，可用标准试样进行试验，将多次测定的平均值与真实值(标准值)比较，检验平均值和标准值之间是否存在显著性差异。另外，有时需要比较两个分析人员或两种不同方法分析同一试样所得的平均值以及进行对比性试验研究等，这类问题可采用下列方法解决。

2. 5. 3. 1　t-检验

t-检验可用来检验两正态总体平均值的测定值的置信区间。

1）t-检验步骤

原假设 H_0：两总体标准差一致或两个样本来自同一总体。如用标样来评价分析方法，分析样本来自同一总体，分析的平均值与标样值不应有显著性差异。

取置信概率 95%。

t-检验的计算公式，按 $t=\frac{(\bar{x}-\mu)\sqrt{n}}{S}$ 计算 t 值。

统计推断：若 $t_{计算}<t_{表}$(临界)，接受 H_0；若 $t_{计算}\geqslant t_{表}$(临界)，否定 H_0。

接受 H_0 表示样本平均值与标样值(或总体平均值)之间以及两个平均值之间无显著性差异。反之，表示分析方法不仅有偶然误差存在，而且可能有系统误差存在。

例 2. 13　明矾中 Al 的含量，标准值为 10. 77%，今用新的方法进行测定得到下列 9 个数据(%)：10. 74、10. 77、10. 77、10. 77、10. 81、10. 82、10. 73、10. 86 和 10. 81，问此方法是否合理。

解：$\bar{x}=10.79\%$，$n=9$，$f=n-1=8$，$S=0.042$，

查附录 t 表，相应的 $t_{(临界值)}=2.31$

即：$t_{计算}<t_{表}$。

说明新方法无系统误差存在，是合理的。

2）两组平均值的检验

两个平均值可以是同一实验室两个分析人员对同一试样得到的，也可以是不同分析实验室间对同一试样分析的数据。

设两组参数为：n_1、$\overline{x_1}$、S_1，n_2、$\overline{x_2}$、S_2。

现在要确定两个平均值之间是否有显著性差异，或样本平均值 $\overline{x_1}$ 与 $\overline{x_2}$ 是否属于同一总体。

统计检验步骤如下。

原假设 H_0：$\mu_1=\mu_2$；

置信概率 95%；

计算统计量：作 F 检验和计算 t 值。

要检查两个平均值的差值$\overline{x_1}-\overline{x_2}$是否在允许的范围内，首先要检查两组数据的方差$S_2^2$ 和S_1^2 有无显著性差异，如果差异不显著，才能把两组数据合并在一起，求出共同的方差$S_{合}^2$，进一步比较$\overline{x_1}$与$\overline{x_2}$的差别是否显著。

S_2^2 和S_1^2 之间有无显著性差异，用 F 检验法确定。如差别不显著，用 t 检验法检查：

$$t=\frac{\overline{x_1}-\overline{x_2}}{S_{\bar{x}_2-\bar{x}_1}} \tag{2.35}$$

$S_{\bar{x}_2-\bar{x}_1}$可以由偶然误差传递原理求得。

误差传递中，加减法运算，如 $R=A+B-C$，结果(R 值)的方差等于各方差之和。

即：$SR^2=S_A{}^2+S_B{}^2+S_C{}^2$

对于$\overline{x_1}$与$\overline{x_2}$之差的方差可由下式求得：

$$S_{\bar{x}_2-\bar{x}_1}^2=S_{\bar{x}_1}^2+S_{\bar{x}_2}^2=\left(\frac{S_1}{\sqrt{n_1}}\right)^2+\left(\frac{S_2}{\sqrt{n_2}}\right)^2=\frac{S_1^2}{n_1}+\frac{S_2^2}{n_2} \tag{2.36}$$

若$S_1^2\approx S_2^2$，则可求二者共同的方差：$S_{合}^2$；

即：

$$S_{\bar{x}_2-\bar{x}_1}^2=S_{合}\sqrt{\frac{1}{n_1}+\frac{1}{n_2}}=S_{合}\sqrt{\frac{n_1+n_2}{n_1n_2}} \tag{2.37}$$

将其代入上述 t 的公式，得

$$t=\frac{\overline{x_2}-\overline{x_1}}{S_{合}}\sqrt{\frac{n_1n_2}{n_1+n_2}} \tag{2.38}$$

$$S_{合}=\sqrt{\frac{(n_1-1)\ S_1^2+(n_2-1)\ S_2^2}{n_1+n_2-2}} \tag{2.39}$$

若每组测定次数相同 $n_1=n_2$，

则：

$$t=\frac{\overline{x_2}-\overline{x_1}}{S_{合}}\sqrt{\frac{n}{2}} \tag{2.40}$$

对于多个平均值的共同标准差可按下式计算：

$$S_{合} = \sqrt{\frac{\sum_{i=1}^{m}(自由度 i \times 方差 i)}{总自由度}} \tag{2.41}$$

统计推断:

计算出 t 值，若 $t_{计算}<t_{表}$，接受 H_0，表明两平均值皆合理；若 $t_{计算}>t_{表}$，否定 H_0，表明两平均值间有显著性差异，可能某一种测定值有系统误差存在。

例 2.14 有两组测定值。

甲组：1.26、1.25、1.22，$n_1=3$，$\overline{x_1}=1.24$；

乙组：1.35、1.31、1.33、1.34，$n_2=4$，$\overline{x_2}=1.33$。

检验两组数据有无显著性差异。

首先用 F-检验法检查两组数据的标准差：

$$F=\frac{S_1^2}{S_2^2}，\quad 而 S_1=0.021，S_2=0.017；$$

故：

$$F=\frac{0.021^2}{0.017^2}=1.53$$

因为 $F_{计算}<F_{表}=9.55$ 说明甲、乙两组数据的方差无显著性差异，可进一步求共同方差。

$$S_{合}=\sqrt{\frac{(n_1-1)S_1^2+(n_2-1)S_2^2}{n_1+n_2-2}}=\sqrt{\frac{(3-1)\times 0.021^2+(4-1)\times 0.017^2}{3+4-2}}\approx 0.020$$

$$t=\frac{|\overline{x_2}-\overline{x_1}|}{S_{合}}\sqrt{\frac{n_1n_2}{n_1+n_2}}=\frac{|1.24-1.33|}{0.020}\sqrt{\frac{3\times 4}{3+4}}=5.90$$

查 t 表，当 $f=n_1+n_2-2=5$，$P=95\%$，$t=2.57$

因为 $t_{计算}>t_{表}$，表明两组数据间存在显著性差异，有系统误差存在。其系统误差大小可以估算。

由于 $\overline{x_2}-\overline{x_1}=\pm tS\sqrt{\frac{n_1+n_2}{n_1n_2}}$，而 $f=5$，$p=95\%$，$t_{表}=2.57$。

故：$\overline{x_2}-\overline{x_1}=\pm 2.57\times 0.020\sqrt{\frac{7}{12}}=\pm 0.039\approx 0.04$

而测定值 $|\overline{x_2}-\overline{x_1}|=0.09$，表明实际差值 0.09 中有偶然误差(0.04)和系统误差存在。这两种误差可以叠加，也可相互抵消。

t-检验法的用途是多方面的，上例表明可用于设计一个新的实验方法，判定方法是否可行。这时标准样值或试剂含量作为μ，将测定的平均值$\bar{x}$与之比较。也可用于两组平均值的比较，判断有无系统误差存在。在常规分析中可将产品的质量指标，对某成分的含量要求作为μ，将平均值$\bar{x}$与之比较，可以判断产品质量是否合格。有时总体平均值μ不知道，可以把大样本($n \geq 30$)的测定平均值作为μ。

2.5.3.2　F-检验法(方差比检验法)

本法是比较两组数据的方差$S_1{}^2$和$S_2{}^2$，确定它们的精密度是否有显著性差异，未考虑两组数据是否存在系统误差，因而方差比的大小不能完全肯定测定值的准确度。方差比检验往往是t-检验的第一步，特别是不同方法的测定值的比较。生产过程中分析数据进行方差比较，可以检查生产条件的稳定性。

F-检验法步骤简单，原假设H_0：$\hat{\sigma}_1^2=\hat{\sigma}_2^2=\sigma^2$，计算$\hat{\sigma}^2$估计值$S_1{}^2$和$S_2{}^2$，求比值$F=\dfrac{S_1^2}{S_2^2}$，式中分子是方差值较大者。

当两总体方差相等，则$F=1$，但由于样本方差$S_1{}^2$和$S_2{}^2$是有限次测定值得到的，方差S^2难以相等，故实际求出的F值总是大于1。但只要不超过一定的允许范围，这个范围由F分布函数所决定，分别见表2.18或表2.19中的$F_{表}$(临界值)，则认为两方差值是属于对同一总体方差的估计值，或者说$S_1{}^2$与$S_2{}^2$无显著差异。反之，如$F_{计算}>F_{表}$，则认为两组数据差异显著。

例2.15　A、B二人用同样方法测定同一试样中含氧量，A作11次测定，$S_A=0.21$；B作9次测定，$S_B=0.60$。比较A、B的数据精密度如何?

$S_B{}^2=(0.60)^2=0.36$，$S_A{}^2=(0.21)^2=0.044$

故　$F=0.36/0.044 \approx 8.2$

查表2.18$F_{表}$，$f_1=9-1=8$　$f_2=11-1=10$，$F_{表}(95\%)=3.07$

故　$F_{计算}>P_{表}$，说明两组数据间存在显著性差异。B组数据精度太差。

2.5.3.3　另一类型的t-检验——配对研究法

配对研究法就是成对地进行试验。不同实验室不同的分析人员或同一分析人员在不同时期分析组成不同的试样，这时除了所研究的因素外，还包含了时间、试样组成、不同人员的操作方法和习惯等因素的影响。为了使在不同试验条件下得到的平均值的比较不受其他因素的干扰，采用配对研究法更为合适。

例 2.16 两个实验室长期分析某金属中的合碳量，每次将同批试样分送两个实验室，得到结果列于表 2.25。

表 2.25 某金属中的合碳量(%)

试样批号	实验室 1	实验室 2	差值 d	试样批号	实验室 1	实验室 2	差值 d
1	1.18	0.16	+0.02	8	0.32	0.30	+0.02
2	0.12	0.09	+0.03	9	0.27	0.31	−0.04
3	0.12	0.08	+0.04	10	0.22	0.24	−0.02
4	0.08	0.05	+0.03	11	0.34	0.28	+0.06
5	0.08	0.13	−0.05	12	0.14	0.11	+0.03
6	0.12	0.10	+0.02	13	0.46	0.42	+0.04
7	0.10	0.14	−0.04				

测定结果的差异只反映两个实验室间的差异，如两个实验室之间无系统误差存在，当测定次数足够多时，两室之间的差值的平均值应为 0，即 $d_0=0$。

计算：$\bar{d}=\dfrac{0.02+0.03+\cdots+0.04}{13}=0.018$；

$$S_d=\sqrt{\frac{\sum_{i=1}^{n}(d-\bar{d})^2}{n-1}}=\sqrt{\frac{(0.02-0.018)^2+\cdots+(0.04-0.018)^2}{13-1}}=0.034$$

两室相差的平均值的标准差：

$$S_{\bar{d}}=S_d/\sqrt{n}=0.034/\sqrt{13}=0.0094$$

由于差值平均值 $\bar{d}$ 实际不为 0，说明有偶然误差存在，这种差异是否显著，可用 t 检验来表示。

$$t_{计}=\frac{|\bar{d}-d_0|}{S_{\bar{d}}}=\frac{|\bar{d}|-0}{S_{\bar{d}}}=\frac{0.018}{0.0094}\approx 1.90$$

查表 2.17 中的 $t_{表}$，当 $f=13-1=12$，$P=95\%$，$t_{表}=2.18$。

$t_{计算}<t_{表}$，说明两室之间不存在显著性差异，没有理由认为两者之间有系统误差存在。

思考题

1. 何谓偶然误差和系统误差？并分别简述其特性。
2. 何谓有效数字？并简述其运算规则。
3. 举例说明 t-检验。
4. 举例说明 Dixon 检验。
5. 举例说明 F-检验。

参考文献

梁晋文，陈林才，何贡，2001. 误差理论与数据处理(修订版)[M]. 北京：中国计量出版社.
蒋子刚，顾雪梅，1991. 分析测试中的数理统计和质量保证[M]. 上海：华东化工学院出版社.
钱政，王中宇，刘桂礼，2008. 测试误差分析与数据处理[M]. 北京：北京航空航天大学出版社.
四川省环境科学学会，1983. 环境监测常用数理统计方法[M]. 成都：四川科学技术出版社.
向先全，路文海，杨翼，等，2015. 海洋环境监测数据集质量控制方法研究[J]. 海洋开发与管理，1：88-91.
中国环境监测总站，1994. 环境水质监测质量保证手册[M]. 2 版. 北京：化学工业出版社.
张大年，郑剑，李定邦，1992. 环境监测系统及原理[M]. 上海：华东化工学院出版社.

第3章 实验室质量控制

本章主要对实验室质量控制技术的概念、技术方法以及应用实例作了概述。实验室质量控制包括实验室内质量控制(内部控制)和实验室之间质量控制(外部控制)。其中实验室内质量控制是保证实验室提供可靠分析结果的关键，也是保证实验室间质量控制顺利进行的基础。

3.1 实验室内质量控制

实验室质量控制是要把监测分析误差控制在容许的限度内，保证测定结果有一定的精密度和准确度，使分析数据在给定的置信水平内，有把握达到所要求的质量(曹宇峰 等，2006；蒋子刚等，1991；郑琳 等，2014)。

实验室内质量控制是实验室分析人员对分析质量进行自我控制的过程(张大年 等，1992)。例如依靠自己配制的质量控制样品，通过分析并应用某种质量控制图或其他方法来控制分析质量，它主要反映的是分析质量的稳定性如何，以便及时发现某些偶然的异常现象，随时采取相应的校正措施。总而言之，质量控制必须贯穿环境监测工作的全过程。

实验室质量保证必须建立在完善的实验室基础工作之上，也就是说实验室应具备如下的基本条件。

(1)必须经过良好的训练，具有一定的专业理论知识，精通所用分析方法(或仪器)的原理，操作正确熟练的各级分析人员。

(2)必须具有科学、完善的实验室管理制度和经验丰富的专业管理人员。

(3)仪器设备必须经常校正和进行严格的维修保养，仪器设备应始终处于优良的运转状态。

(4)使用纯度合格的化学试剂(包括实验用水)等。

3.1.1　质量控制基础实验

3.1.1.1　选择适当的分析方法

目前，我国的环境监测分析方法主要分为标准方法、统一方法和等效方法三个层次。

1)标准方法

标准方法包括我国自己建立的标准方法和等效采用的国际标准方法。标准方法是国家颁布的带有权威性的分析方法，主要用于方法对比和仲裁分析，也可用于常规分析。

标准分析方法大致可以分以下四级。

(1)国际级：如国际标准化组织(ISO)颁发的标准。

(2)国家级：如中国标准(GB)、美国标准(ANSI)、英国标准(BS)、日本工业标准(ASTM)等。

(3)行业或协会级：如我国的部颁标准、美国的材料与试验协会标准(ASTM)。

(4)地方级。

我国的标准分为三级：①国家标准；②专业(部)标准；③企业标准。

我国从1979年开始，环保部门就开始编写了环境水质监测分析标准方法，1980年出版了标准方法试行本，并于1983年正式出版。

2)统一方法

统一方法是由监测部门或其他有关部门(如原国家海洋局等)经过验证建立的实用方法。统一方法经过实践检验、通过标准化工作程序进行筛选验证，也可上升为标准方法。例如原国家海洋局于1979年编制出版的《海洋污染调查暂行规范》以及后续形成的国家标准《海洋监测规范》(GB 17378—2007)等。

3)等效方法

等效方法是根据地区和行业的环境特点，建立与标准方法或统一方法可比的分析方法。等效方法必须向上级主管部门报交分析方法的全面资料，并提供方法验证的分析数据，经批准后，方可在常规分析中使用。

在具体的监测工作中，应顾及样品的来源、浓度、分析的目的要求、实验室条件等因素，以选择适宜的分析方法。

3.1.1.2　空白值的测定

在环境监测中，通常采用的是痕量分析方法，因此空白试验值的大小及其分散程度，对分析结果的精密度和分析方法的检测限都有很大的影响。而且空白试验值的大小及其重复性如何，在相当大的程度上，较全面地反映了一个环境监测实验室及其分析人员的水平。如实验所用的纯水和化学试剂的纯度，玻璃容器的洁净度，分析仪器的精度以及仪器是否处于良好的使用状态，实验室内的环境污染状况以及分析人员的素质等因素，都会影响空白试验值的大小。

每天测定两个空白试验平行样，共测 5 天，根据所选用公式计算标准偏差或批内标准偏差。

根据空白试验值的测定结果，按常用的规定方法计算检测限，该值如高于标准分析方法中的规定值，则应找出原因予以纠正，然后重新测定，直至合格为止。

对空白值的控制，也可以用质量控制图的方法。例如对某一被测物的测定，其空白溶液多次测定的响应值相当于该被测物的浓度，见表 3.1。

表 3.1　某被测物各批空白值结果　　单位：μg/L

批次	1	2	3	4	5	6	7	8
B_1	0.20	0.25	0.25	0.25	0.25	0.24	0.20	0.25
B_2	0.20	0.20	0.30	0.30	0.20	0.28	0.26	0.30

总均数为 0.24 μg/L，标准差为 0.027 μg/L，根据标准差控制图的绘制方法 95%置信水平的空白值，每批二次重复测定结果的均值应为（$0.24 \pm 2.306 \times 0.027$），即 0.18~0.30 μg/L。每批重复测定结果之间的误差可以根据 R 图的方式控制，分别计算相对减差值 R。其平均相对减差值为 0.173 μg/L，以 $D_4\overline{R}$ 为上控制限：$3.27 \times 0.17 = 0.57$。0.57 即为空白溶液重复样之间相对减差的控制限。如果对空白的测定误差失去控制，应仔细检查原因，并解决存在的问题后，再开始正常的分析工作。

3.1.1.3 校准曲线的制作与检验

《海洋监测规范》(GB 17378—2007)中的分析方法多数为间接的相对测定，即被测定物的含量系由已知浓度的标准系列进行比对而求得。这种比对又常常是通过中间信号转换而实现的。为此，被测物的量(自变量 X)与信号(因变量 Y)两个变量必须密切相关。反映二者相关程度的系数 γ，$|\gamma|$值通常为 0.990~1.000 为宜。

校准曲线可分为标准曲线和工作曲线两种类型。

工作曲线是在标准系列的制备步骤与样品的处理步骤完全一致的条件下产生的，它是综合容纳了分析全过程的一切影响因素而形成的终裁线。工作曲线更能反映分析条件、操作水平和分析方法本身的真实状况。

若以验证分析方法为目的，必须按工作曲线的程序制备标准系列。用于样品测定的校准曲线则按原方法中的规定实施。

由于标准曲线中标准系列的制备步骤较之样品的分析步骤有所省略，因而零浓度信号值 A_0与分析空白信号值 A_b可能不相等($A_0 \neq A_b$)。此时必须分别扣除各自的空白值后再计算统计量，绘制校准曲线，查读曲线，计算含量或浓度。

1)标准系列的制备与测定

在精密度较差的浓度段，应适当增加不同的浓度点数；标准系列中最小浓度 C_1，最好应选在检出限附近；用于光度法的参比溶液，以纯溶剂(包括水)调零点更稳定，能减小低浓度段的读数误差。

标准系列的制备与测定的操作步骤如下。

将制备好的标准系列(与样品分析步骤完全相同)各点，由低向高逐个移入已校正的测定池中，依次测其信号值 Y_i，记入 Y_i栏内。

按表 3.2 所列数据，分别按以下各式计算斜率 b、截距 a、残差 d_i、剩余标准差 S_y、相关系数 r 等各统计量：

$$b = \frac{S_{XY}}{S_{XX}} \tag{3.1}$$

$$a = \bar{Y} - b\bar{X} \tag{3.2}$$

$$d_i = Y_i - (a + bX_i) \tag{3.3}$$

$$s_y = \sqrt{\frac{(1 - r^2)S_{YY}}{n - 2}} = \sqrt{\frac{\sum_{i=1}^{n} d_i^2}{n - 2}} \tag{3.4}$$

$$\gamma = \frac{S_{XY}}{\sqrt{S_{XX} \cdot S_{YY}}} \tag{3.5}$$

表 3.2　校准曲线记录、统计表

系列号	C_0	C_1	C_2	C_3	C_4	C_5	C_6	C_7	
浓度值 X_i	0	0.050	0.100	0.200	0.400	0.600	0.800	1.000	$\sum X_i = 3.150$
信号值 Y_i'	0.025(A_0)	0.070	0.112	0.206	0.378	0.550	0.725	0.905	
$Y_i = Y_i' - A_0$		0.045	0.087	0.181	0.353	0.525	0.700	0.880	$\sum Y_i = 2.771$
X_i^2		0.0025	0.0100	0.0400	0.1600	0.3600	0.6400	1.0000	$\sum X_i^2 = 2.2125$
Y_i^2		0.0020	0.0076	0.0328	0.1246	0.2756	0.4900	0.7744	$\sum Y_i^2 = 1.7070$
$X_i Y_i$		0.0022	0.0087	0.0362	0.1412	0.3150	0.5600	0.8800	$\sum X_i Y_i = 1.9434$
$\overline{X}$	$=(1/7)\sum X_i = (1/7)\times 3.150$								$=0.450$
$\overline{Y}$	$=(1/7)\sum Y_i = (1/7)\times 2.771$								$=0.396$
S_{XX}	$=\sum X_i^2 - (\sum X_i)^2/7 = 2.2125 - 3.150^2/7$								$=0.7950$
S_{YY}	$=\sum Y_i^2 - (\sum Y_i)^2/7 = 1.7070 - 2.771^2/7$								$=0.6101$
S_{XY}	$=\sum X_i Y_i - (\sum X_i)(\sum Y_i)/7 = 1.943 - 3.150\times 2.771/7$								$=0.6964$
残差 $\lvert d_i \rvert = \lvert Y_i - (a+bX_i) \rvert$		0.0005	0.0023	0.0041	0.0009	0.0022	0.0024	0.0024	
剩余标准差	$S_y = [(S_{YY} - bS_{XY})/(n-2)]^{1/2} = \{[(1-r^2)S_{YY}]/(n-2)\}^{1/2} = [(1-0.99997^2)\times 0.6101/5]^{1/2}$								$=0.0028$
$\lvert d_i \rvert / S_y$		0.1653	0.8018	1.4639	0.3332	0.7974	0.8664	0.8340	<1.5，无离群值
	$a = \overline{Y} - b\overline{X} = 0.0017$		$b = S_{XY}/S_{XX} = 0.8760$			$\gamma = S_{XY}/\sqrt{S_{XX}S_{YY}} = 0.99997$			

2）回归直线的统计检验

（1）标准系列各点测定值的检验。若相关系数 γ 低于规定值或怀疑某一偏离较大的浓度点是否为异常值，按下式计算容许值：

$$M = \frac{\lvert d_i \rvert}{S_y} \tag{3.6}$$

式中：M——检验浓度点是否为异常值的容许值；

d_i——残差；

S_y——剩余标准差。

若该浓度点的允许值 $M<1.5$，该浓度点的测定值合格；若 $M>1.5$，该浓度点的测定值不合格，应重新补测该浓度点，直到满意（$M<1.5$）为止。

(2)检验直线是否通过原点。理想的回归直线，截距 $a=0$，曲线通过原点；由于存在难以控制的随机因素，多数直线在表现上 $a\neq0$，不通过原点，因此应对该直线进行是否通过原点($a_0=0$)的统计学检验。其检验步骤如下。

计算统计量：

$$t=\frac{a-a_0}{S_y\sqrt{\dfrac{1}{N}+\dfrac{\bar{X}^2}{S_{XX}}}}=\frac{0.0017-0}{0.0028\times\sqrt{\dfrac{1}{7}+\dfrac{0.450^2}{0.7950}}}=0.9626 \tag{3.7}$$

查 t 值表，$t_{a(0.05,n-2)}=2.571$；

判定：0.962 9<2.571，$t<t_{a(0.05,n-2)}$，$a=a_0$。即曲线通过原点。

3)校准曲线的绘制

在重复性较好的测定中，各数据对的坐标点能很好地落在一条直线上，此时可直观地将各坐标点连线，绘成校准曲线图。

当重复性较差时，各数据对的坐标点散落在直线两侧，此时画直线的任意性很大，对此则要按上述线性回归进行直线拟合。并按线性回归方程式 $Y=a+bX$，分别计算与零浓度 X_0、平均浓度 $\bar{X}$ 相对应的信号值 a 和 $\bar{Y}$。以浓度 X 为横坐标，信号值 Y(吸光值)为纵坐标，X_0对应 a，$\bar{X}$ 对应 $\bar{Y}$，将两个数据对组成 2 点(X_0，a)和($\bar{X}$，$\bar{Y}$)，分别点入坐标系中。通过两点画出直线，此即为校准曲线(图 3.1)。

绘制校准曲线应注意的事项如下。

(1)分析方法本身的精密度是良好的。

(2)分析仪器(包括电源稳压器，记录仪等)的精密度或质量都是良好的。

(3)所用量器的准确度是合格的。

(4)所使用的试剂纯度都是合格的。

(5)校准(标准/工作)曲线系列一般应至少测定 6 个浓度点(包括含零浓度点在内)，各点响应值应在仪器的最佳响应值范围内。

(6)超出校准曲线范围的测定值不得任意外推。

(7)只有当校准曲线的截距、斜率和相关系数(γ)均符合统计检验的要求时，方可使用该校准曲线进行样品的定量计算。

(8)选定坐标系时，尽可能使校准曲线的几何斜率接近于 1(与横坐标约成 45°角)，应顾及两变量有效数字的位数，以使在两个坐标轴上的读数误差相近。

(9)校准曲线的相关系数一般要求$|\gamma| \geq 0.990$。

(10)校准曲线的制作应和环境样品的测定同步进行。

(11)若不能同步制作校准曲线，应在分析样品时选择一个空白和一个中等浓度的标准点对原有校准曲线进行校准，其相对偏差一般应低于10%，只有当相对偏差在容许限内，原校准曲线方可使用，否则需要重新制作校准曲线。

(12)当分析环境、主要试剂、仪器设备等发生变化时，应重新制作校准曲线。

(13)若分析条件和方法比较稳定，校准曲线的使用最多可延用1周，且每天须加测一个空白和两个浓度点的标准溶液，以核对校准曲线的稳定性。

(14)若核对的信号响应值(如吸光值)落入该浓度回归直线坐标点Y_i的置信区间内，则可继续使用该校准曲线。

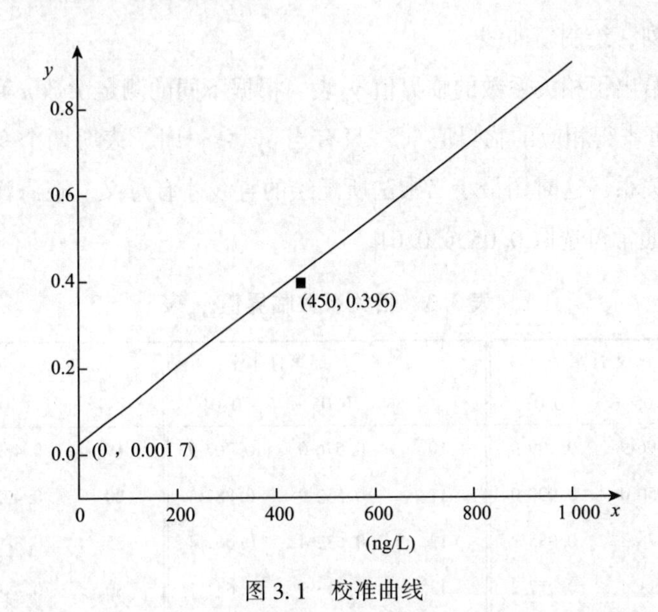

图3.1 校准曲线

核对的吸光值应落入该浓度回归直线坐标点Y_i的置信区间，其方法如下：

$$Y_i \pm VB_Y = Y_i \pm S_y t \sqrt{\frac{1}{N} + \frac{1}{n} + \frac{(Y_i - \overline{Y})^2}{b^2 \sum (X_i - \overline{X})^2}} \tag{3.8}$$

式中：Y_i——$a+bX_i$；

n——重复测定次数；

N——浓度点数目；

t——t 值表中临界值，$(N-2, P_1)$；

S_y——剩余标准差。

以表3.2中的校准曲线(图3.1)的核对为例，加测校准浓度点 C_5=0.600 μg/L，测得 Y_i=0.520(已扣除空白 A_0)。

$Y_i = 0.0017 + 0.8760 \times 0.600 = 0.5273$

置信区间为：$0.5273 \pm 0.0028 \times 2.571 \times \sqrt{\frac{1}{7}+1+\frac{(0.5273-0.396)^2}{0.8760^2 \times 0.7950}} = 0.5273 \pm 0.0084$

即0.519~0.536。

判定：Y_i=0.520已落入置信区间。

若加测的各校准点(包括空白 A_0)全部或两个点未落入置信区间，则须重新测定标准系列，绘制新曲线。

表3.3给出了相关系数的临界值 γ_α 表。根据不同的测定次数 n 和给定的显著性水平 α，可查得相应的临界值 γ_α。只有当 $|\gamma| \geqslant \gamma_\alpha$ 时，表明两个变量之间有着良好的线性关系，这时用最小二乘法所配绘的直线才有意义。在海洋监测中，显著性水平 α 通常可选取0.05或0.01。

表3.3　相关系数临界值 γ_α 表

$n-2$	显著性水平		$n-2$	显著性水平		$n-2$	显著性水平	
	0.05	0.01		0.05	0.01		0.05	0.01
1	0.996 9	0.999 9	10	0.576 0	0.707 9	19	0.432 9	0.548 7
2	0.950 0	0.990 0	11	0.552 9	0.883 5	20	0.422 7	0.536 8
3	0.878 3	0.985 7	12	0.532 4	0.661 4	25	0.380 9	0.486 9
4	0.811 4	0.917 2	13	0.513 9	0.641 1	30	0.349 4	0.448 7
5	0.754 5	0.874 5	14	0.497 3	0.622 6	40	0.304 4	0.393 2
6	0.706 7	0.834 3	15	0.482 1	0.605 5	50	0.273 2	0.354 1
7	0.666 4	0.797 7	16	0.468 3	0.589 7	60	0.250 0	0.324 8
8	0.631 0	0.764 6	17	0.455 5	0.575 1	80	0.217 2	0.283 0
9	0.602 1	0.734 8	18	0.443 8	0.561 4	100	0.194 6	0.254 1

例3.1　用分光光度测定各已知浓度的某物质溶液，得相应的吸光度值见表3.4。

表 3.4　浓度与吸光度关系表

浓度 x_i	0.000	0.050	0.100	0.200 0	0.300 0	0.400	0.600
吸光度 y_i	0.000	0.045	0.087	0.182	0.231	0.295	0.434

试做线性检验并绘制标准曲线。

解：列表计算见表 3.5。

表 3.5　标准曲线统计表

n	浓度 x_i	吸光度 y_i	x^2	y^2	xy
1	0.000	0.000	0.000 0	0.000 0	0.000 0
2	0.050	0.045	0.002 5	0.002 0	0.002 2
3	0.100	0.087	0.010 0	0.007 6	0.003 7
4	0.200	0.182	0.040 0	0.026 2	0.032 4
5	0.300	0.231	0.090 0	0.053 4	0.089 3
6	0.400	0.295	0.160 0	0.087 0	0.118 0
7	0.600	0.434	0.630 0	0.188 4	0.260 4
Σ	1.650	1.254	0.662 5	0.364 6	0.491 0

$$S_{xx} = \sum x^2 - \frac{1}{n}(\sum x)^2 = 0.662\,5 - \frac{1}{7} \times 1.650^2 = 0.273\,6$$

$$S_{yy} = \sum y^2 - \frac{1}{n}(\sum y)^2 = 0.364\,6 - \frac{1}{7} \times 1.254^2 = 0.140\,0$$

$$S_{xy} = \sum xy - \frac{1}{n}(\sum x \cdot \sum y) = 0.491\,0 - \frac{1}{7} \times 1.650 \times 1.254 = 0.195\,4$$

$$\gamma = \frac{S_{xy}}{\sqrt{S_{xx} \cdot S_{xy}}} = \frac{0.195\,4}{\sqrt{0.273\,6 \times 0.140\,0}} = \frac{0.195\,4}{0.195\,7} = 0.998\,5$$

选定显著性水平 $\alpha = 0.05$，查表得到 $\gamma_\alpha = 0.754\,5$。现 $\gamma > \gamma_\alpha$，故可用最小二乘法求得回归方程参数，配绘标准曲线。

$$b = \frac{S_{xy}}{S_{xx}} = \frac{0.195\,4}{0.273\,6} = -\,0.714\,2$$

$$\bar{x} = \frac{1}{n}\sum x = \frac{1}{7} \times 1.650 = 0.236$$

$$\bar{y} = \frac{1}{n}\sum y = \frac{1}{7} \times 1.254 = 0.179$$

$$a = \bar{y} - b\bar{x} = 0.179 - 0.7142 \times 0.36 = 0.010$$

在坐标纸上画点(0.000，0.010)和点(0.236，0.179)，将两点连成一直线，即为标准曲线。

通过绘制校准曲线，可以确定分析方法的检测上限，并结合检测限确定其检测范围(线性范围)，但为使监测分析结果的误差限定在要求的范围内，测定范围应规定在测定下限和测定上限之间。

3.1.1.4　检测限的估算

检测限是指对某一特定的分析方法在给定的可靠程度内，以从样品中检测待测物质的最小浓度或最小量。检测限的估算方法通常包括如下几种。

1)空白平行测定(批内)标准偏差法(《全球环境监测系统水监测操作指南》)

将空白试验值转换成空白浓度值，然后再计算空白浓度值 S_{wb}，有时可行，有时是不行的，或者说是不适当的。具体的就是，当空白试验值换算成浓度都是正浓度时，用这种方式求算 S_{wb} 是可行的；但当空白值有正浓度也有负浓度时，用这种方式计算 S_{wb} 就不妥当了。因为在数据填报中，空白值为负浓度无意义，这时空白值的负浓度都以零浓度来填报。这样无形中就缩小了空白试验值的离散范围，也就是人为地提高了空白试验值的精密度，从而造成空白平行测定的批内标准差 S_{wb} 偏低，检出限 X_N 偏小的虚假现象。因此，对空白平行测定浓度值批内标准差的计算，应先直接计算空白试验值的批内标准差，然后再转换成浓度值的批内标准差，这样的计算过程才是合理的方法。具体计算步骤和方法可参考下面给出的两个计算实例，其中，二乙氨基二硫代甲酸银法测砷的空白值见表 3.6，异烟酸-吡唑酮法测氰化物空白值见表 3.7。

先用空白浓度值求空白平行测定浓度值 S_{wb}，然后计算 X_N 值。

表 3.6　二乙氨基二硫代甲酸银法测砷空白值

编号	E_1	E_2	$\sum E$	X_1/(mg/L)	X_2/(mg/L)	$\sum X$/(mg/L)
1	0.010	0.010	0.020	0.003 33	0.003 33	0.006 66
2	0.009	0.010	0.019	0.002 79	0.003 33	0.006 12
3	0.008	0.008	0.016	0.002 25	0.002 25	0.004 51
4	0.010	0.010	0.020	0.003 33	0.003 33	0.006 66
5	0.009	0.009	0.018	0.002 79	0.002 79	0.005 58

注：该方法校准曲线的相关系数 r=0.999 9，a=0.003 8，b=0.037 27。

空白浓度值 x 的

$$S_{wb}=\sqrt{\frac{\sum_{i=1}^{m}\sum_{j=1}^{n}(x_{ij}-\bar{x})}{m(n-1)}}=\sqrt{\frac{\sum_{i=1}^{m}\sum_{j=1}^{n}x_{ij}^{2}-\frac{\sum_{i=1}^{m}(\sum_{j=1}^{n}x_{ij}^{2})}{n}}{m(n-1)}}$$

$$=\sqrt{\frac{0.000\,088\,957\,8-0.000\,088\,812\,05}{5(2-1)}}$$

$$=1.70\times10^{-4}\ \mathrm{mg/L} \tag{3.9}$$

检出限 $X_N=2\sqrt{2}\,t_r S_{wb}=2\sqrt{2}\times2.02\times1.70\times10^{-4}=9.75\times10^{-4}\approx0.001$ mg/L。

如果用空白消光值先求消光值 E 的 S_{wb}，然后换算成浓度值 S_{wb}，再计算 X_N值。

$$空白消光值 E 的 S_{wb}=\sqrt{\frac{\sum_{i=1}^{m}\sum_{j=1}^{n}(E_{ij}-\bar{E})}{m(n-1)}}=\sqrt{\frac{\sum_{i=1}^{m}\sum_{j=1}^{n}E_{ij}^{2}-\frac{\sum_{i=1}^{m}(\sum_{j=1}^{n}E_{ij})^{2}}{n}}{m(n-1)}}$$

$$=\sqrt{\frac{0.000\,871-0.000\,870\,5}{5(2-1)}}=3.16\times10^{-4}$$

根据回归方程 $y=a+bx$，将消光值 E 的 S_{wb} 换算成浓度值 x 的 S_{wb}。

空白浓度值 x 的 S_{wb}=(消光值 E 的 S_{wb})/(校准曲线斜率 b×空白样体积 V)= $3.16\times10^{-4}/(0.03727\times50)=1.696\times10^{-4}$ mg/L。

检出限 $X_N=2\sqrt{2}\,t_r S_{wb}=2\sqrt{2}\times2.02\times1.696\times10^{-4}=9.69\times10^{-4}\approx0.001$ mg/L。

表 3.7 异烟酸-吡唑酮法测氰化物空白值

编号	曲线 γ	曲线 a	曲线 b	E_1	E_2	$\sum E$	X_1/(mg/L)	X_2/(mg/L)	$\sum X$/(mg/L)
1	0.999 3	0.004 4	0.104 3	0.005	0.005	0.010	0.000 115	0.000 115	0.000 230
2	0.999 6	0.004 8	0.090 0	0.004	0.005	0.009	0.000 000	0.000 040	0.000 040
3	0.999 9	0.004 6	0.113 9	0.004	0.004	0.008	0.000 000	0.000 000	0.000 000
4	0.999 8	0.004 9	0.098 7	0.005	0.005	0.010	0.000 020	0.000 020	0.000 040
5	0.999 5	0.004 6	0.107 2	0.004	0.004	0.008	0.000 000	0.000 000	0.000 000

用空白浓度值 x 求空白平行测定值 S_{wb}，然后计算 X_N值：

$$\text{空白浓度值 } x \text{ 的 } S_{\mathrm{wb}} = \sqrt{\frac{\sum_{i=1}^{m}\sum_{j=1}^{n}(x_{ij}-\bar{x})}{m(n-1)}} = \sqrt{\frac{\sum_{i=1}^{m}\sum_{j=1}^{n}x_{ij}^{2}-\frac{\sum_{i=1}^{m}(\sum_{j=1}^{n}x_{ij})^{2}}{n}}{m(n-1)}}$$

$$= \sqrt{\frac{2.887\,4\times10^{-8}-2.428\,5\times10^{-8}}{5\times(2-1)}}$$

$$=3.029\times10^{-5}\ \mathrm{mg/L}$$

检出限 $X_{\mathrm{N}}=2\sqrt{2}\,t_{\mathrm{r}}S_{\mathrm{wb}}=2\sqrt{2}\times2.02\times3.029\times10^{-5}=1.73\times10^{-4}\approx0.000\,2\ \mathrm{mg/L}$。

用空白消光值 E 先求消光值 E 的 S_{wb}，然后换算成浓度值 x 的 S_{wb}，再求算 X_{N} 值：

$$\text{空白消光值 } E \text{ 的 } S_{\mathrm{wb}} = \sqrt{\frac{\sum_{i=1}^{m}\sum_{j=1}^{n}(E_{ij}-\bar{E})}{m(n-1)}} = \sqrt{\frac{\sum_{i=1}^{m}\sum_{j=1}^{n}E_{ij}^{2}-\frac{\sum_{i=1}^{m}(\sum_{j=1}^{n}E_{ij})^{2}}{n}}{m(n-1)}}$$

$$= \sqrt{\frac{2.05\times10^{-4}-\frac{4.09\times10^{-4}}{2}}{5\times(2-1)}}$$

$$=3.16\times10^{-4}$$

当每次空白测定都带标准曲线时，可将这几条标准曲线进行统计检验，如无显著性差异，可将这几条曲线合并。表 3.7 中的 5 条曲线经检验无显著性差异。

合并后求平均值得 $b=\frac{\sum_{i=1}^{m}b_i}{m}=0.102\,8$，根据回归方程 $y=a+bx$，将消光值 E 的 S_{wb} 换算成浓度值 x 的 S_{wb}。

空白浓度值 x 的 S_{wb}=(空白消光值 E 的 S_{wb})/(校准曲线斜率 b×空白样体积 V)= $3.16\times10^{-4}/(0.102\,8\times50)=6.15\times10^{-5}\mathrm{mg/L}$。

检出限 $X_{\mathrm{N}}=2\sqrt{2}\,t_{\mathrm{r}}S_{\mathrm{wb}}=2\sqrt{2}\times2.02\times6.15\times10^{-5}=3.51\times10^{-4}=0.000\,35\ \mathrm{mg/L}$

通过上面的计算得知，当空白试验值换算成浓度值都是正浓度时，用空白浓度值 x 求得的 S_{wb}，与用空白试验值求算消光值 E 的 S_{wb}，然后换算成浓度值 x 的 S_{wb}，二者计算出来的检出限 X_{N}的结果是一样的。

而当空白试验值换算成浓度值 x，有正浓度，也有负浓度时，用空白浓度值

x 直接求算 S_{wb} 值，与用空白试验值求算消光值 E 的 S_{wb}，然后换算成浓度值 x 的 S_{wb}，结果是不一致的，前者比后者小。其原因是在计算空白浓度值 x 的 S_{wb} 时，人为地将零浓度 x 以下的负偏差去掉了，以零计，缩小了变异范围，造成空白浓度值 x 的 S_{wb} 偏小，由此计算的检测限也随着偏小。因此，建议先以空白试验值求算消光值 E 的 S_{wb}，然后再换算成空白浓度值 x 的 S_{wb}。空白试验数据的填报，也应直接填报空白试验值。

2)空白测定-标准添加实验法[《环境监测　分析方法标准制修订技术导则》(HT 168—2010)]

(1) 空白试验中检出目标物质。按照样品分析的全部步骤，重复 $n(n \geqslant 7)$ 次空白试验，将各测定结果换算为样品中的浓度或含量，计算 n 次平行测定的标准偏差，按下式计算方法检出限。

$$MDL = t_{(n-1,\ 0.99)} \times S \tag{3.10}$$

式中：MDL——方法检出限；

n——样品的平行测定次数；

t——自由度为 $n-1$，置信度为99%时的 t 分布(单侧)；

S——n 次平行测定的标准偏差。

其中，当自由度为 $n-1$，置信度为99%时的 t 值可参考表3.8取值。

表3.8　t 值表

平行测定次数(n)	自由度($n-1$)	$t_{(n-1,0.99)}$
7	6	3.143
8	7	2.998
9	8	2.896
10	9	2.821
11	10	2.764
16	15	2.602
21	20	2.528

(2)空白试验中未检测出目标物质。按照样品分析的全部步骤，对浓度或含量为估计方法检出限2~5倍的样品进行 $n(n \geqslant 7)$ 次平行测定。计算 n 次平行测定的标准偏差，按下式计算方法检出限。

MDL 值计算出来后，需判断其合理性。

a）单一组分方法检出限的计算。对于针对单一组分的分析方法，如果样品浓度超过计算出的方法检出限的10倍，或者样品浓度低于计算出的方法检出限，则都需要调整样品浓度重新进行测定。在进行重新测定后，将前一批测定的方差（S^2）与本批测定的方差相比较，较大者记为 S_A^2，较小者记为 S_B^2。若 $S_A^2/S_B^2>3.05$，则将本批测定的方差标记为前一批测定的方差，再次调整样品浓度重新测定。若 $S_A^2/S_B^2<3.05$，则按下列公式计算方法检出限：

$$S_P = \sqrt{\frac{v_A S_A^2 + v_B S_B^2}{v_A + v_B}} \tag{3.11}$$

式中：v_A——方差较大批次的自由度，n_A-1；

v_B——方差较小批次的自由度，n_B-1；

S_p——组合标准偏差；

t——自由度为 v_A+v_B、置信度为99%时的 t 分布。

b）多组分方法检出限的计算。对于针对多组分的分析方法，一般要求至少有50%的被分析物样品浓度在3~5倍计算出的方法检出限的范围内。同时，至少90%的被分析物样品浓度在1~10倍计算出的方法检出限的范围内，其余不多于10%的被分析物样品浓度不应超过20倍计算出的方法检出限。若满足上述条件，说明用于测定 *MDL* 的初次样品浓度比较合适。对于初次加标样品测定平均值与 *MDL* 比值不在3~5的化合物，要增加或降低浓度，重新进行平行分析，直至比值为3~5、选择比值在3~5的 *MDL* 作为该化合物的 *MDL*。

3）分光光度法的检出限[《环境监测　分析方法标准制修订技术导则》（HT 168—2010）]

分光光度法的检出限也可以采用上述方法计算方法检出限。但在没有前处理的情况下，也可以用扣除空白值后的与0.01吸光度相对应的浓度值作为检出限，按下式计算：

$$MDL = 0.01/b \tag{3.12}$$

式中：b——回归直线斜率。

4）滴定法的检出限[《环境监测　分析方法标准制修订技术导则》（HT 168—2010）]

一般根据所用的滴定管产生的最小液滴的体积来计算，计算公式为：

$$MDL = k\lambda \frac{\rho V_0 M_1}{M_0 V_1} \tag{3.13}$$

式中：λ——被测组分与滴定液的摩尔比；

ρ——滴定液的质量浓度，g/mL；

V_0——滴定管所产生的最小液滴体积，mL；

M_0——滴定液的摩尔质量，g/mol；

V_1——被测组分的取样体积，mL；

M_1——被测项目的摩尔质量，g/mol；

k——当为一次滴定时，$k=1$；当为反滴定或间接滴定时，$k=2$。

5）校准曲线估算法［《海洋监测规范　第2部分数据处理与分析质量控制》（GB 17378.2—2007）］

海水分析的空白上限 X_C、检出限 X_N、测定下限 X_B（图3.2）应用下面方法估算。

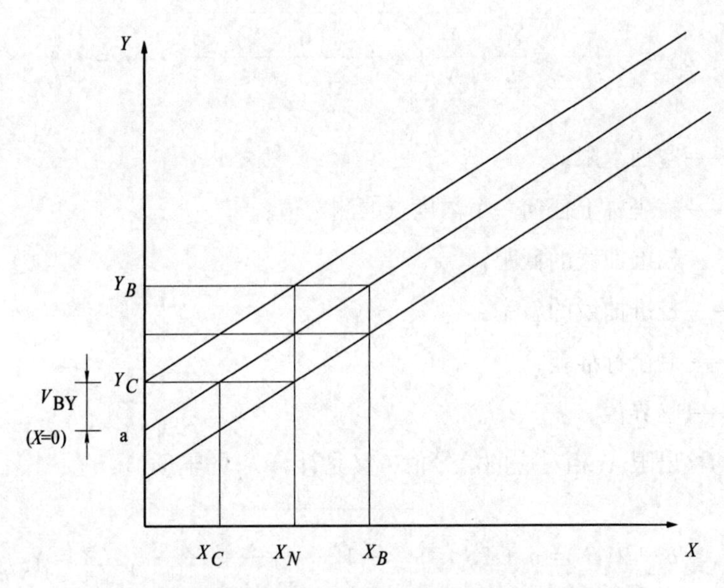

图3.2　海水分析的空白上限 X_C、检出限 X_N、测定下限 X_B

设：a——校准曲线的截距；

b——校准曲线的斜率；

S_y——剩余标准差；

t——t 值表中的临界值。

VB_X——在横坐标上任何一个浓度点 X_i（包括零浓度）的不确定度。横坐标上任何一个浓度点 X_i 的置信区间为：$X_i \pm VB_X$

当浓度为0，截距 a 的不确定度为 VB_Y，a 的置信上限值为：

$$Y_C = a + VB_Y = a + S_y t\sqrt{\frac{1}{N} + 1 + \frac{(0 - \bar{X})^2}{\sum_{i=1}^{n}(X_i - \bar{X})^2}}, \quad (X = 0) \tag{3.14}$$

式中：X_i——横坐标上任何一个浓度点的测定值；

a——校准曲线的截距；

VB_Y——随机统计变量；

S_y——剩余标准差；

t——临界值。

零浓度(空白 X_0)的置信区间　　$X_C = VB_X$，$(X=0)$

空白上限：

$$X_C = \frac{Y_C - a}{b} = \frac{S_y t}{b}\sqrt{\frac{1}{N} + 1 + \frac{(0 - \bar{X})^2}{\sum_{i=1}^{n}(X_i - \bar{X})^2}}, \quad (Y = Y_C) \tag{3.15}$$

式中：X_C——空白上限；

X_i——横坐标上任何一个浓度点的测定值；

a——校准曲线的截距；

b——校准曲线的斜率；

S_y——剩余标准差；

t——临界值。

Y_N是与检出限 X_N相对应的信号值，又是计算 X_B的辅助值：

$$Y_N = a + 2VB_Y = a + 2S_y t\sqrt{\frac{1}{N} + 1 + \frac{(X_C - \bar{X})^2}{\sum_{i=1}^{n}(X_i - \bar{X})^2}}, \quad (X = X_C) \tag{3.16}$$

检出限：

$$X_N = \frac{Y_N - a}{b} = \frac{2S_y t}{b}\sqrt{\frac{1}{N} + 1 + \frac{(X_C - \bar{X})^2}{\sum_{i=1}^{n}(X_i - \bar{X})^2}}, \quad (X = X_C) \tag{3.17}$$

式中：X_N——检出限；

X_i——横坐标上任何一个浓度点的测定值；

a——校准曲线的截距；

VB_Y——随机统计变量；

S_y——剩余标准差；

t——临界值。

测定下限：

$$X_B = X_N + VB_X = \frac{Y_N - a}{b} + \frac{S_y t}{b}\sqrt{\frac{1}{N} + 1 + \frac{(Y_N - \bar{X})^2}{b^2 \sum_{i=1}^{n} (X_i - \bar{X})^2}}, (Y = Y_N) \tag{3.18}$$

式中：X_B——测定下限；

a——校准曲线的截距；

b——校准曲线的斜率；

VB_X——随机统计变量；

S_y——剩余标准差；

t——临界值。

利用上述公式，根据特定校准曲线的截距 a，斜率 b，剩余标准差 S_y 及随机统计变量 VB_X 计算出来的 X_C，X_N，X_B 三项指标，反映了在给定(校准曲线)条件下分析方法达到水平与数据质量，满足了在报送检测结果时，同时报送检出限的要求。它们随校准曲线的参数(条件)变化而变化，因而仅仅是个参考值，并不代表一种分析方法所能达到的最佳值。

测定限 X_B 之上的校准曲线区域是最佳工作段。超出校准曲线范围的测定值不能保证其统计学上的可靠性。

样品测定值在 X_N 与 X_B 之间时，可以给出定量结果，但应注明 X_B 值。在超痕量分析中，样品测定值大于空白上限，小于检出限(即为 $X_C \sim X_N$)时也应报告，但应注明 X_N 值。

6) 空白标准偏差-方法灵敏度测定法

国际理论与应用化学联合会(IUPAC)对检测限 L 如下规定，对各种光学分析，可测定的最小分析信号 X_L 以下式确定：

$$x_L = \overline{x_b} + k S_b \tag{3.19}$$

式中：$\overline{x_b}$——空白多次测定的平均值；

S_b——空白多次测定的标准偏差；

k——根据一定置信水平确定的系数。

与 $x_L - \overline{x_b}$（即 kS_b）相应的浓度即为检测限 L：

$$L = \frac{x_L - \overline{x_b}}{S} = \frac{k S_b}{S} \tag{3.20}$$

式中：S——方法的灵敏度。

1975 年，IUPAC 建议，对光谱化学分析法取 $k=3$，由于低浓度水平测定的误差可能不遵从正态分布，且空白的测定次数是有限的，因而与 $k=3$ 相应的置信水平大约为 90%。此外还有人建议，k 值也可以分别取 4、4.65 和 6。

例 3.2 用盐酸副玫瑰苯胺比色法测定大气中二氧化硫，计算其检测限。

首先测定试剂空白值(不少于 20 次)，再由测定所得值算出空白值的标准偏差 S_b，取 $k=2$(置信水平 95%)，根据下式计算检测限：

$$L = \frac{2 S_b D}{SV} \tag{3.21}$$

式中：S——该方法标准曲线的斜率；

V——空白取样体积，单位为 L；

D——样品分析时的稀释倍数；

L——检测限。

对于 1 h 采样，采样气体体积为 0.030 m^3；该方法斜率为 0.030 吸光度/25 mL；S_b=0.0112 吸光度，样品含量分析，$D=1$ 时则：

$$L = \frac{2 \times 0.0112 \times 1}{0.030 \times 0.030} = 25\ \mu g/m^3$$

对于 24 h 采样；采样体积为 0.288 m^3，其余条件除 D 外均同上，$D=5$ 时，则：

$$L = \frac{2 \times 0.0112 \times 5}{0.030 \times 0.288} = 13\ \mu g/m^3$$

因此，对于 1 h 采样最低检出浓度为 25 $\mu g/m^3$；而对于 24 h 采样，最低检出浓度为 13 $\mu g/m^3$。

如 L 等于或略小于标准分析方法所规定的检测限，则仍采用规定值；如 L 显著偏低并被多次测定证实其稳定性很好，也可改用此实测值，但必须在报告中加以说明；如 L 大于标准分析方法的规定值，则表明空白试验值不合格，应找出原因后加以改正，直至 L 不大于规定值后，实验才能继续进行。

7) 气相色谱法的规定

气相色谱分析的最小检测量，系指检测器恰能产生与噪声相区别的响应信号时所需进入色谱柱的物质的最小量。通常认为恰能辨别的响应信号最小应为噪声的2倍。最小检测浓度系指最小检测量与进样量(体积)之比。

8) 若有些分析仪器(如气相色谱-质谱仪等)可以直接用相当于该仪器的2倍(或3倍)信噪比(S/N)的浓度值作为该仪器的检出限，从而计算出方法的检出限。

9) 离子选择电极法规定

当某一方法的校准曲线的直线部分外延的延长线与通过空白电位且平行于浓度轴的直线相交时，其交点所对应的浓度值即为这些离子选择电极法的检测限。

上述的几种方法，都适用于环境监测分析，可根据工作的要求和目的进行选用。

3.1.2 质量控制图

3.1.2.1 质量控制水样的分析与数据积累

质量控制水样是为控制分析质量配制的，常随环境样品一起用相同的方法同时进行分析，以检查分析质量是否稳定。

1) 质量控制水样的选用

质量控制水样的选用要注意以下几点。

(1) 质量控制水样的组成应尽可能与所要求分析的环境样品相似。

(2) 质量控制水样中待测组分的浓度应尽可能与环境样品相近。

(3) 当待测组分的含量很少时，其浓度极不稳定，可将质量控制水样先配制成较高浓度的溶液，临用时再按规定的方法稀释至要求的浓度。

(4) 如环境样品中待测组分的浓度波动不大，则可采用一个位于其间的中等浓度的质量控制水样；否则，应根据浓度波动幅度采用两种以上浓度水平的质量控制水样。

2) 分析质量控制水样的要求

分析质量控制水样的要求有以下几点。

(1)分析方法与分析环境样品相同。

(2)与环境样品同时进行分析。

(3)每次至少平行分析两份，分析结果的相对偏差不得大于标准分析方法中所规定的相对标准偏差(变异系数)的两倍，否则应重做。

(4)为建立质量控制图，至少需要积累质量控制水样重复实验的20个数据。因此重复分析应在短期内陆续进行。例如每天分析平行质量控制水样一次，而不应将20个重复实验的分析同时进行，一次完成。

(5)如果各次分析的时间间隔较长，在此期间可能由于气温波动较大而影响测定结果，必要时可对质量控制水样的测定进行温度校正。

3)分析数据的积累与运算

当质量控制水样的分析数据积累至少20个以上时，即可按下列公式计算出总均值$\bar{\bar{x}}$，标准偏差S(此值不得大于标准分析方法中规定的相应浓度水平的标准偏差)，平均极差(或差距)$\bar{R}$等。

$$\bar{x}_i = \frac{x_i + x_i'}{2} \tag{3.22}$$

$$\bar{\bar{x}} = \frac{\sum \bar{x}_i}{n} \tag{3.23}$$

$$S = \sqrt{\frac{\sum \bar{x}_i^2 - \frac{(\sum \bar{x}_i)^2}{n}}{n-1}} \tag{3.24}$$

$$R_i = |x_i - x_i'| \tag{3.25}$$

$$\bar{R} = \frac{\sum R_i}{n} \tag{3.26}$$

式中：x_i、x_i'——平行分析质量控制水样的测定值。

3.1.2.2 质量控制图的绘制与使用

1)质量控制图的基本组成

质量控制图的组成如图3.3所示。

由图3.3可以看出，质量控制图由如下几部分组成。

(1)预期值，即图中的中心线。

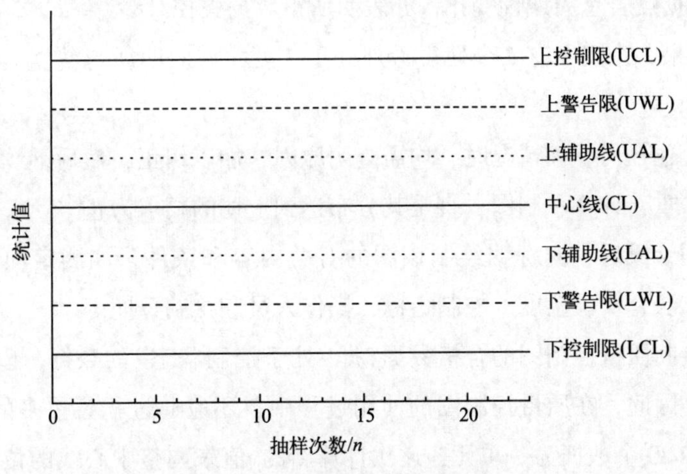

图 3.3 质量控制图的基本组成

(2)目标值，即图中的上、下警告限之间的区域。

(3)实测值的可接受范围，即图中的上、下控制限之间的区域。

(4)辅助线，上、下各一线，在中心线两侧与上、下警告限之间各一半处。

2)质量控制图的绘制

根据分析质量控制水样积累数据计算的$\bar{\bar{x}}$与 S 或 $\bar{R}$，绘制成所需的质量控制图。随后将控制图所依据的各原始数据，顺序点在图的相应的位置上。其注意事项如下。

(1)如果其中有超出控制限者应予以剔除，如剔除的数据较多，使其总数少于 20 个时，需要补充新的分析数据，重新计算各参数并绘图，如此反复进行，直至落在控制限内的数据点数多于或等于 20 个为止。

(2)落在$\bar{\bar{x}}\pm S$(或$\bar{\bar{x}}\pm 1/3A_2\bar{R}$)范围内的点数应约占总点数的 68%，如落在此范围内的点数少于 50%，则认为分布不合适，此图不可靠。

(3)连续 7 个点位于中心线的同一侧，表示所得数据失控，此图不适用。

(4)如果 11 个点中有 10 个点位于中心线的一侧，即使其不是连续 7 个点位于中心线的同一侧，亦表示所得数据失控。同样，如果 14 个点中有 12 个位于中心线的一侧，17 个点中有 14 个位于中心线的一侧，20 个点中有 16 个位于中心线的一侧，亦表示所得数据失控。

(5)如果 7 个点是处于连续上升或连续下降的趋势，亦表示所得数据失控，此图不适用。

(6)数据点若呈周期性变化，亦表明所得数据失控。

(7)如果3个点中有2个处于最外处1/3处，亦表明所得数据失控，此图不可靠。

出现上述任何一种情况时，均需查明原因，加以纠正，然后继续测定和积累更多数据，重新计算和制图，直至其分布达到上述的要求为止。

质量图绘成后，应标明绘制该图的有关内容和条件，如测定项目、溶液浓度、分析方法、实验温度、控制指标、操作人员和绘制日期等。

用以绘制质量控制图的合格数据(即“处于控制状态”的数据)越多该图的可靠性越大。因此，在质量控制图的使用过程中，还应通过积累更多的合格数据，如此每增加20个数据为一单元，逐次计算新的$\bar{\bar{x}}$值来调整中心线的位置以不断提高其准确度，逐次计算新的控制限来调整上、下控制限的位置，以不断提高其灵敏度，直到中心线和控制限的位置基本稳定为止。

3)质量控制图的使用方法

相据日常工作中该项目的分析频率和分析人员的操作熟练程度，每隔适当时间，取两份平行的质量控制水样，随环境样品同时进行测定。对于操作不熟练的分析人员和测定频率低的项目，每次都应同时测定质量控制水样(如果某质量控制图的使用期较长，在此期间的气温变化较大而对质量控制水样的测定值有所影响，可对各次测定值进行温度校正)，将测定所得结果点在该分析项目质量控制图中相应的位置上，按下列规定检验分析过程是否处于控制状态。

(1)如果此点位于中心线附近，上、下警告限之间的区域内，则测定过程处于控制状态。

(2)如果此点超出上述区域，但仍在上、下控制限之间的区域内，则提示分析质量开始变劣，可能存在“失控”倾向，应进行初步检查，并采取相应的校正措施。

(3)如果此点落在上、下控制限之外，则表示测定过程失去控制，应立即检查原因，予以纠正，并重新测定该批全部样品。

(4)如遇有7个点连续逐渐下降或上升时，表示测定有失去控制的倾向，应查明原因，加以纠正。

3.1.2.3 均数控制图

均数控制图($\bar{x}$图)其组成形式，如图3.4所示。

均数控制图的组成包括：中心线，以总均数$\bar{\bar{x}}$估计μ；上、下控制限，按$\bar{\bar{x}}\pm3S$值绘制；上、下警告限，按$\bar{\bar{x}}\pm2S$值绘制；上、下辅助线，分别位于中心线与上、下警告限之间的一半处(即$\bar{\bar{x}}\pm S$)。

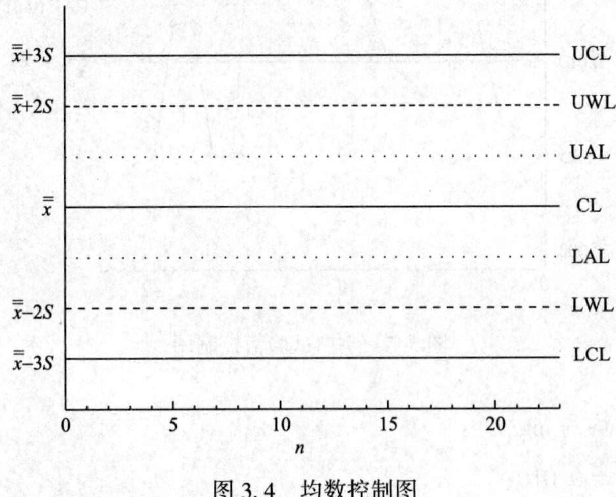

图 3.4　均数控制图

1)空白试验值控制图

空白试验的质量控制水样除包括实验用水、试剂外，还应包括采样时所加入的保存剂，如硝酸等。空白试验值控制图中没有下控制限和下警告限，因为空白试验值越小越好。但在图中仍应留有标示小于$\overline{x_b}$的空白试验值的空间。当实测的空白试验值低于控制基线且逐渐稳步下降时，说明实验水平有所提高，可酌情分次以较小的空白试验值取代较大的空白试验值。重新计算和制图。

例 3.3　用二乙氨基二硫代甲酸银法测定砷时，测得空白试验如表 3.9 所列，据此绘成空白试验值控制图如图 3.5 所示。

表 3.9　二乙氨基二硫代甲酸银法测砷的空白试验值　　单位：mg/L

n	$\overline{x_b}$	n	$\overline{x_b}$	n	$\overline{x_b}$	n	$\overline{x_b}$
1	0.006	6	0.010	11	0.015	16	0.005
2	0.006	7	0.010	12	0.015	17	0.005
3	0.010	8	0.010	13	0.012	18	0.012
4	0.015	9	0.013	14	0.014	19	0.012
5	0.011	10	0.015	15	0.018	20	0.005

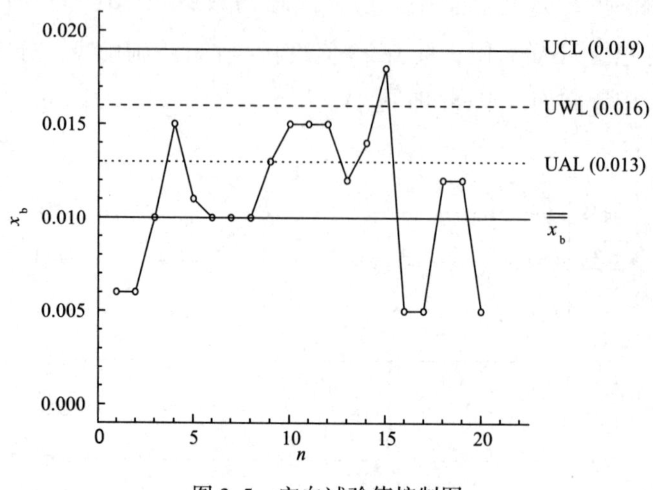

图 3.5　空白试验值控制图

计算(单位均为 mg/L)：

总均数：$\overline{\overline{x_b}}=0.010$；

标注偏差：$S_b=0.003$；

上控制限：$\overline{\overline{x_b}}+3S_b=0.019$；

上警告限：$\overline{\overline{x_b}}+2S_b=0.016$；

上辅助线：$\overline{\overline{x_b}}+S_b=0.013$。

2)准确度控制图

准确度控制图是直接以环境样品的加标回收率测定值绘制而成。为此，在完成至少 20 份样品和加标样品的测定之后，先计算出各次的加标回收率 p，再计算出全体的平均加标回收率 $\overline{p}$ 和加标回收率的标准偏差 S_p。由于加标回收率是在相同的分析方法和相同的分析操作中，还直接受加标量大小的影响，因此必须对加标量有所规定。

一般情况下，加标量应尽量与样品中相应的待测物质的含量相等或相近；当样品中待测物质的含量小于测定下限时，按测定下限的量加标；在任何情况下，加标量不得大于样品中相同待测物质含量的 3 倍；加标后的测定值不得超出方法的测定上限。

例 3.4　用双硫腙分光光度法测定水中痕量汞所得加标回收率(加标量：每 250 mL 中加入 1 μg 的 Hg^{2+})，见表 3.10，据此绘制的准确度控制图如图 3.6 所示。该监测方法中规定的相应含汞量水样的加标回收率为89%~111%，该表中回收率的数据皆在此范围内。

表3.10 双硫腙分光光度法测汞的加标回收率

n	回收率(%)	n	回收率(%)	n	回收率(%)	n	回收率(%)
1	100.3	6	97.5	11	99.2	16	92.5
2	98.2	7	101.0	12	99.2	17	98.1
3	100.8	8	101.0	13	107.4	18	99.4
4	100.8	9	102.5	14	104.5	19	104.0
5	97.5	10	95.0	15	100.0	20	103.0

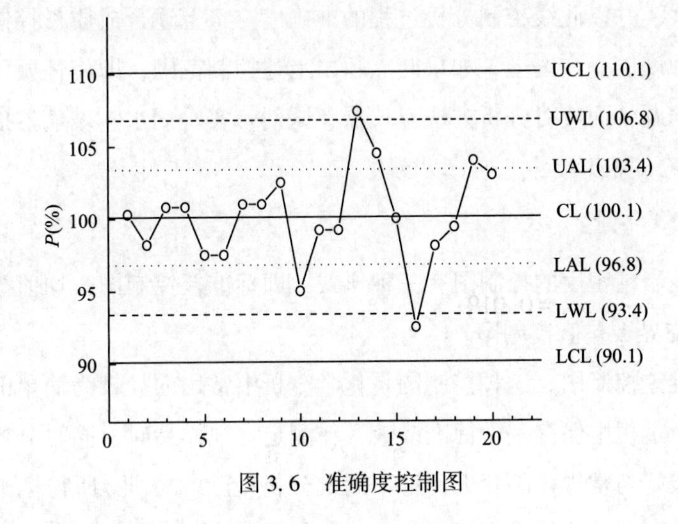

图3.6 准确度控制图

计算：

平均加标回收率：$\bar{p}=2001.9\%\div20\times100\%=100.1\%$

加标回收率标准偏差：$S_p=3.34\%$；

上控制限：$\bar{p}+3S_p=100.1\%+3\times3.34\%=110.1\%$；

下控制限：$\bar{p}-3S_p=100.1\%-3\times3.34\%=90.1\%$；

上警告限：$\bar{p}+2S_p=100.1\%+2\times3.34\%=106.8\%$；

下警告限：$\bar{p}-2S_p=100.1\%-2\times3.34\%=93.4\%$；

上辅助线：$\bar{p}+S_p=100.1\%+3.34\%=103.4\%$；

下辅助线：$\bar{p}-S_p=100.1\%-3.34\%=96.8\%$。

控制图绘成后，将控制图的各数据点入图中，以检查是否全部落在控制限内，并检查点的分布是否合适。在图3.6中所有的点都在控制限内，落在$\bar{p}\pm S_P$范围内的点为15个，占总数20个点的75%，分布适当，故此图可靠。

单一加标回收率控制图适用性常因样品浓度悬殊而受到限制。在中、高浓度时，加标回收率受样品浓度波动的影响非常小，但低浓度样品浓度的波动对加标回收率影响就比较大，故对低浓度样品常需分别绘制不同浓度范围的加标回收率控制图。

如为了单纯掌握分析过程的准确度，而不考虑环境样品中的基体、干扰等因素对准确度的影响，可先对合成质量控制水样中某组分进行20次以上的测定，取所测浓度的均值作为中心线，再于距离中心线上、下各一个标准偏差处绘出上、下辅助线，并以此线控制分析过程的准确度。将上述合成质量控制水样中该组分的已知浓度值点在图上，如果此点超出上述控制范围，即应怀疑该分析过程的准确度有问题，而应对分析方法、仪器、试剂、实验用水、玻璃器皿，操作技术等进行检查，找出原因，并予以校正。

3)精密度控制图

常见的控制精密度的控制图有三种形式，即标准差控制图，均值极差控制图($\bar{x}-R$图)和临界极差值控制图。

(1) 标准差控制图。这种控制图是化学分析中常用的且较为简单的一种。实验室内在分析过程中保存一份标准溶液，在测定常规样品时，同时分析一份标准溶液，浓度最好与常规样品相近，把不同批分析(至少20批)所得标准溶液的结果进行统计，计算其均值和标准差，绘制控制图。现以水中铜的测定为例，说明控制图的绘制。表3.11为20批铜的测定结果及计算。控制图的上、下控制限设在均值两侧$\pm 3S$处，上、下警告限设在$\pm 2S$处，如图3.7所示。

表3.11 标准水样中铜的测定结果

编号	Cu/(mg/L)	编号	Cu/(mg/L)
1	0.251	11	0.229
2	0.250	12	0.250
3	0.250	13	0.283
4	0.263	14	0.300
5	0.235	15	0.262
6	0.240	16	0.270

续表

编号	Cu/(mg/L)	编号	Cu/(mg/L)
7	0.260	17	0.225
8	0.290	18	0.250
9	0.262	19	0.256
10	0.234	20	0.250
均值 0.266 mg/L、标准差 0.020 mg/L			

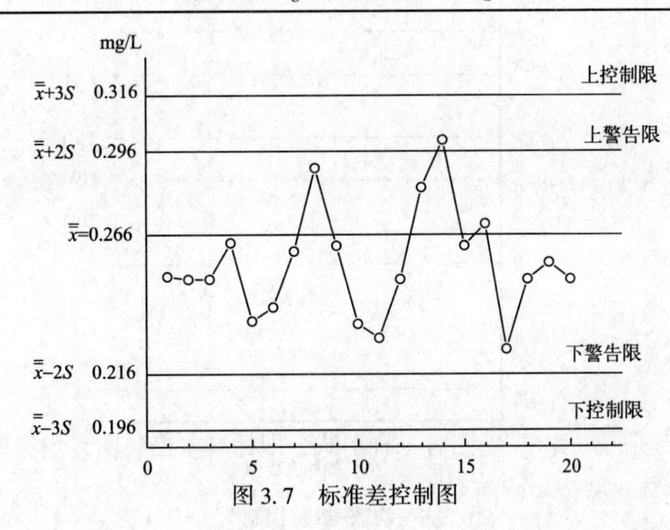

图 3.7 标准差控制图

使用标准差控制图时，将随实际水样同时分析的标准液结果标在控制图上，如果结果落在警告限内，表示分析是在正常情况下进行。结果的精密度是可信的。如果一旦标准液的分析结果超出控制限，必须停止分析工作，寻找出导致异常结果的原因，并予以纠正，否则样品的分析结果就失去判断是否正确的依据。

标准差控制图在每批只作单份样测定，它只能说明分析结果的可再现性的优劣。对于每天进行例行分析的实验室，是一种简单可行的控制方法。

(2) 均数-极差控制图($\bar{x}-R$ 图)。$\bar{x}-R$ 图是由均数部分和极差部分组成的控制图，能同时观察到均数和极差的变化情况和变化趋势。$\bar{x}-R$ 图的组成形式如图 3.8 所示。

其组成内容为：均数控制图部分包括中心线$\bar{\bar{x}}$，上、下控制限($\bar{\bar{x}}\pm A_2\bar{R}$)，上、下警告限($\bar{\bar{x}}\pm\frac{2}{3}A_2\bar{R}$)，上、下辅助线($\bar{\bar{x}}\pm\frac{1}{3}A_2\bar{R}$)；极差控制图部分，包括中心线($\bar{R}$)、上控制限($D_4\bar{R}$)、上警告限$[\bar{R}+\frac{2}{3}(D_4\bar{R}-\bar{R})]$、上辅助线$[\bar{R}+\frac{1}{3}(D_4\bar{R}-$

$\overline{R}$)]、下控制限[$D_3\overline{R}$)。

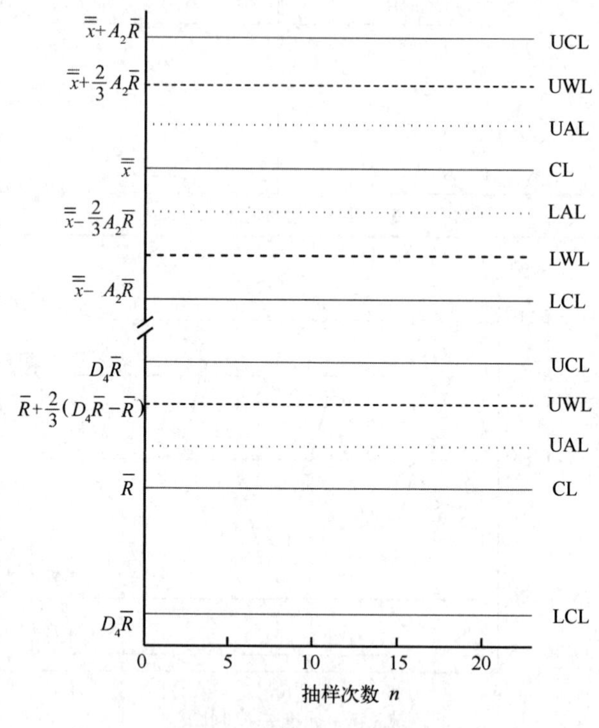

图 3.8　均数-极差控制图

上述系数 A_2，D_3，D_4，可查表 3.12。

表 3.12　控制图系数表(重复测定次数)

系数	重复测定次数(n)						
	2	3	4	5	6	7	8
A_2	1.88	1.02	0.73	0.58	0.48	0.42	0.37
D_3	0.000	0.000	0.000	0.000	0.000	0.076	0.138
D_4	3.27	2.58	2.28	2.12	2.00	1.92	1.88

极差越小越好，故极差控制图部没有下警告限，但仍有下控制限。在使用此控制图的过程中，如 R 值稳步下降逐次变小，以至于 $R\approx D_3\overline{R}$，即接近下控制限，则表明测定的精密度已有所提高，原控制图已失去作用。此时应采用新的测定值，重新计算 $\overline{x}$、$\overline{R}$ 和 n 各相应的统计量，并绘制新的 $\overline{x}-R$ 图。使用 $\overline{x}-R$ 图时，只要二者中之一有超出控制限者(不包括 R 图部分的下控制限)，即认为是“失

控”。故其灵敏度较单纯的 $\bar{x}$ 图或 R 图的灵敏度为高。

下面通过一实例说明 $\bar{x}$-R 图的计算及绘制。表 3. 13 为某被测物 20 批分析结果的记录及计算。

表 3. 13　$\bar{x}$-R 图计算实例

批次	x_i	x_i'	$\bar{x}$	R
1	0. 501	0. 491	0. 496	0. 010
2	0. 490	0. 490	0. 490	0. 000
3	0. 479	0. 482	0. 480	0. 003
4	0. 520	0. 512	0. 516	0. 008
5	0. 500	0. 490	0. 495	0. 010
6	0. 510	0. 488	0. 499	0. 022
7	0. 505	0. 500	0. 502	0. 005
8	0. 475	0. 493	0. 484	0. 018
9	0. 500	0. 515	0. 508	0. 015
10	0. 493	0. 501	0. 500	0. 003
11	0. 523	0. 516	0. 520	0. 007
12	0. 500	0. 512	0. 506	0. 012
13	0. 513	0. 503	0. 508	0. 010
14	0. 512	0. 497	0. 504	0. 015
15	0. 502	0. 500	0. 501	0. 002
16	0. 506	0. 510	0. 508	0. 004
17	0. 486	0. 503	0. 494	0. 018
18	0. 484	0. 487	0. 486	0. 003
19	0. 512	0. 495	0. 504	0. 017
20	0. 509	0. 500	0. 504	0. 008

$\sum x_i = 10.005$，$\sum R = 0.191$，$\bar{\bar{x}} = \dfrac{10.005}{20} = 0.500$，$\bar{R} = \dfrac{0.191}{20} \approx 0.010$。

根据表 3. 12 查各计算因子，$\bar{x}$ 图的上、下控制限为：

上控制限 $= \bar{\bar{x}} + A_2\bar{R} = 0.500 + 1.88 \times 0.010 = 0.518$；

下控制限 $=\bar{\bar{x}}-A_2\bar{R}=0.500-1.88\times0.010=0.481$；

上警告限 $=\bar{\bar{x}}+2/3A_2\bar{R}=0.500+2/3\times1.88\times0.010=0.512$；

下警告限 $=\bar{\bar{x}}-2/3A_2=\bar{R}0.500-2/3\times1.88\times0.010=0.487$；

R 图的控制限和警告限为：

上控制限 $=D_4\bar{R}=3.27\times0.010=0.033$；

下控制限 $=D_3\bar{R}=0$；

上警告限 $=\bar{R}+2/3(D_4\bar{R}-\bar{R})=0.01+2/3\times(3.27\times0.010-0.010)=0.025$。如图 3.9 所示。

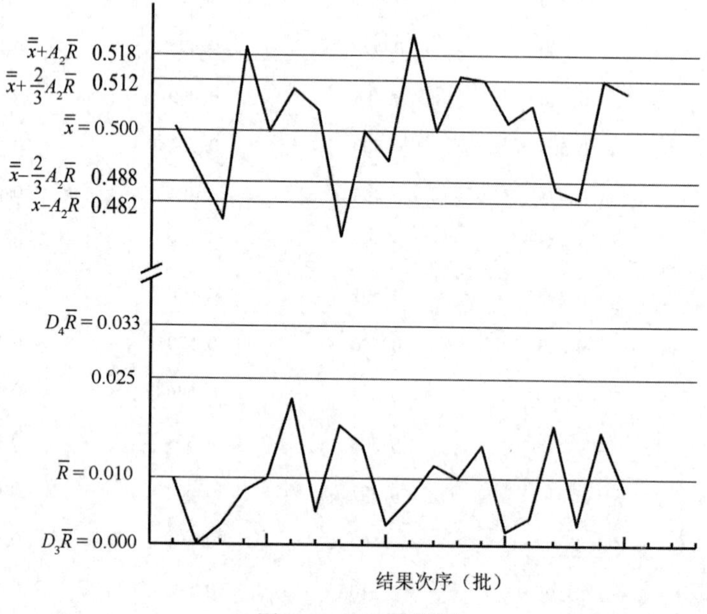

图 3.9 $\bar{x}-R$ 控制图

$\bar{x}-R$ 控制图虽属比较严格的一种控制方法，由于它是使用两份重复样的极差值来估计分析的精密度，如果某一分析方法的批内误差很小，也就是有了很好的可重复性，由于分析步骤比较简单，往往出现重复结果相差很小，甚至经常出现相同的数据，于是 R 值将很小或等于零，这种分析方法绘制的 $\bar{x}-R$ 图的上、下控制限将会变得很窄而不能适用。当处于这种情况时，可采用标准差控制图。

$\bar{x}-R$ 控制图绘制之后，将逐批分析结果标到控制图上，如测定结果 $\bar{x}$ 图或 R 图上有一项超过控制范围，说明试验精密度已失去控制。必须停止工作，检查造成误差的原因，并予以纠正后，再继续工作。

标准差和 $\bar{x}$-R 控制图是控制实验室分析精密度的较好方法，但是使用的控制样品是一个浓度，控制的方法是把控制样品和被分析的样品以平行的方式进行测定，在实际样品中被测物的浓度是各不相同的，不同类型样品的基本组成也不可能相同，对于这些因素引起的偏差，用间接的控制方法有时不能发现，若收集实验室常规分析中各种不同浓度范围样品的测定极差值并进行统计，使 $\bar{x}$-R图中 R 图的控制范围增大，同时将已知浓度的标准样加入样品中，通过对测定结果的评价，发现样品测定时基体的干扰。这样，可以使控制图发挥更全面的作用。

3.1.2.4 用极差的临界限值(R_c)控制精密度

上一节已讲到标准差和均值-极差控制图是通过测定同一浓度标准溶液绘制的。R 图的控制并不能适应浓度多样变化的常规水样。$\bar{x}$-R 图中 R 值的控制是检查重复分析结果的极差值 R 是否超出控制限($D_4\bar{R}$)。更实际的方法是在日常工作中积累各种浓度范围的极差值，当达到一定数量时，计算出相对极差值，把同一浓度范围内的相对极差值 R 合并计算出极差的均值 $\bar{R}$，然后把相似的 $\bar{R}$ 值按样品数计算 $\bar{R}$ 的加权均值，按 R 图的上控制限定出 $D_4\bar{R}$ 值作为临界极差值的控制限。按下式计算相对极差值：

$$R = \frac{|x_1 - x_2|}{(x_1 + x_2)/2} \tag{3.27}$$

式中：R——相对极差值；

$|x_1-x_2|$——重复测定结果的极差值的绝对值。

表 3.14 列出了生化需氧量、铬和铜 3 种指标不同浓度范围的极差的临界值计算方法，如生化需氧量浓度范围在 1～25 mg/L 样品总数为 21+30＝51，其 1～10 mg/L 的平均相对极差值为 0.177 6，10～25 mg/L 的平均相对极差为 0.110 4，极差的加权均值计算方法为：

$$(0.1776 \times 21/51) + (0.1104 \times 30/51) = 0.1381$$

极差的临界控制限值：

$$Rc = D_4\bar{R} = 3.27 \times 0.1381 = 0.4515$$

常规分析中重复样品的相对极差 R 小于相应浓度范围的 R_c值，测定的精密度即在控制中，否则就是失去控制，并应纠正存在的错误。

表 3.14　三种测定值的极差临界值 R_c

项目	浓度范围/(mg/L)	样品组数	均值	R 相对极差均值	相对极差均值的加权均数	R_c 极差的临界限值($D_4\overline{R}$)
生化需氧量 BOD/(mg/L)	(1, 10]	21	5.35	0.177 6	0.138 1	0.452
	(10~25]	30	17.6	0.110 4		
	(25~50]	27	38.1	0.092 4	0.066 2	0.213
	(50~150]	29	102	0.083 8		
	(150, 300]	17	197	0.056 4		
	(300, 1 000]	12	520	0.023 4		
	≥1 000	3	3.341	0.052 8		
铬 Cr/(μg/L)	(5, 10]	32	8.15	0.061 2	0.061 2	0.200
	(10, 25]	15	16.7	0.034 0	0.033 4	0.109
	(25, 50]	15	36.2	0.031 0		
	(50, 150]	15	85.1	0.044 6		
	(150, 500]	8	240	0.021 8		
	≥500	5	3.171	0.024 0		
铜 Cu/(μg/L)	(5, 15]	16	11.1	0.123 4	0.094 0	0.307
	(15, 25]	23	19.1	0.073 6		
	(25, 50]	21	35.4	0.033 8	0.031 3	0.102
	(50~100]	28	65.9	0.035 4		
	(100~200]	10	134	0.021 0		
	≥200	3	351	0.013 0		

例 3.5　一对铬的重复测定样品结果为 31.2 μg/L 和 33.7 μg/L，精密度检查方法如下：

相对极差值：$R=\dfrac{|31.2-33.7|}{(31.2+33.7)/2}=0.077\,0$

表 3.14 中查得相同浓度范围的 R_c 值为 0.109，可以判断分析结果的精密度在控制限内。另一对重复数据为 30.0 μg/L 和 33.7 μg/L。

相对极差值：$R=\dfrac{|30.0-33.7|}{(30.0+33.7)/2}=0.11$

R 值已大于临界值 0.109，可以认为后一对结果的精密度失去控制，不能被接受。

临界限值 R_c 随着积累的重复样分析结果的增多，可以不断地重新计算和修

正临界限值 R_c。使得减差值的临界限对分析精密度具有更好的代表性。

3.1.2.5　多样控制图

多样控制图组成形式如图 3.10 所示。

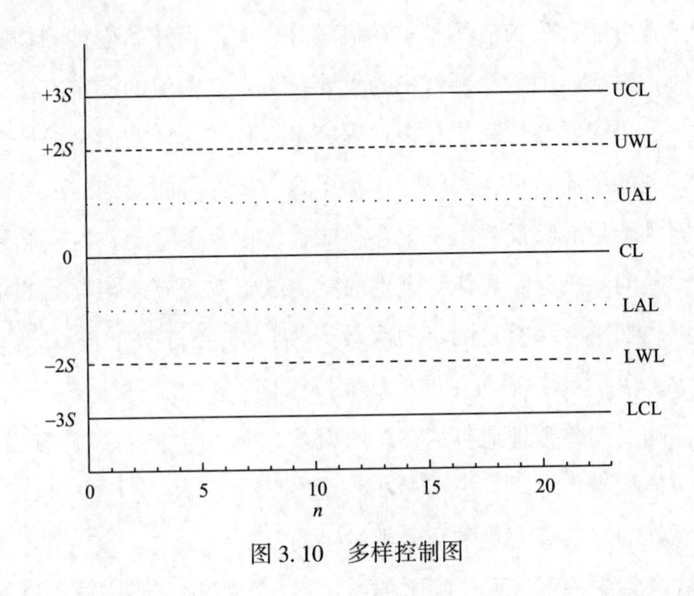

图 3.10　多样控制图

为适应环境样品浓度多变的情况，避免分析人员对单一浓度质量控制样品的测定值产生成见而导致习惯性误差，可采用多样控制图。

当对几个浓度高低不等但相差不太大的质量控制水样分别进行测定时，所得标准偏差值很相近而可被视为一个常数。绘制多样控制图时，应每次取一份某种浓度的质量控制水样进行分析，在对不同浓度的质量控制水样至少进行 20 次的测定后，计算出它们的平均浓度和标准偏差，按照下列各参数绘图。

(1) 以 0 作中心线；以±2 倍标准偏差作为上、下警告限。

(2) 以±3 倍标准偏差作为上、下控制限。

使用此图时，应在环境样品测定的同时，随机取用某种浓度的质量控制水样，穿插在环境样品中进行分析。然后计算其测定结果所用质量控制水样标准浓度产生的偏差，在控制图中标出进行检验。

3.1.3　实验室内部常规监测质量控制

分析质量控制已成为科学管理实验室的重要措施，许多大规模的协作研究计划，都把分析质量的保证列为主要内容。

3.1.3.1　对空白值的控制

在样品分析中得到的响应值，应该认为它不一定完全是来自水样中的被测物。空白的测定可以估计来自水样以外的因素，如纯水不纯、试剂中的杂质以及每一个分析步骤可能带来的沾污等。在痕量分析中，当样品中被测物的量刚能区别于空白值时，对空白值的控制就更为重要。对于空白值的测定方法，尽管已知其含量极微，但仍需要与样品的分析过程完全一致，这样才能全面地反映操作所用的纯水和试剂的杂质含量，同时还包括了每一步骤可能受到的沾污量。

空白试验既然是能够反映出一个存在的量，在重复测定它时，结果之间的差异必然服从误差的随机分布规律，合理的空白试验次数应该与样品的重复分析次数是相一致的。如果样品重复测定的次数为 S_1，S_2，S_3，S_4，空白也应该是相应的 B_1，B_2，B_3，B_4，作空白校正时依次相减，即：S_1-B_1，S_2-B_2，…，这样可以使分析结果的随机误差合理地包括在总的误差之中，当然，只有当已经有充分的依据证明空白值相当稳定时，方可减少空白测定的次数，但在痕量分析测定中，必须注意，意外的空白值变化是会经常发生的。

水分析实验室中，可以保证纯水的质量不发生变化，严格检查试剂和溶剂中的杂质，谨慎保存清洗后的器皿不受沾污，以期得到稳定的空白值。尽管如此，还需要一些方法来进行控制，一般是通过测定电导率及有机物的含量，即可说明纯水的质量，但是对于特殊的分析项目，最好还是用与样品相同的分析方法进行测定，以期取得对空白值估计的可靠数据。

如何准确测定空白值？怎样校正空白值对测定的影响？有的已经写到分析方法的步骤中去了，例如：① 将试验用的纯水浓缩，然后进行测定并计算被测物含量；②分析两份空白溶液，平行测定的空白值的相对偏差一般不得大于 50%；③分析两份空白溶液，其中一份加入双份量的试剂，将测定后的结果相减，即可得到试剂中的杂质的含量，再从空白值中减去试剂所含的杂质量，即得到纯水中所含杂质的量；④在分析方法中，将校正曲线的空白值和样品分析的空白值分别计量及校正，避免空白校正时纯水中杂质量影响水样分析结果；⑤用导数光谱分析，消除混浊度及色度对水样分析结果的影响以及将已显色的水样在测定吸光度后，进行褪色，测出样品空白值。上述各种方法并非对所有的测定项目均能适用，但可以根据具体的分析项目，选择使用，尽可能地控制空白值对测定结果的影响。

对空白值的控制，也可以用控制图，例如某一被测物的测定，某空白溶液多次测定的响应值相当于该被测物的浓度(μg/L)，见表3.15。

表3.15 某被测物各批空白值结果 单位：μg/L

	1	2	3	4	5	6	7	8
B_1	0.20	0.25	0.25	0.25	0.25	0.24	0.20	0.26
B_2	0.20	0.20	0.30	0.20	0.20	0.28	0.26	0.30

总均数为0.241 μg/L，标准差0.27 μg/L，根据标准差控制图的绘制方法，95%置信水平的空白值，每批二次重复测定结果的均值应为(0.24±2.306×0.027)，即0.18~0.30 μg/L，每批重复测定的结果之间的误差可以根据R图的方式控制，分别计算相对极差值R，其平均相对极差值为0.173 μg/L，以$D_4\bar{R}$为上控制限，即3.27×0.17=0.57，0.57即为空白溶液重复样之间相对极差的控制限。如果对空白的测定误差失去控制，应仔细检查并解决存在的问题后，再开始正常的分析工作。

3.1.3.2 平行双样控制

测定率可分为两种情况。

(1)有质量控制水样并绘有质量控制图的监测项目，应根据分析方法和测定仪器的精密度，样品的具体情况以及分析操作人员的水平和经验等，随机抽取10%~20%的样品进行平行双样测定；当同批样品数较少时，应适当增加双样测定率。

(2)无质量控制水样和无质量控制图的监测项目，应对全部样品进行平行样测定。

平行双样控制的合格要求应将质量控制水样的测定结果点入质量控制图中进行判断；环境样品平行测定所得相对偏差不得大于标准分析方法规定的相对标准偏差的2倍；在没有规定标准偏差值时，可参考表3.16中的规定。

表3.16 平行双样相对偏差表

分析结果所在的数量级	相对偏差最大允许值(%)
10^{-4}	1
10^{-5}	2.5
10^{-6}(mg/L或μg/g)	5
10^{-7}	10
10^{-8}	20
10^{-9}(μg/L或ng/g)	30
10^{-10}	50

全部平行双样测定中的不合格者，应重新作平行双样测定；部分平行双样测定的合格率小于90%时，除对不合格者重新作平行双样测定外，应再增加测定10%~20%的平行双样。如此累进，直至总合格率大于或等于95%。

3.1.3.3　加标回收率控制

测定率应根据分析方法、测定仪器、样品情况和操作水平等，随机抽取10%~20%的样品进行加标回收率测定。

合格要求可分为三种情况。

(1)有准确度控制图的监测项目，将测定结果点入图中进行判断；无此控制图者其测定结果不得超过监测分析方法中规定的加标回收率范围。

(2)监测分析方法中无规定范围值时，则可规定其目标值为95%~105%，当超出此范围时，应再根据其测定的标准误 $S/\sqrt{n}$，自由度 f，测定次数 n，给定的置信水平(95%)和加标量 D，按照下列公式计算出可以接受的上、下限：

$$P_{\text{上限}} = 1.05 + \frac{t_{0.05}(f) \cdot \frac{S}{\sqrt{n}}}{D} \tag{3.28}$$

$$P_{\text{下限}} = 0.95 - \frac{t_{0.05}(f) \cdot \frac{S}{\sqrt{n}}}{D} \tag{3.29}$$

(3)当合格率小于90%和大于105%时，除对不合格者重新进行加标回收率测定外，应再增加10%~20%样品的加标回收率，如此累进，直至总合格率不小于90%和不大于105%为止。

3.1.4　其他质量控制方法

3.1.4.1　比较实验

应用具有可比性的不同分析方法，对同一样品进行分析，将所得测定值互相比较，根据其符合程度来估计测定的准确度。

加标回收率实验由于方法简单，结果明确而经常应用于分析准确度的判断。但由于在分析过程中对样品和加标样品的操作完全相同，操作人员的失误或环境污染等对二者的影响可能也是相同的，致使误差相互抵消，因而对分析中的某些问题难以被发现。为此，还可采用比较实验来估计测定的准确度。在比较实验中，由于采用的分析方法不同，甚至操作人员也不同，误差不能抵消，因此在比较试验中采用加标回收率实验判断测定的准确度则更为可靠。

对于难度较大而不易掌握的分析方法，或对测定结果有争议的样品，常常应用比较实验。必要时，还可进一步实行交换操作者、交换分析仪器设备，或者两者都进行交换，将所得结果加以比较，以检查操作稳定性和发现问题。

3.1.4.2 对照分析

各实验室可应用权威部门制备和发放的标准物质或标准合成水样进行对照分析，对照分析除了使用标准物质或标准合成水样外，还可将平行样或加标样的一部分或全部由他人编号作为密码样，混在样品中交承担任务的分析人员进行测定，最后根据合格要求核查其分析结果，以检查其分析质量。

3.2 实验室间质量控制

实验室间质量控制是指由第三方，对实验室及其分析人员的分析质量，定期或不定期地进行考核的过程(张大年等，1992)。它一般是采用密码标准样品来进行考查，以确定实验室报出可接受的分析结果的能力，并协助判断是否存在系统误差和检查实验室间数据的可比性。

实验室间的质量控制，是在参加实验室认真执行实验室内控制的基础上进行的。通过一系列的实验室间质量控制方法，来检验各实验室内部质量控制的效果，进一步发现并消除误差的来源，从而为实验室之间分析监测结果的一致性和可比性，提供直接的证据，进而提高实验室的监测分析水平。

3.2.1 统一分析方法

3.2.1.1 方法的选定

为了减小各实验室的系统误差，使所得到的数据具有可比性，在进行环境监测及实施质量控制中，应使用统一规定的分析方法。各实验室在常规监测和质量控制活动中，均应首先从国家或部门所规定的“标准方法”中选定统一的分析方法。

当根据具体情况需选用“标准方法”以外的其他分析方法时，必须用该法与相应“标准方法”对几份样品进行比较实验，并对两种方法的几对测定结果选用“配对差值均数的 t 检验”判断无显著性差异后，方可选定该方法作为统一分析方法。

3.2.1.2 方法的检测限、精密度与准确度

各实验室在常规监测和质量控制活动中，均应以所选定的统一方法中所规定的检测限、精密度和准确度为依据，控制和评价实验室内和实验空间的分析质量。

3.2.2 实验室质量考核

3.2.2.1 考核方案的制定与实施

考核方案的制定与实施由有经验的中心实验室负责，根据所要考核项目的具体情况，制定出具体的实施方案。考核方案一般应包括质量考核测定项目、质量考核分析方法、质量考核参加单位、质量考核统一程序以及质量考核结果评定。

通过质量考核，最后由中心实验室综合各实验室的数据，进行统计处理后，作出评价并予以公布。各实验室可从中发现所存在的问题，以便及时校正。

3.2.2.2 样品的分发与保存

标准水样或统一样品均应逐级向下发放。

1）一级标准样品的分发

国家级中心实验室确认的标准物质分发给各省、自治区、直辖市的环境监测质量保证的基准使用。

2）二级标准样品的分发

二级标准样品由省、自治区、直辖市级环境监测中心配制。二级标准应按照国家标准水样的制备方法的专门文件中所推荐的方法制备，经过检验证明其浓度参考值、均匀度和稳定性达到要求，并经国家级中心实验室确认后，方可分发给各实验室作为质量考核的基准使用。

3）统一样品的分发

如果由于标准水样系列不够完备，而有特定用途时，各省、自治区、直辖市在具备合格实验室与合格分析人员的条件下，可自行配制所需的统一样品，分发给所属网、站，供质量保证考核用。

4) 标准水样的保存

各级标准水样或统一样品均应在规定要求的条件下保存，遇下列情况之一应立即报废：超过稳定期；保存条件不妥；开封使用后，无法或没有及时恢复原封装而不能继续保存者。

3.2.2.3　工作基准比较

1) 应用范围

没有质量控制水样可供分析人员进行绘制质量控制图时，可将实验室的标准溶液与中心实验室下发的标准水样进行比较；没有标准水样可供分析以考核实验室的工作质量，可改为由各实验室自行采集天然环境水样进行分析，并报出实测所得检测限、精密度与准确度，同时进行实验室间的工作基准比较。

2) 测定方法

应选择一种测定精密度好，批内测定的标准偏差 S 为已知的测定方法。主要有平行稀释、直读信号两种方法。平行稀释主要对于进行比较的各标准溶液，应以相同的方法稀释到相同的浓度水平。使用直读信号法时，标准溶液的比较可不进行全过程分析，用分析仪器直接比较两种标准溶液的测定信号。

3) 测定次数

计算变异系数：根据选定方法的标准偏差 S 和要比较的标准溶液的浓度 $\bar{x}$ 计算其变异系数 $CV=\frac{S}{\bar{x}}\times100\%$；确定最大允许差 Δ，根据标准溶液浓度所在数量级确定，例如浓度为 mg/L 级时，其最大允许差常定为 3%；查表 3.17，按表中所列数值确定每个标准溶液的测定次数 n。

表 3.17　标准溶液测定次数表

Δ/CV	0.5	0.6	0.8	1.0	1.2	1.5	2.0	3.0	4.0
n	106	74	42	27	20	13	8	5	4

4) 结果检验

计算两个标准溶液的浓度均值 $\bar{x}_1$、$\bar{x}_2$，计算均值差 $|x_1-x_2|$ 的 95% 置信区间，比较此置信区间的上限和上述最大允许差，如无显著性差异，则两个标准溶液可

被认为是一致的。

例 3.6 两个分别位于某河流上、下游的实验室同期测定各自所在河段水中的氟化物，用已知批内标准偏差为 1.67 μg/L 的分析方法比较两个实验室中浓度为 100 μg/L 的标准溶液，问在最大允许差为 5%的情况下，两个实验室的标准溶液是否一致。

解：测定次数 $\Delta/CV = 5\% \div 1.67\% = 3.0$

查表 3.17，得测定次数 $n=5$。

测定结果：$\overline{x_1} = 94.34$ μg/L，$S_1 = 1.81$ μg/L；

$\overline{x_2} = 100.16$ μg/L，$S_2 = 1.49$ μg/L；

两均值差：$|x_1 - x_2| = 5.82$ μg/L

最大允许误差：100 μg/L×5% = 5.0 μg/L

均差标准误：

$$S_{(\bar{x}_1-\bar{x}_2)} = \sqrt{\left(\frac{1.81}{\sqrt{5}}\right)^2 + \left(\frac{1.49}{\sqrt{5}}\right)^2} = 1.05 \ \mu\text{g/L}$$

$$t = \frac{5.82 - 5.00}{1.05} = 0.78$$

$$f = 5 + 5 - 2 = 8$$

$$t_{(8)0.05}(\text{单侧}) = 1.86$$

$$t < t_{(8)0.05}(\text{单侧}),\ P > 0.05$$

所以，在最大容许误差为 5%时，两标准溶液浓度之间无显著性差异，即可被认为是一致的。

3.2.3 实验室误差检验——尤登(Rouden)氏计算法

由质量控制中心统一发放标准样品，各参加实验室对该标准样品进行连续若干次的测定，把其结果送回控制中心，由中心统一计算各实验室的平均值与标准差和极差，然后进一步进行比较。下面介绍一种尤登(Rouden)氏计算法。

例 3.7 有 12 个实验室在两种分析方法(X 和 Y 法)进行协作研究，实验结果见表 3.18。

表 3.18 尤登氏计算步骤

实验室编号	方法 X	方法 Y	$D=X-Y$	$D-\overline{D}$	$T=X+Y$	$T-\overline{T}$
1	100.0	99.6	0.6	0.55	199.6	-0.49
2	99.7	99.7	0.0	0.05	199.4	-0.69
3	99.4	101.0	-1.6	-1.55	200.4	0.41
4	101.1	100.4	0.7	0.76	201.5	1.51
5	99.6	99.8	-0.3	-0.25	199.3	-0.69
6	99.8	100.7	-0.9	-0.35	200.5	0.51
7	104.2	99.2	1.0	1.05	199.4	-0.59
8	99.4	99.7	-0.3	-0.25	199.1	-0.89
9	100.8	100.7	0.1	0.15	201.5	1.61
10	99.8	99.5	0.3	0.35	199.3	-0.69
11	97.8	98.1	—	—	—	—
12	97.5	98.8	—	—	—	—

分析步骤如下。

(1)以方法 X 为横轴，方法 Y 为纵轴画出各协作实验室提交的 24 次实验数值的 12 个点，如图 3.11 所示。

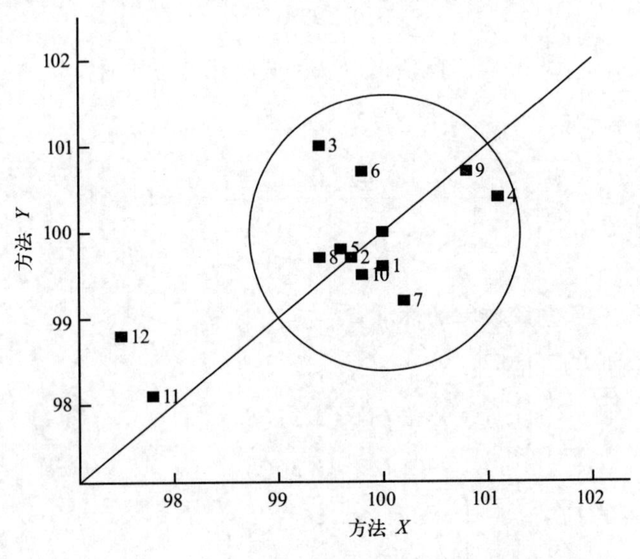

图 3.11 12 个协作实验室对两种分析方法的散点图

(2)检查散点图，去掉有明显误差的点子，例如从图 3.11 中可以看出第 11

个实验室有一个偏离的结果，它表明两种方法相符程度虽很好，但两种检验结果均明显偏低。第12实验室方法 X 存在误差。因此这两个实验室的结果均应舍弃。

(3)计算：$\bar{x}=99.97$，$\bar{y}=100.02$。

(4)画一条穿过($\bar{x}$，$\bar{y}$)呈45°角的线。

(5)计算每个实验室的 $T=X+Y$。

(6)计算：

$$S_T^2 = \sum (T - \bar{T})^2/2(n-1) = 7.669 \div 2 \div 9 = 0.4260$$

$$S_T = 0.65$$

式中：S_T^2——实验室之间的方差。

(7)计算每个实验室的 $D=X-Y$。

(8)计算：

$$S_D^2 = \sum (D - \bar{D})^2/2(n-1) = 5.365 \div 2 \div 9 = 0.2980$$

$$S_D = 0.55$$

式中：$S_D{}^2$——剩余(随机)方差，据此可以进行方差分析。

(9)进行显著性检验(F 检验)

$$F = \frac{S_T^2}{S_D^2} = \frac{0.4260}{0.2980} = 1.43$$

查 F 表，$F_{0.05(8,8)}=3.44$，此值可以认为两法相差不显著。

(10)$S_T^2=2S_B^2+S_D^2$

$$S_B^2 = \frac{S_T^2 - S_D^2}{2} = \frac{0.4260 - 0.2980}{2} = 0.064$$

$$S_B = 0.25$$

这里 S_B 就是表明系统误差的标准差。

(11)计算图形的可信限：

$$95\%\ CL = 2.31(S_D)$$

$$99\%\ CL = 3.36(S_D)$$

本例用95%的 CL：

$$2.31 \times 0.55 = 1.27$$

(12)以点(99.97，100.02)为圆心，半径为1.27画一圆周。

注意：除第11和第12实验室外，所有实验室结果均在圆形之内，因而可以认为实验室间的差别仅是随机误差。

3.2.4 质量控制水样的制备与校正

3.2.4.1 质量控制水样的设计

为了控制实验室内或实验空间分析的精密度，必须用控制水样对其进行考核。

质量控制水样是因监测项目和环境水体的类型不同，其组分和浓度范围也不相同，通常可按下述原则来设计质量控制水样。

(1) 适用于某种分析方法的质量控制水样，可以在该方法的线性范围内选择几种适当浓度(如方法线性范围内上、下限浓度的10%及90%以及中点附近的浓度等)配制。

(2)适用于某种情况水样监测的质量控制水样，可以在该水样浓度的变化范围内选择几种浓度配制。

(3) 根据各种环境水质标准中规定的浓度设计质量控制水样。

(4)质量控制水样可以是只含单一组分的溶液，仅用于单项测定，也可以是含多样组分的溶液，可用于多种项目的测定。

(5) 质量控制水样中可以含有某种类型的基体，尤其是一般的污水或工业废水的监测，由于水样组成复杂，使用的质量控制水样都应含有基体，以了解基体效应对检测数值的影响。

(6) 为了满足各种不同浓度水平测定的需要，质量控制水样常配制成各种不同浓度水平。

(7) 为能延长质量控制水样的稳定时间，并减小其发放体积，质量控制水样多配制浓溶液，由使用者在临用前按照规定方法进行稀释。为减少稀释误差，稀释倍数不应超过200倍。一般控制在100倍以内为宜。

3.2.4.2 制备质量控制水样用的水和试剂

水质监测中使用的质量控制水样是将适当的试剂溶于某种溶剂中配制而成的一种具有确定浓度值的稳定的溶液。配制质量控制水样的主要溶剂是水，测定某些有机项目使用的质量控制水样则用甲醇、丙酮、正己烷等有机溶剂配制。水的纯度不应低于表3.19中的Ⅱ级(共有4个级别)。

表 3.19　ASTM 美国材料与试验协会的纯水标准

指标	Ⅰ	Ⅱ	Ⅲ	Ⅳ
可溶性物质/(mg/L)	<0.1	<0.1	<1.0	<2.0
电导率(25℃)/(mμS/cm)	<0.06	<0.1	<1.0	<5.0
电阻率(25℃)/(MΩ·cm)	>16.66	>1.0	>1.0	>0.20
pH(25℃)	5.8~7.2	6.6~7.2	6.5~7.5	5.0~8.0
$KMnO_4$呈红色持续时间(最小)/min	>60	>60	>10	>10

质量控制水样浓度值的确定通常是根据制备时所用试剂的用量定值，并用准确可靠的方法加以核对，因此，对试剂的要求应与配制标准水样时相同。

3.2.4.3　制备质量控制水样的基本要求

制备质量控制水样应按下列要求进行。

(1)各种溶液必须使用平衡到20℃的超纯水或试剂配制。

(2)必须使用经过预先校准的A级量器(如A级移滴管、A级量瓶等)量取各种试剂。

(3)各种试剂必须使用经过校准的，感量不低于万分之一克的分析天平准确称量。

(4)所有制备和储存质量控制水样的容器，都必须严格清洗和干燥。

(5)同一批质量控制水样必须在同一个工作日灌装和封口，并在同一个工作日内进行灭菌。

(6)制备、分装必须在超净间和洁净度达到100级的实验室内进行。

(7)分装后应立即贴上标签，其内容包括质量控制水样的类型、浓度水平、制备时间、批号、有效期以及制备者等。

3.2.4.4　质量控制水样的稳定性及其检验

水质质量控制水样的均匀性易于实现，但要达到长期稳定则存在很多问题，液体样品的稳定性通常受下列因素的影响。

(1)溶液中各组分之间的相互作用，如生成沉淀，某些组分的价态变化以及溶液中微生物的作用。

(2)溶液与容器之间的物质交换，如容器壁对溶液组分的吸附，溶液对容器壁组分的溶出。

(3)某些易挥发性组分如水蒸气、有机物蒸气通过容器壁和封口处向外逸出等。

到目前为止，还没有一种材料能制成适于长期储存各种质量控制水样的容器。现在使用最多的是硬质玻璃和低密度聚乙烯材料的容器。

提高质量控制水样的浓度，改变储存条件，如调节溶液的 pH 值，加入某种稳定剂等，常常可以延长质量控制水样的稳定时间。

3.2.5　实验室之间的协同监测试验

在环境监测分析中，协同监测或称协作监测，是实验室间(有多个实验室)共同为了一个特定的目的和按照一个既定的程序所进行的合作研究活动，其可用于分析方法的标准化、标准物质浓度的定值、实验室间分析结果的争议的仲裁以及分析人员素质的培养和提高等。

协同监测的一般程序是由质量控制中心组织若干个具有代表性的实验室，用指定的采样和分析方法，按质量控制中心的规定完成若干种试样的分析，通过对所得数据进行统计分析，计算出所需的指标，以作为方法选择、质量控制和分析结果仲裁的根据。

3.2.5.1　协同监测的评价指标

协同监测的评价指标如下。

(1)平行测定的精密度：在同一实验室，当分析人员、分析设备和分析时间完全相同时，用同一个分析方法对同一样品进行双份或多份平行样测定时所得到的分析结果的符合程度，用平行测定的标准偏差$S_{\overline{W}}$表示。

(2)重复测定的精密度：在同一实验室，当分析人员、分析设备和分析时间中，其中至少有一个因素不同时，用同一分析方法对同一样品进行两次或多次的独立测定时，所得结果的符合程度，用重复测定的标准偏差 S_t 表示。

(3)实验室内精密度：包括平行测定精密度和重复测定精密度。

(4)实验室间精密度：不同实验室(分析人员、分析设备以至于分析时间都不相同)用同一分析方法对同一样品进行多次测定，所得分析结果的符合程度，用实验室间总标准偏差 S_R 表示。

(5)实验室内平行测定允许差：在 95%的置信水平下，某一分析人员用同一分析方法和设备，在同一时间对同一样品进行 n_0份平行样分析，所得结果的极差

的允许界限用 r_p 表示。

(6)实验室内重复测定允许差：重复测定允许差包括单个分析结果允许差和均值允许差，在95%的置信水平下，同一实验室(分析人员、设备和分析时间中，至少有一项不同)用同一分析方法对同一样品进行 m_0 次重复测定(每次平行样为 n_0)，所得 $q(q=m_0 \cdot n_0)$ 个分析结果极差的允许界限，称为重复测定单个分析结果允许差，以 r_0 表示。m_0 个重复测定分析结果均值的极差的允许界限，称为重复测定均值允许差，以 r_A 表示。

(7)实验室间允许差：在95%置信水平下，L_0 个实验室(分析人员、设备和时间均不相同)用同一分析方法对同一样品分别进行 m_0 次重复测定(平行样数为 n_0)，其分析结果均值的极差的允许界限称为实验室间允许差，用 R 表示。

(8)标准物质测定的允许差：在95%的置信水平下，某一分析人员用同一分析方法对同一标准物质进行 n_0 份平行样测定，分析结果均值与标准物质保证值之绝对差的允许界限即为标准物质测定的允许差，用 B 表示。

3.2.5.2 协同监测的设计

在进行协同监测之前，首先要制定一个合理可行的方案，根据影响方法精密度和准确度的主要因素和数理统计学的要求，选择合适的实验室、样品类型、含量水平、分析人员、分析设备、分析时间及重复测定次数。

1)参加实验室

根据统计学的要求，应随机地从有关实验室中，选择参加协同监测的实验室，但在实际工作中要做到这一点的确是较难的。一般由组长单位组织成立专家小组，通过协商招聘或根据需要指派。应充分考虑到该实验室在所在区域的技术水平的代表性，避免选择技术水平太高或太低的实验室，一般选5~8个实验室，如果条件许可，可以多选一些，效果会更佳。

2)样品类型及浓度含量

由质量控制中心统一提供样品或标准样品，可以是液体、气体或固体，但必须是均匀的和稳定的样品，其检验方法，在前面也详细讨论过，不再赘述。

样品浓度水平取决于分析方法的精密度与样品中待测物质浓度的相关性。当精密度与样品浓度无关时，可采用中等浓度的样品，也可采用高、中、低3种浓度含量的样品；如果精密度与浓度呈良好的线性关系，则应采用5种以上不同浓度的样品，以确定二者之间的线性回归方程；如果精密度与浓度呈非线性关系，则需更多不同浓度含量。因此，这时需要用曲线来描述二者的关系。样品浓度值应均匀地分布在方法的适合浓度范围内，最高值和最低值要分别接近方法的测定上、下限。方法的测定上、下限，精密度与含量的相关性等，必须在协作试验前由技术工作组通过实验确定。

3) 分析人员

参加协同监测的实验室应指定具有中等技术水平及以上的分析人员完成样品的采集与分析工作；分析人员必须熟悉样品测定的全过程。

4) 仪器设备

要选定合适的仪器设备，必须符合样品采集和分析方法的要求。

5) 分析时间

要严格遵守已规定的样品采集、样品分析时间、试样的顺序和完成日期的要求。

同一名分析人员至少要在两个不同的时间进行同一样品的重复分析，以考虑时间的影响。

6) 测定次数

一次平行测定的平行样数目不得少于两个，每个实验室对每种含量的样品测定次数不得少于6次。

3.2.5.3 协同监测中的质量控制

实验室用的所有仪器、量器(如天平、砝码、滴定管、容量瓶)应按规定进行校准。方法应按质量控制基础实验中有关校准方法执行。如实验室计量认证中有关仪器校准的技术规程。

分析人员在进行协同监测前，要用类似样品(已知浓度)进行操作练习，熟悉采样和分析方法，以取得必要的经验。

由专家小组发放填报表格，并要求分析人员在填报表格时要填写清楚，完整，不得随意涂改。专家小组还要说明数据填报方式和注意事项。规定填报数据的有效数字的位数和小数部分的位数，避免原始数据出现差错。

3.2.5.4 协同监测设计书及其审批

协同监测设计书由专家小组组长编制，每个监测设计要从列举的参数中选择自己的监测参数并作出相应的规定。对不同方法的标准化可以有不同的选择规定，由于设计的不同，数据处理方法也可能不同，因此进行监测设计时，同时要考虑数据的处理方法。

协同监测设计书由技术归口单位审批。

3.2.5.5　协同监测的实施

协同监测设计书经批准后，即可开始工作。由专家小组编写监测方法说明，连同分析方法分发到各参加实验室的有关分析人员手中，监测方法说明应包括以下内容：待测组分名称、应用的采样及分析方法、样品个数、待测组分的含量范围、样品的保存及前处理方法、测定次数(平行、重复)、采样与分析的起止日期、分析结果的位数(小数位数)和浓度单位、数据报表和上报日期。

由组长单位根据有关规定准备好分析用样品，按时分送到各参加实验室，样品容器上要注明编号、待测物名称、大致含量范围和分送日期。

各参加实验室按时将分析结果上报组长单位，由组长单位进行统计处理，计算出精密度、准确度和允许误差指标，写出总结报告，上报技术归口单位复查，总报告必须包括全部原始数据、数据计算、分析过程以及对分析结果和数据处理的说明等内容。

技术归口单位审查总报告后，按性质要求确定评定内容。对方法标准化等工作，需上报方法标准化负责单位审批。

3.2.5.6　协同监测的数据处理

关于数据处理，前面章节已作了较为详尽的叙述，在此不再重复。

协同监测数据处理一般包括原始数据整理、离群数据检验、精密度计算、精密度与含量的关系、允许差的计算、准确度的计算等步骤。

3.2.5.7　实验室间的质量考核

质量控制中心定期对各参加协同监测实验室进行质量考核，主要目的是评价各实验室分析监测数据的准确性。由中心派出有经验的分析人员采用不同于常规监测用的仪器和标准物来进行。这种考核是在正常操作条件下，即没有任何准备或重新调整系统的情况下，对测定全过程的一种真正的评价。

考核一般推荐两种方法，即性能审核和系统审核。

性能审核是对总的监测工作(包括样品采集、分析以及数据处理)所获得数据的质量进行评价。它包括以下三个方面内容的审核：样品采集的审核、使用标准样品审核分析的步骤、审核数据处理过程。

系统审核就是总测定系统(样品采集、样品分析、数据处理等)质量的现场检验和复审，是常规的质量评价。一个新的监测系统开始建立时就应该实行系统审核，以便发现在系统操作中存在的重大变化。审核时首先列出系统检查表，其内容适于被审核的特定项目和特定地区。

思考题

1. 何谓实验室内(或实验室间)质量控制？
2. 如何进行实验室内(或实验室间)质量控制？
3. 简述质量控制图的种类以及均数控制图的绘制方法。
4. 简述质量控制水样的制备与校正。
5. 简述实验室之间的协同监测试验。

参考文献

曹宇峰，吴昊，2006. 浅议海洋环境监测中的内部质量控制[J]. 海洋技术，25(2)：121-123.
蒋子刚，顾雪梅，1991. 分析测试中的数理统计和质量保证[M]. 上海：华东化工学院出版社.
张大年，郑剑，李定邦，1992. 环境监测系统及原理[M]. 上海：华东化工学院出版社.
郑琳，刘艳，崔文林，等，2014. 海洋监测数据质量评估系统研究[J]. 海洋开发与管理，2：34-38.

第 4 章　海洋环境监测数据质量评估

本章主要对海洋环境监测数据质量评估技术方法、原理和流程以及应用事例进行了概述。海洋环境监测数据质量评估是确保海洋环境监测数据质量优劣不可或缺的技术方法之一，是海洋环境监测分析人员尤其是海洋环境监测数据质量评价人员必须掌握的基本知识和技能。掌握本章内容，对于提高海洋环境监测数据质量，确保海洋环境质量评价的代表性和客观性，具有重要作用。

4.1　相关统计学基础

4.1.1　统计总体和总体单元

所谓统计总体，是由客观存在的、具有某种共同性质又有差别的许多总体单元所构成的整体。当这个整体作为统计研究对象时称统计总体，简称总体。例如，欲了解某一海域水质中某一物质的含量水平时，这个海域的水体就是要研究的总体。总体和总体范围的确定、取决于统计研究的目的要求。总体必须具备三个特性：大量性、同质性和变异性。

1) 大量性

大量性是总体的量的规定性，即指总体的形成要有一个相对规模的量，仅仅由个别单元或极少量的单元不足以构成总体。因为个别单元的数量表现可能是各种各样的，只对少数单元进行观察，其结果难以反映现象总体的一般特征。进行统计研究时，只有观察足够多的量，才能使偶然因素对统计总体的影响呈现出相对稳定的规律和特征。当然，大量性也是一个相对的概念，它与统计研究目的、客观现象的现存规模以及总体各单位之间的差异程度等都有关系。

2) 同质性

总体的同质性，是指构成总体的各个单元至少有一种性质是共同的。同质性是将总体各单元结合起来构成总体的基础，也是总体的质的规定性。例如，研究海域水质污染状况，所有的采样站位都应该是水质站位。如果违反同质性，把不同性质的单元结合在一起，对这样的总体进行统计研究，不仅没有实际意义，甚至会产生虚假和歪曲的分析结论。同质性的概念是相对的，它是根据一定的研究目的而确定的，目的不同，同质性的意义也就不同。同质性是相对研究目的而言，当研究目的确定后，同质性的界限也就确定了。

3) 变异性

总体的变异性，是指总体各个单元除了具有某种或某些共同的性质以外，在其他方面则各不相同，具有质的差别和量的差别。正因为这种变异性是普遍存在的，才有必要进行统计研究，这是统计的前提条件。由于总体中各个单元之间具有变异性的特点，所以有必要采用统计方法加以研究、才能表明总体的数量特征(蒋子刚，顾雪梅，1991；梁晋文等，2001)。

4.1.2 总体的样本

一般地，我们把所研究对象的全部称为总体。总体中的每个个体称为总体单元。总体通常用一个随机变量 X 来表示。从总体 X 中随机抽取的 n 个观测值(x_1，x_2，…，x_n)，就构成了总体 X 的一个容量为 n 的样本观测值，简称总体的一个样本(张大年等，1992；中国环境监测总站，1994)。

4.1.3 显著性检验

数理统计中，显著性检验是假设检验的基本手段。假设检验的基本思想是：概率很小的事件在一次试验中实际上是几乎不可能发生的。如果概率很小的事件在一次试验中发生，就有充足的理由怀疑原假设的正确性，从而推翻原假设；否则，就接受原假设。在监测数据质量评估的应用中，常常用显著性检验来判断某一监测数据是否属于离群数据。显著性检验的方法有很多种，应根据研究对象的特征和检验目的，合理选择检验方法[《数据的统计处理和的解释——正态性检验》(GB/T 4882—2001),《数据的统计处理和解释——正态样本离群值的判断和处理》(GB /T 4883—2008)]。

4.1.3.1 测量结果准确度的检验和评价

监测数据的准确性，可通过量化概念——准确度进行度量。所以，监测数据准确性的评估，可转化为对监测数据准确度的评价。

监测结果的准确度，针对监测样品而言，指的是分析测量的结果与样品真值的符合程度。而准确度一般以误差的大小来量度。误差越大，准确度越差；误差越小，准确度越好。分析测量过程不可能处于完全理想的状态，测量过程的每一步都会受到各种扰动，分析测量过程总会有误差，最终结果也必然存在误差。《海洋监测规范》(GB 17378—2007)中水质样品的分析质量控制标准，对不同浓度水平的样品的分析测量误差和精密度提出了具体的要求。准确度评价就是对验证样本数据和该标准值进行的统计比较，以评判分析测量过程的准确度是否能满足《海洋监测规范　第2部分：数据处理与分析质量控制》(GB 17378.2—2007)的要求。

4.1.3.2 准确度验证试验

1)标准物质测量法

以标准物质为分析测量对象，在人员、仪器、方法、实验环境与实际监测样品的测量过程完全一致的情况下，分析测量 n 次。

2)加标回收试验法

在实际监测样品中，加入适当的已知含量的目标物质，作为验证试验样品。在人员、仪器、方法、实验环境等与实际监测样品测量过程完全一致的状况下，分析测量 n 次。以加标样品的测量结果减去原样品的测量结果作为测量值，计算出回收率，对其进行统计处理。

3)验证样本数据的统计和检验

针对分析测量结果准确度的评价，可通过下述几种统计检验方法进行。

(1)测量值与真值有无显著性差异的假设检验。测量值 μ 与真值 μ_0 有无显著性差异，可表示为如下的假设检验问题：

$$H_0: \mu = \mu_0 \quad H_1: \mu \neq \mu_0 \tag{4.1}$$

这是一个双边假设检验的问题。如果设定显著性水平为 α，则原假设的拒绝域为：

$$|t| = \left|\frac{\mu - \mu_0}{S/\sqrt{n}}\right| \geqslant t_{\frac{\alpha}{2}}(n-1) \tag{4.2}$$

式中：μ——验证样本均值；

μ_0——标准物质真值；

S——验证样本标准差；

$t_{\frac{\alpha}{2}}$——双边假设检验 t 的临界值。

(2)测量误差小于《海洋监测规范》(GB 17378—2007)规定值的假设检验。这是一个单边假设检验的问题。可表示为：

$$H_0: \bar{d} < d_0,$$

$$H_1: \bar{d} \geqslant d_0 \tag{4.3}$$

原假设的拒绝域为：

$$|t| = \left|\frac{\bar{d} - d_0}{S_d/\sqrt{n}}\right| \geqslant t_a(n-1) \tag{4.4}$$

式中：$\bar{d}$——验证样本测量误差的均值；

d_0——规范规定的最大误差；

S_d——验证样本误差的标准差。

(3)测量值置信区间的估计。有限次测量得到的验证样本数据服从 t 分布，在显著性水平为 α 的情况下，可由下式估计验证样品真值的置信区间：

$$\mu - \frac{S}{\sqrt{n}} - t_{\frac{\alpha}{2}}(n-1) < \mu_0 < \mu + \frac{S}{\sqrt{n}} t_{\frac{\alpha}{2}}(n-1) \tag{4.5}$$

该区间的置信概率为 $1-\alpha$。

4.1.3.3 测量结果精密性的检验和评价

表示监测数据精密性的参数有多种，最常用的是标准偏差。因此，对监测数据精密性评估的问题，可以转化为对监测数据产生过程中引入的标准偏差的评价问题。

标准偏差所表示的是测量数据相对中心数值的偏离程度。标准偏差越大，测量数据的精密度越差；标准偏差越小，测量数据的精密度越好。根据样品中被测物质的含量水平高低，《海洋监测规范 第2部分：数据处理与分析质量控制》(GB 17378.2—2007)给出了标准偏差的上限值。对监测数据精密性的评估，就是通过验证试验，将所获得的样本数据的标准偏差与《海洋监测规范》(GB 17378—2007)的规定值进行统计比较，以评判分析测量过程中产生的标准偏差能否满足《海洋监测规范　第2部分：数据处理与分析质量控制》(GB 17378.2—2007)的要求。

1)验证试验方法

与4.1.3.2节准确度验证试验同，略。

2)验证试验数据样本的统计检验

(1) 由样本数据计算样本标准差。通过验证试验得到样本数据(x_1，x_2，…，x_n，$n \geqslant 13$)，样本标准差S为：

$$S = \sqrt{\frac{\sum (x_i - \bar{x})^2}{n - 1}} \tag{4.6}$$

(2) 样本标准方差小于《海洋监测规范》(GB 17378—2007)规定值的单边假设检验。样本数据的标准偏差越小，测量值的精密度越高。为了检验验证试验得到的样本数据标准偏差是否能满足监测规范的要求，需要做以下的假设检验：

$$H_0: S^2 < \sigma_0^2,\ H_1: S^2 \geqslant \sigma_0^2 \tag{4.7}$$

这是一个右侧检验问题。

构建统计量χ^2，原假设的拒绝域是：

$$\chi^2 = \frac{(n - 1)S^2}{\sigma_0^2} \geqslant \chi_\alpha^2(n - 1) \tag{4.8}$$

3)总体标准方差的区间估计

可根据验证样本标准方差，估计总体标准方差在一定置信概率条件下的置信区间。如果设定置信概率为$p=1-\alpha$，则有：

$$\frac{(n - 1)S^2}{\chi_{\frac{\alpha}{2}}^2(n - 1)} < \sigma_0^2 < \frac{(n - 1)S^2}{\chi_{1-\frac{\alpha}{2}}^2(n - 1)} \tag{4.9}$$

或者表示为：

$$\frac{\sqrt{n - 1}S}{\sqrt{\chi_{\frac{\alpha}{2}}^2(n - 1)}} < \sigma_0 < \frac{\sqrt{n - 1}S}{\sqrt{\chi_{1-\frac{\alpha}{2}}^2(n - 1)}} \tag{4.10}$$

通过总体方差的区间估计，判断验证试验的结果是否能满足规范的精密度要求。

4.1.4　稳健统计技术

稳健统计技术是20世纪80年代末才基本定型的应用统计学的一个分支。稳健统计技术避免了一组观测数列(样本观测值)的统计量的量值受到极端值(离群值)的影响，稳健统计技术用到的主要统计量有：中位值、标准化四分位距、稳健变异系数等。稳健统计技术适用于监测数据可比性的评判分析[《能力验证结果的统计处理和能力评价指南》(NAS—GL02：2006)]。

4.2 数据质量评估指标和含义

监测数据质量的评估指标主要包括数据的准确性、精密性、可比性、完整性和代表性这“五性”的评估，下面对这“五性”简单介绍如下。

4.2.1 准确性

4.2.1.1 含义描述

准确性指实际测量值与真实值的符合程度。准确度是最受关注的监测数据质量指标，可以说质量管理体系所做的大部分工作都是为了提高数据的准确性。对应准确性的数据质量问题为：监测数据准确度不够、误差大。准确性针对的数据层次包括从单个数据到数据集的所有数据层次。单个数据，可用误差大小判别其准确性。单个数据以上数据层次，即一定数量的数据集，则可用准确率表示。

4.2.1.2 检测要点和关键控制阶段

海洋环境监测数据准确性的检测和评估，一般可通过标准物质或标参物的测定进行。对于室内分析数据可通过插标样检测的方法控制。关键控制阶段为野外观测和采样、室内样品分析、数据记录与录入等多个阶段，影响因素很多。

质控要点包括：①野外观测和采样、样品制作、分析过程严格按照操作规范进行；②室内分析加入标准物质，与样品测定方法相同，标准物质分析结果应保证在95%的置信水平内，否则需要重新分析测试；③野外观测和样品分析测试过程由专业的技术人员操作，整个过程有质量控制措施。

4.2.1.3 测量值与真值有无显著性差异的假设检验

例 4.1 某监测技术人员验证某一监测分析方法的准确度是否满足监测规范要求。用一标称值为96.08 μg/L 的有证标准溶液进行验证测定，得到13个独立随机的验证结果：82.39、103.46、104.93、105.52、98.37、113.23、86.62、

91.72、108.21、93.03、95.28、99.02、98.06(μg/L)。

$$H_0:\ \bar{x}=\mu_0=96.08\ \mu g/L$$

$$H_1:\ \bar{x}\neq\mu_0=96.08\ \mu g/L$$

这显然是一个双边的 t-检验。原假设的拒绝域为：

$$|t|=\left|\frac{\bar{x}-\mu_0}{S/\sqrt{n}}\right|\geqslant t_{\frac{\alpha}{2}}(n-1) \tag{4.2}$$

经计算得到：

$$\bar{x}=98.45\ \mu g/L,\ S=8.727\ \mu g/L,\ 取\ \alpha=0.05$$

$$|t|=\frac{98.45-96.08}{8.727/\sqrt{13}}=0.9792<t_{0.025}(12)=2.1788$$

结论：因为 $|t|<t_{0.025}(12)$，所以在 $\alpha=0.05$ 的前提下，没有理由拒绝原假设 H_0：$\bar{x}=\mu_0$。

4.2.1.4 测量误差小于《海洋监测规范》(GB 17378—2007)要求的假设检验

从验证样品的标称值看，样品中的被测物含量处于 10^{-7} 数量级。规范要求该量级的测量相对标准偏差，相对误差-10%~10%。仍以上例中的数据为例，计算单次测量误差的绝对值 $d_i=|x_i-\mu_0|$，得到以下测量误差数列：13.69、7.38、8.85、9.44、2.29、17.15、9.46、4.36、12.13、3.05、0.80、2.94、1.98。这个假设检验属于单边检验，可表述为下述假设：

$$H_0:\ \bar{d}<\mu_0\times 10\%=9.608\ \mu g/L$$

$$H_1:\ \bar{d}\geqslant\mu_0\times 10\%=9.608\ \mu g/L$$

单边假设检验的拒绝域为：

$$|t|=\left|\frac{\bar{d}-d_0}{S_d/\sqrt{n}}\right|\geqslant t_a(n-1) \tag{4.4}$$

由样本数据计算得：

$$\bar{d}=7.19\ \mu g/L,\ S_d=5.12\ \mu g/L,\ 取\ \alpha=0.05$$

$$t=\frac{|\bar{d}-d_0|}{S_d/\sqrt{n}}=\frac{|7.19-9.608|}{5.12/\sqrt{13}}=1.7028$$

$$t=1.7028<t_{0.05}(12)=1.7823$$

可以看出，在 $\alpha=0.05$ 的前提下，没有理由拒绝原假设。说明该方法的测量误差小于《海洋监测规范　第2部分：数据处理与分析质量控制》(GB 17378.2—2007)的规定值，能够满足《海洋监测规范　第2部分：数据处理与分析质量控制》(GB 17378.2—2007)的要求。

4.2.1.5　由验证样本数据估计真值的置信区间

由正态总体中抽取的有限样本，服从 t-分布。在置信概率 $p=1-\alpha$ 的情况下，真值 μ_0 的置信区间：

$$\left[\bar{x} - \frac{S}{\sqrt{n}}t_{\frac{\alpha}{2}}(n-1) < \mu_0 < \bar{x} + \frac{S}{\sqrt{n}}t_{\frac{\alpha}{2}}(n-1)\right] \tag{4.5}$$

若取 $\alpha=0.05$，$n=13$，则 $t_{\frac{\alpha}{2}}(n-1)=2.1788$。

仍以前述的验证样本数据为例，由样本数据计算得：

$$\bar{x} = 98.45\ \mu g/L,\ S = 8.727\ \mu g/L$$

置信区间为：

$$[93.18 < \mu_0 < 103.72]$$

结论：由置信概率为95%的置信区间来看，真值 $\mu_0=96.08\ \mu g/L$ 处于其置信区间中。因此，可以推断，验证样本数据的主要误差来源于随机因素，该方法的测量结果是可信的。

4.2.2　精密性

4.2.2.1　含义描述

精密性主要指监测数据之间相互符合程度，一般用方差或标准差表示。对应的数据质量问题是：数次独立测量结果间的不一致和相互矛盾。数据准确性和精密性相互关联，精密性是准确性的基础。数据精密性的检查有利于准确性等其他数据质量问题的发现。

4.2.2.2　检测要点和关键控制阶段

精密性检测评估，主要依赖于相关专业知识和数据审核经验的长期积累，因此，精密性检测评估体现数据审核者的专业知识水平。精密性的关键控制阶段为测量阶段和数据录入阶段。

4.2.2.3　监测数据精密性评估

表示监测数据精密性的参数有几种，最常用的是标准偏差。因此，对监测数据的精密性评估问题，可以转化为对监测数据产生过程中引入的标准偏差的评价问题。

标准偏差所表示的是，测量数据相对中心数值的偏离程度。标准偏差越大，测量数据的精密度越差；标准偏差越小，测量数据的精密度越好。根据样品中被测物质的含量水平高低，《海洋监测规范　第2部分：数据处理与分析质量控制》(GB 17378.2—2007)给出了标准偏差的上限值。对监测数据精密性评估，就是通过验证试验，将验证试验样本数据的标准偏差与规范的规定值进行统计比较，以评判分析测量过程产生的标准偏差能否满足规范的质量要求。

4.2.2.4　验证试验数据样本的统计检验

由样本数据计算样本标准差。经过验证试验得到样本数据(x_1, x_2, …, x_n。$n \geqslant 3$)样本标准差 S 为：

$$S = \sqrt{\frac{\sum (x_i - \bar{x})^2}{n - 1}} \tag{4.6}$$

样本数据的标准偏差越小，测量值的精密度越高。为了检验验证试验得到的样本数据标准偏差是否能满足质量要求，需要做以下的假设检验：

$$H_0: S^2 < \sigma_0^2, \ H_1: S^2 \geqslant \sigma_0^2 \tag{4.7}$$

这是一个右侧检验问题。

构建统计量χ^2，原假设的拒绝域是：

$$\chi^2 = \frac{(n - 1)S^2}{\sigma_0^2} \geqslant \chi_\alpha^2(n - 1) \tag{4.8}$$

4.2.2.5　精密性评价案例

例 4.2　仍以前述的验证试验结果(例 4.1)为例。用一标称值为 96.08 μg/L 的有证标准溶液进行验证测定，得到 13 个独立随机的验证结果：82.39、103.46、104.93、105.52、98.37、113.23、86.62、91.72、108.21、93.03、95.28、99.02、98.06(μg/L)。

计算验证样本数据的标准差：

$$S = \sqrt{\frac{\sum (x_i - \bar{x})^2}{n - 1}} = 8.727 \ \mu g/L$$

检验假设：

$$H_0: S^2 < \sigma_0^2, \ H_1: S^2 \geqslant \sigma_0^2$$

原假设的拒绝域为：

$$\chi^2 = \frac{(n-1)S^2}{\sigma_0^2} \geqslant \chi_\alpha^2(n-1) \tag{4.8}$$

本例中，$S = 8.727$ μg/L，$\sigma_0 = 9.608$，若 $\alpha = 0.05$

则有

$$\chi^2 = \frac{(n-1)S^2}{\sigma_0^2} = \frac{(13-1) \times 8.727^2}{9.608^2} = 9.9$$

$$\chi^2 < \chi_{0.05}^2(12) = 21.026$$

因为没有落在原假设的拒绝域中，所以没有理由拒绝原假设。则可认为该验证试验的标准差能满足质量要求。

4.2.3 可比性

4.2.3.1 可比性含义描述

可比性是指同一个观测指标的数据在不同时间(同一地域不同年份)或不同空间之间(同年份不同监测单位)具有可比程度。对应的数据质量问题为可比性差。对于多家监测单位参与的海洋环境监测而言，数据可比是其基本要求，因此数据的可比性非常重要。

4.2.3.2 控制要点和关键控制阶段

控制要点包括：① 采样站位的准确；② 监测工作开展时间的一致性；③ 监测方法的一致性。关键控制阶段为现场采样阶段和实验室分析阶段。数据的可比性，可通过实验室内部的期间核查数据和实验室间的比测数据进行评估。尤其要强调的是，如果监测方法暂时不能统一或中途需要变更，必须对不同方法进行比对研究，以保证不同监测方法获取的数据具有较好的可比性。

4.2.3.3 监测数据可比性评估

监测数据的可比性，包含两层含义。①多家监测机构之间的监测数据可比性，这种可比性可通过安排实验室间的比对试验获得数据样本；②表征监测机构内部监测数据稳定状况的可比性，这种可比性可通过实验室内部的期间核查获得数据样本。

将成对的样品发往参加可比性验证试验的实验室，规定测定方法和数据上报时间。所谓样品对，就是一对样品 A 和样品 B，其特性和组分是等同的或者差异不大。可比性验证试验可采用一对或者数对样品，得到的结果是数据对。可利用稳健统计技术对上报的比对数据样本进行处理。

4.2.3.4 数据的稳健统计和处理

进行监测数据可比性评判，就应该有一个评判标准。建立评判标准必须排除极端数据的影响。排除极端值影响是稳健统计技术的精髓，所以采用稳健统计技术处理可比性数据很恰当[《能力验证结果的统计处理和能力评价指南》(GNAS—GLOZ：2006)]。稳健统计技术主要有以下统计量：

样本容量 n：对比性验证试验测定结果的总数。

中位值 X_m：样本数据按照大小顺序排列的中间值。

上四分位值 Q_3：样本数据大小顺序排列中的一个值。样本中有 1/4 的数值大于该值。

下四分位值 Q_1：样本数据大小顺序排列中的一个值。样本中有 3/4 的数值大于该值。

四分位距(IQR)：

$$IQR = Q_3 - Q_1 \tag{4.12}$$

标准化四分位距(N_{IQR})：

$$N_{IQR} = 0.7431 \times \mathrm{IQR} \tag{4.13}$$

Z 分数：

$$Z = \frac{X - X_{\mathrm{m}}}{N_{\mathrm{IQR}}} \tag{4.14}$$

标准化和 S：

$$S = \frac{A + B}{\sqrt{2}} \tag{4.15}$$

标准化差 D：

$$D = \frac{A - B}{\sqrt{2}} \tag{4.16}$$

Z_S分数：

$$Z_S = \frac{S - S_{\mathrm{M}}}{N_{\mathrm{IQR}}(S)} \tag{4.17}$$

Z_D分数：

$$Z_D = \frac{D - D_{\mathrm{M}}}{N_{\mathrm{IQR}}(D)} \tag{4.18}$$

一组进行可比性评判的样本数据，经计算得到上述统计量的样本值后，最终

以 Z 分数(或 Z_S 或 Z_D)来评价每个参比数据的可比性。评判标准为：

$|Z_i|\leqslant 2$ 的数据，其可比性好；

$2<|Z_i|\leqslant 3$ 的数据，可比性一般，应检查产生差异的来源；

$|Z_i|>3$ 的数据，为离群数据，可比性差。其数据存在着较大系统误差和/或随机误差的可能性很大。

4.2.3.5 应用案例

例 4.3 仍以前述的某监测项目的 13 个监测结果(表 4.1)为例，评价每个监测数据的可比性。其数据经过处理和计算，可得到以下结果。

数据排序：82.39、86.62、91.72、93.03、95.28、98.06、98.37、99.02、103.46、104.93、105.52、108.21、113.23。

$n=13$,

中位值：$x_m=98.37$,

上四分位值：$Q_3=103.46$,

下四分位值：$Q_1=93.03$,

四分位距：$IQR=Q_3-Q_1=103.46-93.03=10.43$,

标准四分位距：$N_{IQR}=0.7314\times IQR=7.732$,

稳健变异系数：$C_v=\dfrac{N_{IQR}}{X_m}=7.732\div 98.37=7.86\%$

各数据的 Z 分数：$Z_i=\dfrac{X_i-X_m}{N_{IQR}}$，其结果列入表 4.1。

表 4.1 验证数据的可比性

验证数据/(μg/L)	Z 分数	验证数据/(μg/L)	Z 分数
82.39	-2.1	99.02	0.08
86.62	-1.5	103.46	0.7
91.72	-0.9	104.93	0.8
93.03	-0.7	105.52	0.9
95.28	-0.4	108.21	1.3
98.06	-0.04	113.23	1.9
98.37	0		

由表 4.1 可以看出，全部验证数据的 Z 分数的绝对值几乎都小于 2，说明这

13 个数据具有很好的可比性。这也可以由稳健变异系数的数值较小（C_V=7.86%）得到印证。

4.2.4 完整性

4.2.4.1 含义描述

完整性指监测数据满足监测方案规定的监测站位数、监测项目数、采样重复数和监测频率等方面的要求。数据缺失、异常值需要有明确说明《海洋监测规范》（GB 17378—2007）。

完整性包括各个层次的完整性，一般以监测方案规定的监测任务和历年监测内容作为判别依据。

4.2.4.2 审核要点和关键控制阶段

审核要点包括：①站位数的完整性；②监测项目完整性；③监测频度完整性；④样品采集数完整性；⑤数据表字段填写完整性；⑥质控数据的完整性。

关键控制阶段为监测阶段、数据录入阶段。

4.2.5 代表性

4.2.5.1 含义描述

代表性是指监测数据能够真实、全面地反映监测区域内生态系统不同尺度的信息。对应的数据质量问题为：数据代表性差。代表性针对的数据层次为单次取样的数据至整个数据集。代表性包含多个层次的含义，具体包括监测区域对生态系统类型的代表性、样品对监测区域的代表性、监测指标对生态系统的关键特征的代表性等。

4.2.5.2 评估要点和关键控制阶段

代表性的评估要点包括：① 样品代表性；② 取样代表性；③ 区域数据代表性。代表性的关键控制阶段为站位设计和监测阶段。基于对监测目标和监测区域的了解，合理设计采样站位。

4.2.5.3 使用说明

环境监测数据的代表性是指，所获得的监测数据是否客观地反映监测项目区域的整体情况，把不具有区域代表性的监测数据定义为可疑数据，对可疑数据进行检验和评价，将通过检验的数据划归为区域数据集；未通过检验的数据定义为离散数据，作为个体数据，不具备区域整体特性。

4.2.5.4 代表性评估流程

采用如下流程进行监测数据的代表性评估，如图 4.1 所示。

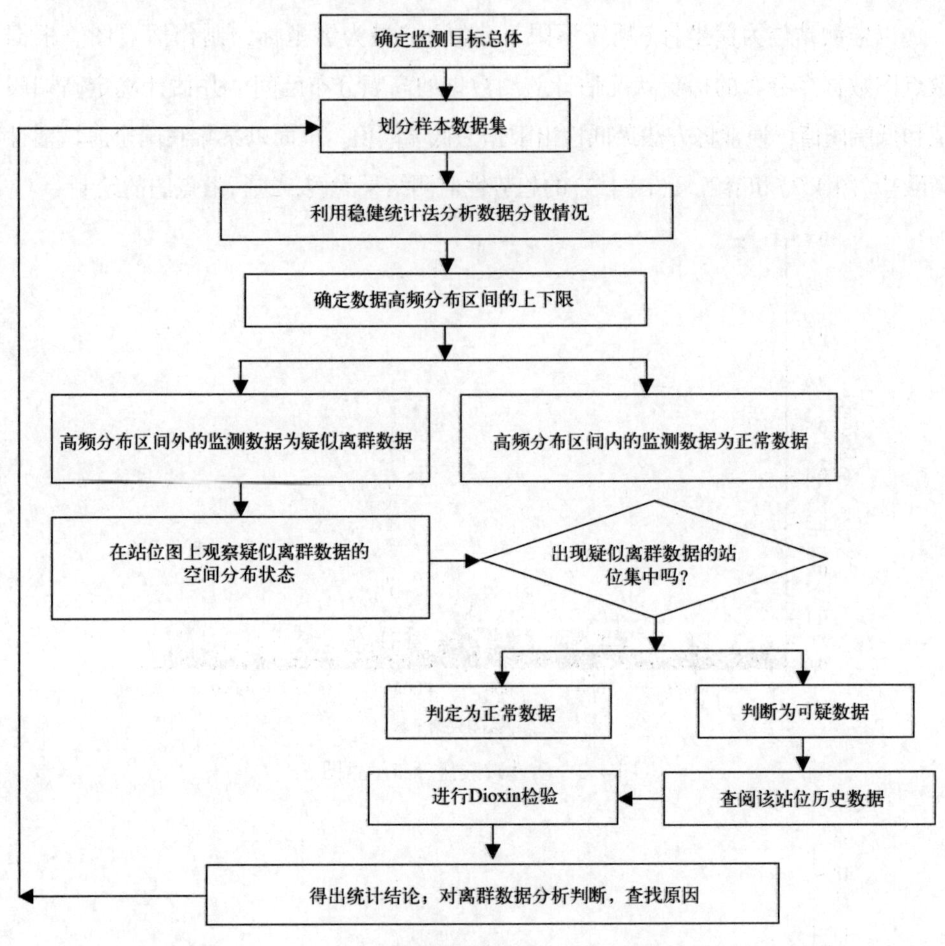

图 4.1 监测数据代表性评估流程图

4.2.5.5 监测目标总体的确定

例如，欲获取某年整个海域营养盐的分布状况，全海域则为确定的目标总体区域，海水中的营养盐是对应的监测参数。整个海域各个监测站位所获取的营养盐数据集合则是该目标总体所对应的样本集。如统计 2012 年锦州湾沉积物中汞的含量状况，锦州湾则为监测海域，沉积物中汞为监测参数。

4.2.5.6 样本数据集的划分

根据监测任务对应的监测目标总体，划分样本数据集。

4.2.5.7 监测数据集高频分布区间划分

1) 作图法

以监测站位为横坐标(顺序不限)，监测结果为纵坐标，制作散点图。根据散点图数据点分布的稀疏状况估计监测数据的高频分布区间。并估计确定高端阈值和低端阈值，通常将方法最低检出限作为低端阈值。下面以某年我国全海域活性磷酸盐(图4.2)和溶解氧(图4.3)的趋势性监测结果为例，进行散点图的绘制。

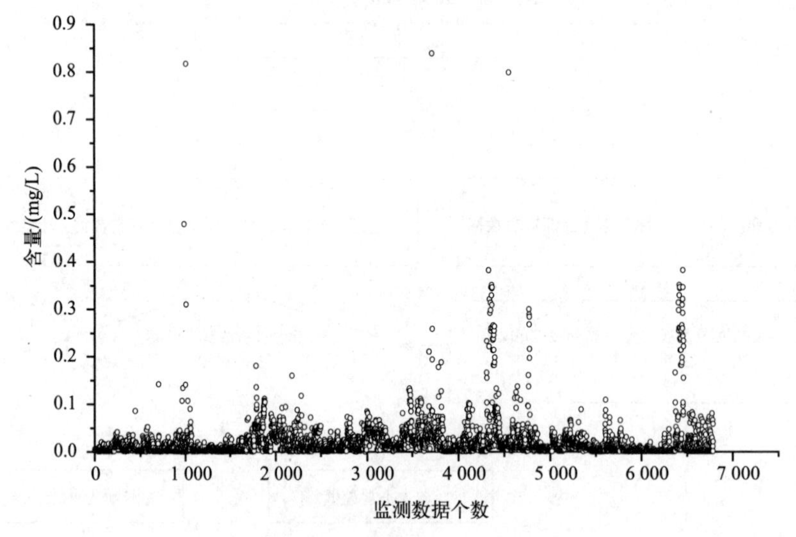

图4.2 活性磷酸盐分布示意图

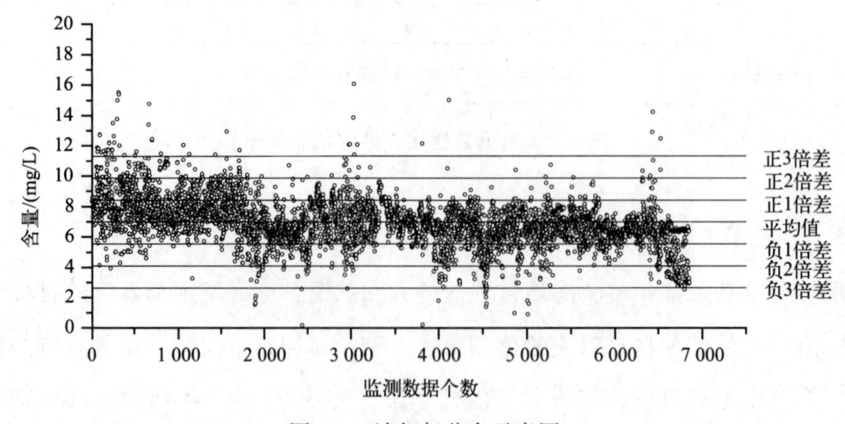

图4.3 溶解氧分布示意图

在图4.2中，将活性磷酸盐的方法检出限为低端阈值，0.04作为高端阈值，确定其高频分布区间为未检出(ND)至0.04 mg/L。

在图4.3中，确定其溶解氧的高频分布区间为5~8 mg/L。

作图法是最直观观察监测目标整体状况的方法，但有很大的主观性，难以准确地判断阈值，因此，在进行代表性评估的时候，数据评估者为方便了解整体情况，可先进行图例绘制，做到心中有数。

2)稳健统计法

作图法直观明了，但是结果模糊主观；稳健统计方法具有很好的判断能力，缺点是不直观。因此，推荐将作图和稳健统计法一并使用。

参考上述介绍的稳健统计的统计量，对样本数据集进行 Z 分值的计算，Z 分数法统计量见表4.2。

将 $|Z|<2$ 的测试结果作为分析样本数据的高频分布区间；$|Z|>2$ 的每一个上报结果均标示为疑似离群数据；$Z=2$ 的测试结果定义为高频分布区间上限；$Z=-2$ 的测试结果定义为高频分布区间下限；对不存在 $Z=-2$ 的测项，以检出限作为高频分布区间下限。表4.3为某年硝酸盐数据集的部分监测数据的 Z 分值计算结果。

表4.2 Z分数法统计信息表

统计信息	结果
上报总数 n	
中位值 x_m	
Q_3	
Q_1	
N_{IQR}	
$C_v(\%)$	
极大值	
极小值	
变动范围	

表 4.3　某年硝酸盐数据集的部分监测数据的 Z 分值计算结果

编号	站位编码	硝酸盐-氮/(mg/L)	Z 值
……	……	……	……
37	N44YQ006	0.006	-1
25	N44JQ023	0.007	-1
75	N44YZ147	0.007	-1
77	N44YZ148	0.007	-1
……	……	……	……
94	N44YZ157	1.425	58
98	N44YZ159	1.432	58
93	N44YZ156	1.487	60
88	N44YZ154	1.507	61
89	N44YZ154	1.547	63
92	N44YZ156	1.584	64
99	N44YZ159	1.610	65
90	N44YZ155	1.835	66
95	N44YZ157	1.708	69
统计参数值	结果总数 n	226	
	中位数值 X_m	0.023	
	Q_3	0.048 475	
	Q_1	0.015 7	
	N_{IQR}	0.024 355	
	Robust Cv(%)	104.528 3	
	极小值	0.006	
	极大值	1.708	
	变动范围	1.701 5	

4.2.5.8　疑似离群数据的分析和判断

疑似离群数据不一定就是离群数据。疑似离群数据需要经过分析和检验后，才能从概率上判定疑似离群数据确为真实离群的可能性。

1)数据标示

根据上节计算的 Z 分值的判断，把高频分布区间外的数据均划分为“疑似离群数据”。

利用 EXCEL 计算工具，在 EXCEL 监测数据报表中选出疑似离群数据，并将其用红色(或其他颜色)标识，同时将所有的疑似离群数据和非疑似离群数据分别以 1 和 0(或者其他能够被数据软件系统识别的代码)进行标示。

2)疑似离群数据的空间示意

将经纬度、站位号、疑似数据代码和正常数据代码输入能够表达地理信息的软件系统中，红色和蓝色分别指示疑似离群数据和正常数据。

3)疑似离群数据的重新划分

有两种类型的疑似离群数据：一种以聚堆站位存在的数据；一种以孤立站位存在的数据。根据其特征可以将二者重新划分。将前者解除疑似，重新划分为正常数据；将后者确定为可疑数据。

(1) 疑似离群数据的解除。具备下述两个特征的疑似离群数据，可解除怀疑，不作为可疑数据。将这些站位的数据从原来划分的样本数据集中剥离，形成新的样本数据集(子集)，如果有需要可以进行新数据集的数据质量评估，此时要注意新的数据集的数量和区域大小对应的站位稀疏程度，如果站位数量不够，可以进行粗略分析，然后在下一年度或者另行建立采样计划进行特殊区域的专门调查。

特征一：出现疑似离群数据的站位很集中。在输出的监测站位图中，表现为出现疑似离群数据的站位标识集中成簇。这样的站位常常出现在河口、港湾等近岸污染热点海域。

特征二：集中出现于某一局部海域的疑似离群数据集合，无量级差别。否则，要做进一步的分析。

(2) 可疑数据的确定。出现于孤立站位的疑似离群数据，即可确定为可疑数据。

4.2.5.9 可疑数据的统计检验

某监测站位出现的可疑数据，采用异常值检验的方法进行甄别。

1)获得历史性监测数据

通过监测数据库，查阅出现可疑数据的监测站位历年的监测数据。将这些监测数据视为一个总体的样本。表 4.4 为北海海区某监测站位亚硝酸盐的历史数据。

表 4.4　可疑数据固定站位亚硝酸盐的历史数据

监测区域	站位编号	经度	纬度	监测日期	水深/m	采样层次/m	采样深度/m	亚硝酸盐-氮/(mg/L)	海区
北海区	A2B21ZQ067	122.108 1	40.59	2011/5/29	5	S	0.5	0.063 2	渤海
北海区	A2B21ZQ067	122.109 1	40.59	2011/8/17	5	S	0.5	0.077 7	渤海
北海区	A2B21ZQ067	122.158 1	40.59	2011/10/12	2	S	0.5	0.029 6	渤海
北海区	A2B21ZQ067	122.158 1	40.59	2012/5/10	1	S	0.5	0.115	渤海
北海区	A2B21ZQ067	122.158 1	40.59	2012/8/8	5	S	0.5	0.298	渤海
北海区	A2B21ZQ067	122.158 1	40.59	2012/10/19	2	S	0.5	0.115	渤海
北海区	A2B21ZQ067	122.158 1	40.59	2013/5/13	1	S	0.5	0.098 6	渤海
北海区	A2B21ZQ067	122.158 1	40.59	2013/8/12	1	S	0.5	0.08	渤海
北海区	A2B21ZQ067	122.158 1	40.59	2013/10/10	1	S	0.5	0.017	渤海
北海区	A2B21ZQ067	122.158 1	40.59	2014/5/17	1	S	0.5	0.0445	渤海
北海区	B21ZQ067	122.158 1	40.59	2007/5/20	3	S	0.5	0.177	渤海
北海区	B21ZQ067	122.158 1	40.59	2007/8/18	1.7	S	0.5	0.088 8	渤海
北海区	B21ZQ067	122.158 1	40.59	2007/10/9	2.4	S	0.5	0.048 7	渤海
北海区	B21ZQ067	122.158 1	40.59	2008/5/11	2	S	0.5	0.015	渤海
北海区	B21ZQ067	122.158 1	40.59	2008/8/6	2	S	0.5	0.022 7	渤海
北海区	B21ZQ067	122.158 1	40.59	2008/10/10	2	S	0.5	0.022	渤海
北海区	B21ZQ067	122.158 1	40.59	2009/5/10	3	S	0.5	0.105	渤海
北海区	B21ZQ067	122.158 1	40.59	2009/8/19	1.5	S	0.5	0.080 4	渤海
北海区	B21ZQ067	122.158 1	40.59	2009/10/22	1.8	S	0.5	0.048 6	渤海
北海区	B21ZQ067	122.158 1	40.59	2010/5/27	1.2	S	0.5	0.049 7	渤海
北海区	B21ZQ067	122.158 1	40.59	2010/8/23	5	S	0.5	0.096 8	渤海
北海区	B21ZQ067	122.158 1	40.59	2010/10/17	3	S	0.5	0.069 1	渤海

2)可疑数据的 Dixon 检验

可疑数据的 Dixon 检验步骤如下。

(1)将出现可疑数据监测站位的历史监测数据 $X_i(i=1, 2, \cdots, n)$按递增的顺序排列。

(2)按照表 4.5 所列公式，计算统计量 Q。

表 4.5 Dixon 检验统计量(Q)计算公式

n 值范围	可疑数值为最小值 X_1 时	可疑数值为最大值 X_n 时
3~7	$Q_{10}=\frac{X_2-X_1}{X_n-X_1}$	$Q_{10}=\frac{X_n-X_{n-1}}{X_n-X_1}$
8~10	$Q_{11}=\frac{X_2-X_1}{X_{n-1}-X_1}$	$Q_{11}=\frac{X_n-X_{n-1}}{X_n-X_2}$
11~13	$Q_{21}=\frac{X_3-X_1}{X_{n-1}-X_1}$	$Q_{21}=\frac{X_n-X_{n-2}}{X_n-X_2}$
14~25	$Q_{22}=\frac{X_3-X_1}{X_{n-2}-X_1}$	$Q_{22}=\frac{X_n-X_{n-2}}{X_n-X_3}$

(3)在显著性水平 α = 0.05 时，根据监测站位历年监测数据量 n，查表 4.6 [Dixon 检验临界值(Q_α)表]，获得临界值 $Q_{0.05}$。

表 4.6 Dixon 检验临界值(Q_α)表

n	显著性水平(α)			n	显著性水平(α)		
	0.10	0.05	0.01		0.10	0.05	0.01
3	0.886	0.941	0.988	15	0.472	0.525	0.616
4	0.679	0.765	0.899	16	0.454	0.507	0.595
5	0.557	0.642	0.780	17	0.438	0.490	0.577
6	0.482	0.560	0.698	18	0.424	0.475	0.561
7	0.434	0.507	0.637	19	0.412	0.462	0.547
8	0.479	0.554	0.683	20	0.401	0.450	0.535
9	0.441	0.512	0.635	21	0.391	0.440	0.524
10	0.409	0.477	0.597	22	0.382	0.430	0.514
11	0.517	0.576	0.679	23	0.374	0.421	0.505
12	0.490	0.546	0.642	24	0.367	0.413	0.497
13	0.467	0.521	0.615	25	0.360	0.406	0.489
14	0.492	0.546	0.641				

(4)若 $Q>Q_{0.05}$，则判定可疑数据为离群数据；否则，为正常数据。

4.2.5.10 离群数据的处理

对离群数据不可简单删除，可进行如下处理(郑琳等，2014；向先全等，2015)。

(1)应对离群数据进行明显标识。

(2)可采用相关性分析等逻辑分析或数学手段，对离群数据进一步分析，并查找和分析产生离群的原因。

(3) 在没有找出离群原因时，应谨慎使用离群数据。

(4)离群数据的处理和使用，应形成记录。

4.3 用于数据质量评估的试验设计和方法

4.3.1 准确性和精密性的评估试验和评估方法

4.3.1.1 评估试验

数据产生单位质量体系技术负责人负责监测数据准确性和精密性的评估实验设计和数据收集。准确性和精密性的评估试验，可采用密码质控样的测定实验进行。为了保证评估结果能够代表整个年度的监测数据准确性和精密性水平，建议密码质控样测定每月进行一次。且在监测人员不知情的情况下，密码质控样与实际监测样品测定同步进行。通过评估试验采集到的评估数据，见表4.7。

表4.7 准确度和精密度评估数据记录表

试验日期							
标称值 测定值 误差							

4.3.1.2 准确度评估

对汇总的准确度数据进行统计分析，从整体上评估数据产生单位的监测数据的准确性。

使用标准参考物质的准确度评估，采用测定值差异显著性检验法；使用样品加标方式的准确度评估，采用回收率差异显著性检验法。

1)测定值差异显著性检验

采用双尾 t 检验法评估测定值与参考值之间的差异程度。对参考值 μ_0 和各测定值 $x_i(i = 1, 2, \cdots, n)$：

按公式计算标准参考物质测试结果的平均值：

$$\bar{x} = \frac{1}{n}\sum x_i \tag{4.19}$$

按公式计算质控样单次测试结果的实验方差：

$$S^2 = \frac{1}{n-1}\sum(x_i - \bar{x})^2 \qquad (4.20)$$

按式(4.6)计算单个测试结果的标准偏差：

$$S = \sqrt{\frac{1}{n-1}\sum(x_i - \bar{x})^2}$$

按式(4.2)计算样本的 t 统计量

$$t = \frac{|\bar{x} - \mu_0|}{\dfrac{S}{\sqrt{n}}}$$

取显著性水平 $\alpha = 0.05$，查 t 值表，查出 $t_{\alpha/2}(n-1)$ 值；

比较 t 与 $t_{\alpha/2}(n-1)$ 值的大小，当 $|t| < t_{\alpha/2}(n-1)$ 时，测定值与真值差异不显著，测定准确度合格；反之，准确度不合格。

上述计算结果记入表 4.8。

表 4.8　准确度评估统计分析结果样表

<table>
<tr><td colspan="5">监测机构</td></tr>
<tr><td colspan="5">监测项目日期：</td></tr>
<tr><td rowspan="14">验证方法及结果</td><td rowspan="8">测定值差异显著性检验法</td><td rowspan="7">标准参考物质</td><td>编号</td><td></td></tr>
<tr><td>参考值</td><td></td></tr>
<tr><td>测定均值</td><td></td></tr>
<tr><td>测定值标准偏差 S</td><td></td></tr>
<tr><td>样本个数 n</td><td></td></tr>
<tr><td>样本 t 统计量</td><td></td></tr>
<tr><td>$t_{\alpha/2}(n-1)$</td><td></td></tr>
<tr><td>检验结果</td><td colspan="2">准确度合格(　)
准确度不合格(　)</td></tr>
<tr><td rowspan="6">回收率置信区间检验法</td><td>回收率均值</td><td colspan="2"></td></tr>
<tr><td>回收率标准偏差 S</td><td colspan="2"></td></tr>
<tr><td>样本个数 n</td><td colspan="2"></td></tr>
<tr><td>样本 t 统计量</td><td colspan="2"></td></tr>
<tr><td>$t_{\alpha/2}(n-1)$</td><td colspan="2"></td></tr>
<tr><td>检验结果</td><td colspan="2">准确度合格(　)
准确度不合格(　)</td></tr>
</table>

2）回收率差异性显著检验法

采用双尾 t 检验法评估回收率与参考值 μ_0（100%）之间的差异程度。

对参考值 μ_0（100%）和各测定值的回收率 x_i（$i=1, 2, \cdots, n$），根据公式计算样本的 t 统计量，根据 t 值表，查显著性水平 $\alpha=0.05$ 下的 $t_{\alpha/2}(n-1)$ 值，当 $|t|<t_{\alpha/2}(n-1)$ 时，回收率差异不显著，测定准确度合格；反之，准确度不合格。上述计算结果记入表 4.8。

4.3.1.3 精密度评估

对汇总的平行样的标准偏差值进行统计分析，从整体上评估数据产生单位的监测数据的精密性。采用单侧 χ^2 检验法评估数据精密度。对各平行样的标准偏差值 x_i（$i=1, 2, \cdots, n$）。

按公式分别计算均值、方差 S^2、标准偏差 S；根据不同的介质，依规范规定的相对标准偏差（σ_0）容许值，用式（4.8）计算样本的统计量 χ^2：

$$\chi^2 = \frac{(n-1)S^2}{\sigma_0^2}$$

取 $\alpha=0.05$，查 χ^2 值表，得 $\chi^2_{\alpha,n-1}$ 值；比较 χ^2 与 $\chi^2_{\alpha,n-1}$，当 $\chi^2<\chi^2_{\alpha,n-1}$ 时，差异不显著，精密度符合要求；计算结果填入表 4.9。

表 4.9 精密度评估统计分析结果样表

监测机构	日期：	
监测项目		
统计量	样本个数 n	
	均值	
	方差 S^2	
	标准偏差 S	
	统计量 χ^2	
	$\chi^2_{\alpha,n-1}$	
检验结果	精密度合格（ ） 精密度不合格（ ）	

4.3.2 可比性的评估试验和评估方法

可比性评估采用稳健统计技术（或称 Z 分法）。

实验室内可比性的评估，采用该实验室提交的标准物质的测定值、回收率的测定值或平行样标准偏差的测定值进行评估；实验室间可比性的评估，通过不同实验室同一样品测量值之间的吻合程度来评估。

4.3.3 完整性的评估内容

完整性核查包括获取的监测数据及相关信息，与监测方案的符合性核查、形式格式核查以及质控数据核查。依照表 4.10 所列各项内容，逐一进行核查，全部通过，则符合完整性要求；反之，则不符合要求(郑琳等，2014；向先全等，2015)。

表 4.10 数据完整性核查内容列表

核查内容	
监测数据与方案符合性核查	监测站位是否遗漏？ 监测项目是否齐全？ 监测数据是否齐全？
数据形式、格式核查	有效数字表达是否正确？ 计量单位是否正确？ 数据记录是否规范？
质控数据核查	质控样数据是否齐全？ 未检出数据是否提供检出限信息？ 是否通过三级审核？

通过质控样精密度和准确度符合性核查以及数据完整性核查后，可以将监测数据和质控数据上报。

4.3.4 代表性的评估方法

4.3.4.1 确定评估的数据集

根据监测的区域、介质和要素确定监测数据集，作为代表性评估的样本。

4.3.4.2 确定监测数据高频分布区间

采用 Z 分法确定数据集的高频分布区间。计算 Z 值。选择 $Z=2$ 作为高频分布区间上限，$Z=-2$ 作为高频分布区间的下限。

将数据集 Z 值集中分布的区间(−2，2)作为高频分布区间；而将分布在高频分布区间之外的数据作为疑似离群数据。

4.3.4.3 疑似离群数据的空间分析

输出数据集的监测站位图，并标识疑似离群数据站位以示区别。同时具备以下两个特征的疑似离群数据可解除怀疑，作为正常数据。反之为可疑数据。

4.3.4.4 高频分布区域数据的空间检验

使用地理信息系统(GIS)，绘制高频分布区域数据的平面分布图，观察有无异常斑点，结合污染源、海流、相关性等进行合理性评判，并与数据产生单位核实原始记录。如仍无合理解释，则判定为可疑数据。

4.3.4.5 可疑数据的时间检验

从监测数据库中提取出可疑数据监测站位的历史监测数据。将可疑数据与这些历史监测数据作为一个数据样本，采用 Dixon 法进行检验。检验步骤如下。

(1) 将可疑数据及其对应的监测站位历史监测数据 $x_i(i = 1, 2, \cdots, n)$ 按递增的顺序排列。

(2)按照表 4.5 所列公式，计算统计量 Q。

(3)在显著性水平 $\alpha=0.05$ 时，查 Dixon 检验临界值表，获得临界值 $Q_{0.05}$。

(4)在显著性水平 $\alpha=0.01$ 时，查 Dixon 检验临界值表，获得临界值 $Q_{0.01}$。

(5)若 $Q>Q_{0.05}$，则判定可疑数据为离群数据，否则为正常数据。

4.3.4.6 处理建议

数据代表性评估统计量记录入表 4.11 中。经评估为离群数据的监测数据，建议按下述步骤处理。

(1)对离群数据进行明显标识。

(2)分析查找离群数据产生的原因，作为离群数据的处理依据。

(3)若 $Q_{0.05}<Q<Q_{0.01}$，谨慎使用离群数据。

(4)若 $Q>Q_{0.01}$，不使用离群数据。

表 4.11 监测数据代表性评估统计表

调查区域	
评价目标	
站位数	
数据个数	

续表

调查区域	
中位值	
高频分布区间数据个数	
疑似离群数据百分数(%)	
可疑数据百分数(%)	
离群数据百分数(%)	
备注	

4.4 数据质量评估程序和管理

4.4.1 数据产生单位的质量评估程序和内容

4.4.1.1 质控样精密度和准确度符合性核查

特殊项目的特殊要求如果严格于表中规定，应按照严格的规定进行核查。

1)精密度

对平行样测试数据进行统计，按下式计算其相对偏差(S_D)：

$$S_D = [\,|A - B|\,/(A + B)\,] \times 100\% \tag{4.21}$$

式中：A、B——平行样的测试结果。

若相对偏差S_D值在各环境介质平行双样相对偏差表(表4.12至表4.14)容许限值内，其精密度则符合要求；反之，则不符合要求[《近岸海域环境监测规范》(HJ 442—2008)，《海洋监测规范》(GB 17318—2007)]。

表4.12 海水平行双样相对偏差表

分析结果所在数量级	10^{-4}	10^{-5}	10^{-6}	10^{-7}	10^{-8}	10^{-9}	10^{-10}
相对偏差容许限(%)	1.0	2.5	5	10	20	30	50

注：引自《海洋监测规范 第2部分：数据处理与分析质量控制》(GB 17378.2—2007)。

表4.13 沉积物平行双样相对偏差表

分析结果所在数量级	10^{-4}	10^{-5}	10^{-6}	10^{-7}	10^{-8}	10^{-9}
相对偏差容许限(%)	4	8	15	20	30	40

注：引自《海洋监测规范 第5部分：沉积物分析》(GB 17378.5—2007)。

表 4.14　生物平行双样相对偏差表

分析结果所在数量级	10^{-4}	10^{-5}	10^{-6}	10^{-7}	10^{-8}	10^{-9}
相对偏差容许限(%)	4	8	15	20	30	40

注：引自《海洋监测规范 第6部分：生物体分析》(GB 17378.6—2007)。

2)准确度

对加标样或标准参考物质样品的测试结果进行统计，计算回收率数据。若回收率在各环境介质回收率容许值表(表4.15)规定的容许限值内，其准确度则符合要求；反之，则不符合要求[《近岸海域环境监测规范》(HJ 442—2008)，《海洋监测规范》(GB 17318—2007)]。

表 4.15　回收率容许值表

介质	浓度或含量范围	回收率(%)
海水	<100 μg/L	60~110
	>100 μg/L	80~110
	>1 000 μg/L	90~110
	容量及重量法	95~105
沉积物、生物体	$<10^{-7}$	60~110
	$>10^{-7}$	80~110
	$>10^{-6}$	90~110

4.4.1.2　完整性核查

完整性核查包括获取的数据及相关信息，与监测方案的符合性核查、形式格式核查以及质控数据核查。依照表4.10所列各项内容，逐一进行核查，全部通过，则符合完整性要求；反之，则不符合要求(向先全等，2015)。

4.4.1.3　数据上报

通过质控样精密度和准确度符合性核查以及数据完整性核查后，可以将监测数据和质控数据上报。

4.4.2　数据汇集单位的质量评估程序和内容

数据汇集单位在接收到全部监测数据后，应该参考前述方法，对汇交数据的准确性、精密性、可比性、完整性和代表性进行全面评估。

4.4.3 数据质量评估报告管理

各监测单位的数据质量评估工作应该在质量技术负责人的组织下开展。形成的数据质量评估报告应报告单位业务负责人并存档。上报监测数据时，数据质量报告与监测数据一并上报数据汇集单位。

思考题

1. 简述海洋环境监测数据质量评估指标中准确性评估方法。
2. 简述海洋环境监测数据质量评估指标中精确性评估方法。
3. 简述海洋环境监测数据质量评估指标中可比性评估方法。
4. 简述海洋环境监测数据质量评估指标中代表性评估方法。
5. 简述海洋环境监测数据质量评估指标中完整性检查所涵盖的内容。

参考文献

蒋子刚，顾雪梅，1991. 分析测试中的数理统计和质量保证[M]. 上海：华东化工学院出版社.

梁晋文，陈林才，何贡，2001. 误差理论与数据处理(修订版)[M]. 北京：中国计量出版社.

向先全，路文海，杨翼，等，2015. 海洋环境监测数据集质量控制方法研究[J]. 海洋开发与管理，1：88-91.

张大年，郑剑，李定邦，1992. 环境监测系统及原理[M]. 上海：华东化工学院出版社.

郑琳，刘艳，崔文林，等，2014. 海洋监测数据质量评估系统研究[J]. 海洋开发与管理，2：34-38.

中国环境监测总站，1994. 环境水质监测质量保证手册(第二版)[M]. 北京：化学工业出版社.

第 5 章　标准物质

本章主要对标准物质的概念、分类、管理、应用作用和发展状况进行了介绍。标准物质是具有一种或多种足够均匀和很好确定了的特性值，用以校准仪器、评价测量方法或给材料赋值的材料或物质，是海洋环境监测数据产生过程中不可或缺的物质材料之一。掌握本章的内容，对于精准溯源海洋监测数据，提高其数据质量，具有重要支持作用。

5.1　标准物质概述

分析测量是人类认识自然和改造自然的一种基本技术手段，是人们为了解物质的属性与特征而开展的科学技术活动之一，是自然科学技术研究与发展的前提和基础。当前，分析测量活动及其结果已经广泛渗透于人类生活的各个方面，与国民经济的关联度极大。因此，不断提高分析测量结果的质量，提高结果的可靠性和有效性，使其能够满足使用目的的要求，具有十分重要的意义。而具有一种或多种足够均匀和很好确定了的特性，用于校准测量装置，评价测量方法或给材料赋值的标准物质，可为分析测量结果的质量提供重要保证，为分析测量发展提供重要技术支撑。

5.1.1　定义

关于标准物质的定义最早是在 1968 年第三届国际法制计量大会上被颁布的，经过相关国际组织多次的讨论后，终于在《ISO 导则 30》和《计量学词汇》(第二版)中对标准物质(RM)和有证标准物质(CRM)进行了定义。此定义也被收入进我国国家计量技术规范《标准物质常用术语和定义》(JJF 1005—2005)中。

几个重要概念介绍如下。

(1)标准物质(RM)：具有一种或多种足够均匀和很好确定了的特性值，用以校准仪器、评价测量方法或给材料赋值的材料或物质。标准物质在国际上又可称为参考物质，可以是纯的或混合的气体、液体或固体。

(2)有证标准物质(CRM)：附有证书的标准物质，其一种或多种特性值由建立了溯源性的程序确定，使之可溯源到准确复现的用以表示该特性值的计量单位，而且每项出证的特性值都附有给定置信水平的不确定度。

在2005年国际标准化组织/标准物质委员会(ISO/REMCO)年会上又对标准物质和有证标准物质进行了重新的定义。

(3)标准物质(RM)：是相对于一种或多种已确定并适合于测量过程中的预期用途的特性足够均匀、稳定的物质。

(4)有证标准物质(CRM)：是标准物质中的一个特殊类别，用计量学上有效程序对一种或多种特性定值，附有提供了特性量值、量值不确定度和计量学溯源性描述的证书。在我国纳入依法管理的标准物质也称为有证标准物质。

此外，在我国国家计量技术规范《标准物质常用术语和定义》(JJF 1005—2005)中还有基准标准物质的概念："基准标准物质：具有最高计量学特性、用基准方法确定特性量值的标准物质，简称基准物质"。基准物质一般是由国家计量实验室研制，其量值可以溯源到SI单位，并经国际计量组织国际比对验证，取得了等效度的[《标准物质常用术语和定义》(JJF 1005—2005)]。

5.1.2 相关术语

(1)基准标准物质：具有最高计量学特征，用基准方法确定特性量值的标准物质。简称基准物质(primary reference material，PRM)。

(2)定值：对于标准物质预期用途有关的一个或多个物理、化学、生物或工程技术等方面的特性量值的测定。

(3)均匀性：与物质的一种或多种特性相关的具有相同结构或组成的状态。

(4)最小取样量：在规定的分析测量条件下，保证标准物质均匀的最少的样品量。

(5)稳定性：在特定的时间范围和储存条件下，标准物质的特性量值保持在规定范围内的能力。

(6)有效期限：在规定的储存和使用条件下，保证标准物质的特性量值稳定的最长期限。

(7)样品：从某批标准物质中抽取的有代表性数量的物质。

(8)标准物质认定：通过溯源至准确复现表示特性量值单位的过程，以确定某材料或物质的一种或多种特性量值，并发放证书的程序。

(9)标准物质证书：陈述标准物质一种或多种特性量值及其不确定度，证明已执行保证其有效性和溯源性必要程序的有证标准物质的文件。

(10)认定报告：提供详细信息和证书补充内容，例如物质的制备、测量方法、影响准确度的因素、结果的统计处理以及建立溯源性的方式等的文件。

(11)认定机构：具有出据符合《ISO 导则 31》要求的标准物质证书技术资质的机构。

(12)有证标准物质研制者：具有技术资质并满足《ISO 导则 34》要求，按照《ISO 导则 31》和《ISO 导则 35》所详述的一般原则和统计学原理来研制有证标准物质的组织或机构。

(13)认定值：有证标准物质证书上表明的附有不确定度的量值。

(14)未认定值：有证标准物质证书中或其他来源提供参考信息的量值，该量值未经研制者或认定机构认定。

(15)公议值：由实验室间检验取得或由适当的机构或专家协议所得的标准物质的特性量值。

(16)认定值的不确定度：附在一个量的认定值后的估计值，它表示“真值”以规定的置信水平被判定落在其中的量值范围。

(17)精密度：在规定的条件下所获得的多次独立测试结果之间的一致程度。

(18)准确度：测量结果和真值之间的一致程度。

(19)采纳的参考值：各方同意的、用于比较的参考值。它可以是：①基于科学原理的理论值或实测值；②根据某个国家或国际组织的实验工作而赋予的值；③根据某一科学或工程小组主持的合作实验工作所一致同意的公议值。

(20)溯源性：通过一条具有规定不确定度的不间断的比较链，使测量结果或测量标准的值能够与规定的参考标准，通常是与国家测量标准或国际测量标准联系起来的特性。

(21)实验室间检验：由多家实验室对给定物质样品各自独立地开展一个或多个量的系列测量活动。

(22)测量标准：为了定义、实现、保存及复现量的单位或一个或多个量值，用作参考的实物量具、测量仪器、标准物质或测量系统。

(23)国家测量标准：经过国家决定承认的测量标准，在一个国家内作为对有关量的其他测量标准定值的依据。

5.1.3 标准物质的特性及要求

标准物质是以特性量值的准确性、均匀性和稳定性等特性为主要特征的。

5.1.3.1 认定量值准确性

标准物质具有量值准确性的特点。标准物质的标准值是对其真值的最接近的估计。在标准物质的研制中，研制者是按照具有溯源性的测量程序来对其特性量检测定值的，通过对标准物质定值得到的标准值其不确定度是一个范围，是用区间来表示的。

通常标准物质证书中会同时给出标准物质的标准值和计量的不确定度，不确定度的来源包括称量、仪器、均匀性、稳定性、不同实验室之间以及不同方法所产生的不确定度，均需计算在内。

5.1.3.2 材质均匀性

均匀是相对的，而不均匀是绝对的。因此，所谓均匀性是指物质各部分之间的特性量值不能用试验方法“准确地”检测出来。这样均匀性的实际概念就涉及物质本身的特性、所用测量方法的精密度和样品的大小等因素。因此，标准物质的均匀是对给定的取样量而言的。通常，标准物质均匀性检验的最小取样量一般都会在标准物质证书中给出，作为使用时的最小取样量。

5.1.3.3 量值稳定性

稳定性是指标准物质在指定的环境条件和时间内，其特性值保持在规定的范围内的能力。我国规定一级标准物质的稳定性一般应大于 1 年。

5.1.4 标准物质的分级

标准物质是进行量值传递，实现测量准确一致的手段之一。标准物质量值传递系统如图 5.1 所示。

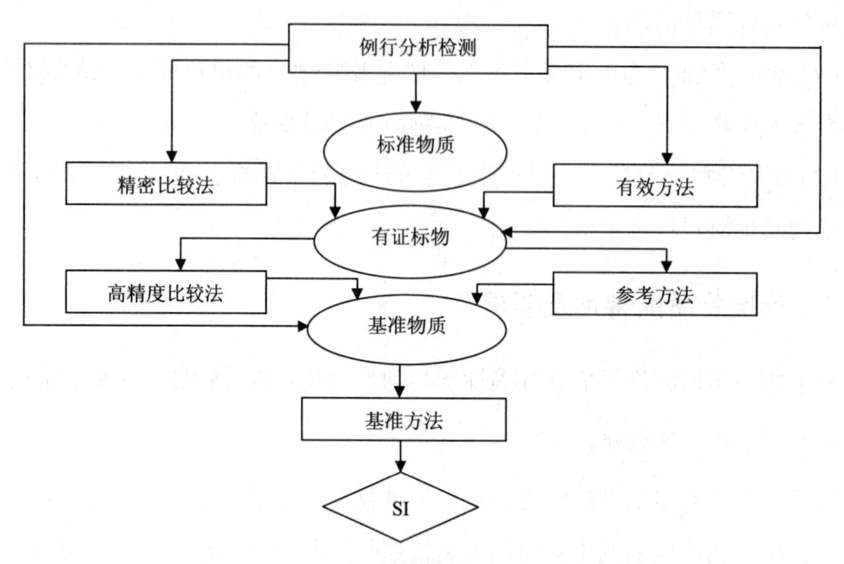

图 5.1　标准物质量值传递系统

由图 5.1 可以看出，在量值传递溯源体系中，不同等级的标准物质构成了体系的层级。

5.1.4.1　国际单位制(SI)

国际单位制是“国际计量大会采纳的基于国际计量制的一贯单位制，它们的名称和符号、一系列的词头及其名称和符号以及它们的使用规则。”SI 基本测量单位是统一标准物质量值的“标度”，它体现了测量的最高准确度，是确定标准物质量值并进行传递溯源的基础。

国际单位制建立在 7 个基础量和基本单位的基础上(表 5.1)。

表 5.1　国际单位制

基本量名称	基本单位	
	名称	符号
长度	米	m
质量	千克	kg
时间	秒	s
电流	安培	A
热力学温度	开尔文	K
物质的量	摩尔	mol
发光强度	坎德拉	cd

5.1.4.2　基准物质

在标准物质系统中，基准标准物质是一类具有最高计量学品质的标准物质。

基准标准物质作为最高的化学测量标准的组成部分，主要用于在高端建立分析测量结果对SI单位的溯源性。应该注意的是，这种高端对SI单位的溯源关系并不是对每一种物质的测量都一一建立的，也没有必要一一建立，而是分类建立起来的。这样既可以在保证测量质量需求的情况下，大大地节约本来就稀缺的计量科学资源，又简化了应用条件。

基准标准物质一般具备以下主要特点。

(1)易于制备和获得。

(2)化学纯度高(100%±0.02%)。

(3)稳定性好。

(4)非常均匀。

(5)不吸潮，不风化。

(6)易溶解。

(7)当量高(以减小称重误差)。

(8)滴定时能够进行准确的化学剂量反应。

5.1.4.3　基准测量方法

基准测量方法是具有最高计量学品质的测量方法，它的操作可以完全被描述和理解，它的测量不确定度可以用SI单位表述，测量结果不依赖被测量的测量标准。

国际计量学相关讨论中提出，在物质的量测量方法中，可能成为潜在的基准方法有以下几种：① 同位素稀释质谱法；② 库仑法；③ 重量法；④ 滴定法；⑤ 冰点下降测定法；⑥ 量热法；⑦ 光腔衰荡光谱法；⑧ 仪器中子活化分析。

5.1.4.4　有证标准物质和标准物质

各国有证标准物质等级划分不尽相同(全国标准物质管理委员会，2010)。我国将有证标准物质分为两个等级，一级标准物质(相当于大多数国家的有证标准物质)和二级标准物质(相当于大多数国家的工作标准物质)。截至2013年，原国家质量监督检验检疫总局批准、发布了一级标准物质1 939种，二级标准物质5 425种。

1）一级标准物质

采用绝对测量法或有两种以上不同原理的准确可靠的测量方法对其特性量值进行计量，其不确定度处于国内的最高水平，或在国际上达到同等标准物质的先进水平的。一般一级标准物质主要用于对二级标准物质或其他物质进行定值[《标准物质定值的通用原则及统计学原理》（JJF 1343—2012）]，或用来检定、校准高准确度的设备仪器，或用其来评定和研究标准方法[《一级标准物质技术规范》（JJF 1006—1994）]。

2）二级标准物质

采用与一级标准物质进行比较测量的方法或用一级标准物质的定值方法来定值或其他准确可靠的方法对其特性量值进行计量，其不确定度和均匀性虽未达到一级标准物质的水平，但能够满足日常计量工作需要的，主要用于工作标准或用于现场方法的研究和评定，见表5.2。

表5.2 一级和二级标准物质的比较

比较项目	一级标准物质	二级标准物质
生产者	国家计量机构或者由国家计量主管部门确认的机构	国家计量机构或者由国家计量主管部门确认的机构
特性值计量方法和定值方法	1. 定义法计量定值； 2. 两种或许两种以上不同原理的定值方法计量定值； 3. 多家实验室协同定值	1. 两种或者两种以上不同原理的定值方法计量定值； 2. 多家实验室协同定值； 3. 用精密计量法与一级标准物质直接比较定值
稳定性	至少一年	要求略低一年左右或几个月
均匀性	取决于使用的要求	取决于使用的要求
准确度	根据使用要求尽可能达到较高的准确度	高于现场使用的要求
主要应用领域	1. 计量器具的校准； 2. 标准计量方法的研究与评价； 3. 二级标准物质的鉴定与定值； 4. 高准确度计量的现场应用	1. 计量器具的校准； 2. 现场计量方法的研究与评价； 3. 日常一般的分析、计量的质量控制（现场应用）

5.1.5 标准物质的分类

标准物质的品种和数量有很多，应用也非常广泛，因此将标准物质进行分类是非常有必要的。

标准物质的分类方法有很多种，有按学科专业分类的，有按技术特征分类的，也有按准确度分类的。我国发布的标准物质目录是按专业领域的分类方法。将标准物质分为钢铁、化工产品、临床化学与医药等13大类，见表5.3。

若按技术特征分类，表5.3可以将标准物质分为3类：化学成分标准物质，如金属、化学试剂等；理化特性标准物质，如离子活度、黏度标样等；工程技术标准物质，如橡胶、音频标准等。

表5.3　一级和二级标准物质分类及分布

序号	类别	一级标准物质	二级标准物质
1	钢铁	241	67
2	有色金属	153	11
3	建材	35	2
4	核材料	118	11
5	高分子材料	2	3
6	化工产品	31	221
7	地质	238	63
8	环境	135	434
9	临床化学与药品	35	19
10	食品	5	11
11	煤炭，石油	25	18
12	工程	4	16
13	物理	71	187

5.1.6　标准物质的编号及证书

对标准物质的管理，原国家质量技术监督局制定并发布了《标准物质管理办法》《一级标准物质的技术规范》(JJG 1006—1994)、《标准物质证书编写规则》《一级标准物质编号办法》和《关于制备标准物质办理许可证的具体规定》等标准物质管理法规。近年来，原国家质量监督检验检疫总局又发布了《标准物质常用术语和定义》(JJF 1005—2005)、《标准物质认定证书和标签内容编写规则》(JJF 1186—2007)和《标准物质研制报告编写规则》(JJF 1218—2009)等一系列技术文件，对标准物质的申报、技术审查、定级、批准发布都做出了明确的严格规定。

现行的《标准物质管理办法》是1987年由原国家计量局根据《中华人民共和国计量法实施细则》第六十一条和第六十三条的规定，组织制定并批准发布的，凡向外单位供应标准物质的制造以及标准物质的销售和发放，必须遵守此办法的各项规定(郭爱华等，2015)。

5.1.6.1 标准物质的编号

我国较早就开始研制生产标准物质，为统一规范、归口管理，原国家计量局颁布[(84)量局准字第38号]文件规定，原国家计量局是统一审批颁布国家标准物质的国务院计量行政部门(现为国家市场监督管理总局)。规定国家标准物质从汉语拼音“Guo Jia Biao Zhun Wu Zhi”中“Guo”“Biao”“Wu”三个字的开头第一个字母作为国家标准物质的代号GBW，以汉语拼音字母大写印刷体(白体)书写或印刷。

标准物质编号格式是：GBWXYZU。其中，GBW为标准物质代号，X为大类号(两位阿拉伯数字)，Y为小类号(一位阿拉伯数字)，Z为顺序号(两位阿拉伯数字)，U为标准物质生产批号(一位阿拉伯数字)。标准物质代号/GBW冠于编号前，编号前两位是标准物质大类号，分类顺序与标准物质目录编辑顺序相一致。第三位数是标准物质小类号，每大类标准物质分19个小类。第四、第五位是同一类标准物质按审批时间先后顺序排列的顺序号。最后一位是标准物质生产批号，用英文小写字母表示，批号顺序与英文字母顺序一致。

国家标准物质定级分为一级或二级，一级标准物质代号GBW，二级标准物质在GBW后面加上二级的汉语拼音中“Er”字的字头“E”，并加小括号，以GBW(E)表示。二级标准物质的分类号和分类名称与一级标准物质相同[《标准物质常用术语和定义》(JJF 1005—2005)]。

5.1.6.2 标准物质证书

国家一级、二级标准物质须经国务院计量行政部门审批颁布，获得标准物质定级证书的研制或生产单位，在销售标准物质时，必须向用户提供标准物质证书[《标准物质认定证书和标签内容编写规则》(JJF 1186—2007、《标准物质研制报告编写规则》(JJF 1218—2009)]。

标准物质证书是介绍标准物质的一种技术文件，也是研制或生产单位向用户承诺的一份质量保证书[《标准物质认定证书和标签内容编写规则》(JJF 1186—2007)]。

1) 标准物质证书的内容与说明

(1) 介绍该标准物质的组成特征、技术特性与应用范围等。

(2) 最小包装单元的规格和发售形式。

(3) 简单介绍制备标准物质的原材料来源、制备方法、制备程序和注意事项。

(4) 简单介绍标准物质特性量值的测量方法。

(5) 若该标准物质特性量值较多，可以列表给出。

(6) 提供被确定的标准物质特性量值(标准值)及其不确定度，注明不确定度的来源。

(7) 简单介绍均匀性检验方法和检验结果，同时给出最小取样量。

(8) 扼要说明该标准物质的使用方法及储备条件。

(9) 列出参加该标准物质的研制或生产单位。

(10) 向用户介绍必要的参考文献。

2) 标准物质证书封面的内容

(1) 标准物质名称应简明、准确地表达该标准物质的性质和特征。

(2) 编号按国务院计量行政部门标准物质编号办法统一给定。

(3) 标明该标准物质被确定的特性量值。

(4) 如果被确定的特性量数值较多，可以在标准物质证书的内容与说明中列表示出。

(5) 标明该标准物质有效使用的最终日期。

(6) 为便于对标准物质进行监督检验，标出该标准物质最小包装单元的批号，批号由研制或生产单位自定。

(7) 封面为通用格式。

5.2 标准物质的作用与应用

标准物质是量值传递的一种重要手段，是统一全国量值的法定依据。标准物质作为具有准确量值的计量标准，可以在不同国家地区不同时间阶段保证测量结果的可比性、一致性，是化学计量中的重要组成部分，也是一种保证量值传递和溯源的重要手段。

标准物质可以作为计量标准来对仪器设备进行检定和校准，可以作为比对标准用来考核仪器设备和测量方法的准确性，考核各实验室间测量结果的一致性以及被用于仲裁检定等。

标准物质在质量监控方面有很大的作用。标准物质是具有特性量值准确、均匀性及稳定性良好等特点的计量标准，它在时间上能保持特性量值，它也能在空间上传递和溯源量值，因此通过对标准物质的使用可以使各种测量结果获得量值溯源性。在生产过程中使用相应的标准物质可以保证整个生产过程处在良好的控制状态当中，可以很有效地控制产品的质量。

标准物质在促进分析技术发展方面也起着很大的作用。由于标准物质其特性量是已知的，因此可以用来验证和评价检测这些特性的分析方法，判断这些方法的准确性和适应性，从而不断促进检测方法的改进和测试技术的发展。

标准物质也可以用来评价和考核实验室中操作人员的工作质量，作为衡量实验室检测人员工作水平的一个依据。

标准物质在计量认证方面也起到不小的作用。在对不同实验室进行计量认证的时候，可以用同一种标准物质作为一个保证质量体系的指标，来检测各实验室的技术水平，从中评价出计量认证合格的单位，从而保证这些单位所出具的检测结果是准确可靠的，是具有权威性的。标准物质由于其自身的特性在很多基础领域中都发挥着无比重要的作用，是任何其他物质所无可替代的[《标准物质选择与应用》(JJF 1507—2015)]。

由于标准物质有其不可替代的作用，因此它的应用非常广泛(全浩等，2003)。标准物质是量值传递的基础，其具体应用包括以下几个方面。

5.2.1 验收、校准分析仪器

实验室的各种仪器，都应由国家法定计量检定部门按规定的周期进行检定，在仪器的验收及校核工作中，也需使用标准物质来考核仪器测量值的准确度和精密度。用标准物质验收、校准仪器非常方便，并且能避免系统误差。

5.2.2 实验室的能力验证

在很多相关的实验室认证中，标准物质是用来考核实验室检测人员的技术水平的，是质量保证体系中很重要的一环。

实验室的分析测试人员的素质、技术水平及工作的熟练程度，是所出具的数据可靠性的关键。分析测试人员的技术水平不仅应从拥有的理论水平、解决问题的能力等方面进行考核，还应从实际操作技能进行考核。出具数据的准确性同样也是考核实验室测试水平的核心之一。公认的最有效、最简便的办法是应用标准物质来进行考核。因此，出具的测试标准物质的数据结果，可作为评判分析测试人员的技术水平合格与否的最主要依据。参加计量认证都必须采用标准物质对化学分析测试人员进行现场操作考核。

根据《检测和校准实验室能力认可准则》(ISO/IEC 17025：2005)规定，影响校准或检验的准确性或有效性的各类检测项目的检测能力都是要进行验证的，以评判该实验室是否符合国家合格评定委员会的评定要求。

5.2.3 工作标准溶液的核校

由于化学分析多采用相对法，通过校准曲线得到检测结果，因此用来制作校准曲线的系列浓度工作标准溶液对测量结果是至关重要的。衡量工作标准溶液是否准确，可以将其与标准物质进行比对，应用统计学的方法对这两者在一定置信水平下的差异性进行评判，来确保分析结果是建立在准确可靠的基础上的，使实验室的检测工作具有可溯源性。

5.2.4 质量监控

要保证分析结果的质量，必须搞好质量监控，这是必不可少的一项工作。过去从称量、配制溶液到分装、分发到各有关的化验室和监测站使用，都由中心化验室和中心监测站进行质量监控，自配质控样，这种做法很难保证质控样量值的准确性，也根本无法进行量值溯源，因此难以保证分析数据的质量。1991 年，由国家标准物质中心配制的混合标准物质和溶解性固体总量标准溶液，给各地水厂质量监控带来方便，使许多水厂化验室提高了检测水平，缩小了实验室间的差异。用标准物质监测所分析数据的质量，既简便、有效，又直观、经济。

5.2.5 测量不确定度的评定

无论在何种测量过程中，环境、人员、设备、检测方法等各个因素都是构成不确定度的其中的因子。这些因素中检测设备可以用标准物质来校准，检测方法可以用标准物质来验证，检测人员可以用标准物质来进行考查，因此对于整个测量过程的不确定度的评定，标准物质是非常关键的要素。

5.2.6 对外技术交流

在对外技术交流和技术谈判中，由于国外工程技术人员比较重视对检测数据可靠性的探究，因此，把握好对标准物质的应用并以此为基础进行谈判，会使谈判始终处于有利地位，从而提高商检证书的威信，扩大商检对外的影响，有力地促进了对外贸易的发展。

5.2.7 标准物质使用的注意事项

使用标准物质时，除正确理解标准证书、正确配制标准物质使用液和正确绘制标准物质标准曲线外，还应注意如下事项。

5.2.7.1 标准物质的储存条件

标准物质的储存条件和方式非常重要，对其稳定性和所附量值的准确性有很大的影响。因此，在购买标准物质后，首先应仔细阅读所附标准物质证书中给出的关于储存条件的要求，严格按照规定的要求进行储存，保存时应考虑温度的影响，是否需要冷藏、冷冻、避光等。如在CNCA-14-B08“葡萄酒中铜和胭脂红含量的测定”能力验证项目中，有参加实验室使用德国Dr. 公司生产的纯度为70.0%的胭脂红固体粉末标准物质，该标准物质所附的标准物质证书中给出的储存温度为(20±4)℃，验证结果不令人满意。实验室在不满意结果分析中提到，标准物质在开封使用后放入冰箱中冷藏储存，尤其是后者，固体粉末吸潮严重影响胭脂红的纯度，进而影响葡萄酒中胭脂红含量的检测结果。

5.2.7.2 标准物质的用法

使用的标准物质(标准溶液)应是国家有证标准物质，或者是通过连续的比较链使测量结果与国家(国际)测量标准联系起来的标准物质。标准物质使用人员应详细了解标准物质的使用说明，严格按照检测规程进行操作。如原农业部环境质量监督检验测试中心生产的农药α-666溶液标准物质，在所附标准物质证书中明确标明，该标准物质溶液应在低温和避光条件下保存，使用前于室温下(20±3)℃下平衡，摇匀。因此，标准物质使用人员在使用该标准物质之前，应该先将其在室温下平衡后再使用。

5.2.7.3 标准物质的有效期

标准物质的有效期是标准物质研制单位在规定的储存条件下，经稳定性试验证明，只有特性值稳定的时间间隔才可作为标准物质的有效期。稳定性试验只能说明已经试验的这段时间是稳定的，超过有效期的稳定性情况尚不能确定，因此，标准物质应务必在有效期内使用。需要提及的是，标准物质的有效期是从定值日期开始算起的。

理论上讲，所有标准物质均应在有效期内使用，不推荐使用已经超出有效期限的标准物质。但在有些情况下，如已停产，或标准物质价格较高，难免会考虑使用已超出有效期限的标准物质。此时，标准物质使用者应该通过期间核查、绘制质控图、参加实验室间比对验证量值等方式来判断标准物质的量值是否在规定的不确定度范围内，再酌情使用。

5.2.7.4 标准物质的最小取样量

标准物质的最小取样量是在均匀性研究中规定的。使用标准物质时的实际取样量不应低于标准物质的最小取样量，当小于标准物质的最小取样量时，证书中声明的标准物质特性量值和不确定度等参数可能会由于标准物质的不均匀性而不再有效。如欧盟生产的鱼肉中总汞和甲基汞成分分析标准物质，在所附标准物质证书中标明样品的最小取样量为0.2 g。

5.2.7.5 配制标准物质使用液

用户购买到的标准物质通常浓度较高或者为固体粉末，不能直接使用，应先配制成标准物质使用液再行使用，因此，需要做好稀释配制过程的质量控制。首先，应考虑温度的影响。如原国家钢铁材料测试中心钢铁研究总院生产的铁标准溶液，在所附标准物质证书中标明“本标准溶液是在(20±1)℃时配制，使用时应考虑温度影响，必要时进行温度校准”。其次，考虑量具精度，也就是根据所配制标准物质使用液的精度要求来选择合适精度的计量器具。最后，应考虑量具的检定/校准状态。标准物质称量、稀释过程中使用的计量器具(如天平、移液器、容量瓶等)，应经适当的校准或检定确认符合准确度要求，特别是有机分析中使用的微量注射器和移液枪的误差较大，应注重进行日常校准。

5.2.7.6 绘制标准物质标准曲线

标准物质标准曲线的绘制应从仪器灵敏度、样品浓度、杂质干扰、稀释倍数、相关系数等方面进行考虑。

标准曲线的横坐标(X)表示可以精确测量的变量(如标准溶液的浓度),称为普通变量,纵坐标(Y)表示仪器的响应值(也称测量值,如吸光度、电极电位、色谱峰面积等),称为随机变量。在选择标准曲线最低普通变量时,应考虑仪器的响应灵敏度,并且设置标准曲线样品的标准浓度范围要有一个比较大的跨度,能覆盖被测样品的浓度,即样品的浓度要在标准曲线浓度范围之内,包括上限和下限。而对于S形的标准曲线,尽量要使实验样品的浓度处于中间坡度最陡段,即曲线的直线线段的范围内。另外,标准曲线绘制时,一般使用欲测组分的标准物质,而实际样品的组成却千差万别,必将给测量带来一定的误差,因此在测量过程中应尽量选择与被测样品相同基体的标准物质,并考虑杂质干扰。再者,最好采用倍比稀释法(按一定的比例对一定浓度的溶液进行稀释以得到浓度较低的溶液)配制标准曲线中的标准物质浓度,这样就能够保证标准物质的浓度不会出现较大的偏离。绘制的标准曲线相关系数因实验要求不同而有所变动,但一般来说,相关系数$|\gamma|$至少为0.98,对于有些精度要求高的测定项目,$|\gamma|$至少要0.99,甚至更高。

另外,使用标准物质时,还应注意如下几点。

(1)选用标准物质时,标准物质的基体组成与被测试样接近,这样可以消除基体效应引起的系统误差。

(2)如果没有与被测试样的基体组成相近的标准物质,也可以选用与被测组分含量相当的其他基体的标准物质。

(3)标准物质的化学成分应尽可能与被测样品相同。

(4)标准物质一般应存放在干燥、阴凉的环境中,用密封性好的容器储存。

(5)标准物质的储存应严格按照标准物质证书上规定的执行(否则,可能由于物理、化学和生物等作用的影响,引起标准物质发生变化,导致标准物质失效)。

5.3 标准物质的发展状况

5.3.1 国外状况

1906年,美国国家标准局(NSB)发行了4个铸铁标准物质,正式开启了现代科学技术含义上相关标准物质的发展道路。随后，许多国际组织相继开展了大量的研究工作。国际原子能机构(IAEA)研制出了大量的材料标准物质以及放射性标准物质。欧共体标准物质管理局(BCR)研制出了与人体健康和环境等相关的标准物质达400多种。

1949年，美国地质调查所(USGS)发布了两种岩石标准物质。目前，岩石标准物质的发行机构已多达几十个。1965年，英国科学家Bowen制作出了甘兰粉标准物质。1970年，美国国家标准局又发布了果树叶与牛仔肝标准物质，并于10年后发布橘叶1572与牛肝1577a，并用其将前两种标准物质取代。日本于1929年研制出了钢铁标准物质，到1933年，钢铁标准物质已达几十种。

1990年11月，由7个国家的实验室共同建立国际标准物质信息库(COMAR)，据2008年统计显示，COMAR中已收集了世界上25个国家和地区的有证标准物质生产者200多个和相关的标准物质信息11 466条。

5.3.2 国内状况

我国的标准物质研究起步比较晚，虽然研究历史相对较短，但发展却很迅速(郭爱华等，2015；全国标准物质管理委员会，2010；2011；全浩等，2003；王巧云等，2014；Ricci et al，2016)。1951年我国首先发布了弹簧钢标准物质。随后经过不断研究，越来越多的标准物质被研制出来。截至2008年年底，经国家批准可供使用的标准物质中，一级标准物质共有1 466种，二级标准物质共有3 769种；截至2013年，原国家质量监督检验检疫总局批准、发布了一级标准物质1939种，二级标准物质5 425种。标准物质的研制单位多达200多家，分布于全国28个省、直辖市、自治区。具有关统计，我国被国际标准物质信息库(COMAR)录入的国家一级标准物质共有1 030种。截至2017年，据我国国家标准物质资源共享平台(CNRM)提供的信息，国内研制的标准物质有10 300种，被COMAR录入655种。

我国各类标准物质的发展很不平衡，虽然我国标准物质的整体数量很多，但是品种不全，结构很不合理，在生物、食品、新能源等领域内相关的标准物质不得不依靠进口。另外，由于管理体制的不协调和资源共享的不充分，往往造成重复性的研究，对人力、物力都是浪费。

5.4 标准物质的管理

对于生产过程中的质量控制，研发单位应严格依照国家关于标准物质研制的规定执行。

使用标准物质实验室对标准物质统一细化规范管理，目的是尽可能减少和降低由于标准物质状态失效而产生的风险，及时发现测量设备和标准物质出现的量值失准，确保标准物质在使用和存储过程中的溯源性，防止在存储和处置过程中的环境污染或损坏，以保证其完整性和校准状态的置信度。有效维护实验室和顾客的利益，更好地提高检测数据的准确可靠。

对于使用标准物质的实验室，需要从购买、入库、分发、开封、使用等过程进行质量控制和保证，确保标准物质的有效和准确性，制定标准溶液和其他内部标准物质的制备、标定、验证、储存管理、有效期限及其标识的文件化程序，并保存详细记录。

5.4.1 建立规范各类台账记录

5.4.1.1 标准物质信息台账

实验室的标准物质应建立标准物质台账并及时更新，应包括标准物质名称及编号、批号、浓度及不确定度、定值日期及有效期、定值单位和入账日期。标准物质应有标准物质证书，并可溯源到国家基准或参考基准。

5.4.1.2 领用记录

包括领用日期、领取数量、剩余数量、领用人、发放人。岗位人员无论何时领用标准物质，都应在标准物质发放登记表上登记，管理人员确认。

5.4.1.3 标准物质溯源记录。

包括适用的检测项目、标准物质状态和样品来源，能否溯源到国家基准或参考基准。

5.4.1.4 标准物质使用记录

岗位人员在使用标准物质时，应及时在标准物质使用记录表上登记。包括使用时间、使用人员、有效时间和样品编号。

5.4.1.5 标准物质销毁记录

标准物质应在规定的使用期限内使用，超过期限的作废弃处理，并填写《标准物质销毁登记表》，废弃处理的标准物质不得污染环境，对环境有严重危害的应采取相应安全处置方式，销毁标准物质名称，销毁数量，销毁方式，批准人。

5.4.1.6 标准物质档案

将标准物质按检测项目分类建立档案，包括上述各类记录使用后统一归类存档。

5.4.2 验收和验证

对购置的标准物质首先应当验收。查看标准物质制造商的资质、标准物质生产批准号、生产日期、有效期和不确定度等是否符合要求。检查外观，包装有无异常。采用实验室可能达到的方法对标准物质的准确性进行验证，如与已有的标准物质进行比对分析，测试已知结果的样品等。

5.4.3 标识

标准物质的标识应包括名称、化学式量、浓度及单位、介质、配制日期、有效期、配制人等，对于有证标准物质还应包括标准物质证书号。

5.4.4 标准物质的储存

标准物质应按照其物理和化学特性安全储存，以防止污染或损坏，确保其完整性。当标准物质必须低温冷藏时，实验室应将其存放在冰箱中，并监控、记录冰箱温度。

标准物质开封后，如果证书上明确规定一次性使用，则应严格遵守此规定，不得留存再次使用。

可多次使用的标准物质，在使用时，为了避免沾污、挥发、吸潮、氧化等情况发生，应保持环境清洁、开盖时间尽可能短，取样工具洁净，取样方式正确。用完后将瓶盖盖紧，有外包装的应还原，保持其包装的完整性，然后放回原处或其他妥善位置保存，应有该标准物质的使用记录，以跟踪其使用期间的保持情况。

5.4.5 配制记录

自配标准溶液配制记录应包括：配制溶液名称、化学式量、浓度及单位、介质、配制日期、有效期、配制人、基准试剂的称量记录、稀释定容步骤、标定记录、有证标准溶液的核查记录或标准样品测定记录等。

稀释后使用的有证标准物质配制记录应包括：标准物质证书号、溶液名称、化学式量、浓度及单位、介质、配制日期、有效期、配制人等。

5.4.6 定期核查标准物质参数

核查参数包括种类、级别、介质、浓度含量、有效期、批号、环境条件、储存方法、账物相符等。

(1)定期检查实验室各检测项目所对应的标准物质是否相符。对新增检测项目所对应的标准物质应及时纳入规范管理。

(2)化学分析实验室常用的标准物质有国家一级标准物质，国家二级标准物质，根据检测方法或有关规定对标准物质准确度的要求，选择合适标准物质的级别，在满足工作需要的前提下，最大限度地降低成本。

(3)存放环境条件和有效性。按标准物质证书上规定的环境条件、储存方法进行存放，及时检查是否过期。标准物质的储存环境应保证其特性完整不变。

(4)标准物质所用介质和浓度是否满足检测方法的要求。浓度是否合适，所用的介质对分析是否有影响等。

5.4.7 期间核查

对标准物质定期进行期间核查，并制定期间核查的频度。

(1)对于经常使用的、有效期较短、对检测结果影响较大的标准物质，核查周期应缩短。如果对分析结果可疑，可追溯上次核查的数据及结论。如绘制校准曲线的工作系列用标准物质、校核校准曲线用标准物质、对仪器进行校核和定位用标准物质。对于不常用的标准物质在使用前进行核查。

(2)不常使用的标准物质可以在每次分析检测前进行核查。

(3)化学性能稳定性较好，还未开封的标准物质，原则上延长核查周期。

(4)对已开封的标准物质，包括液体、固体、气体的标准物质，根据实验室自身的条件，选择简便易行、经济合理的核查方法。送有资格的检测机构测试标准样品，检测有足够稳定度的不确定度与被核查对象相近的实验室质量控制样品。

(5)进行实验室内比对分析。不同制造商的同一标准物质相互比对分析，同一制造商的不同批号标准物质相互比对分析，用一级标准物质对二级标准物质进行核查。

(6)核查结果的判定。检测方法对标准物质的要求是否满足，质量保证的有关要求是否满足，核查方法、标准物质参数、标准物质的种类的要求是否满足。

(7)标准物质期间核查是有计划的质量活动，核查结果应形成核查报告，经评审提出是否继续使用和使用范围的建议，并报实验室管理层审核。

5.4.8 管理台账

标准物质管理台账应分为两部分：首先是总体管理要求台账，内容包括监测项目、标准物质名称、储备液浓度、来源、有效期、核查周期、储存条件等；其次是标准溶液管理台账，依据总体管理要求，按照监测项目由分析人员对每一次配制的标准溶液进行登记管理，内容应包括标准物质名称、标准物质证书号、生产批号、浓度、配制日期、有效期、核查日期、核查结果评定等，标准溶液管理台账每一条记录，应与标准溶液的配制记录、期间核查记录相对应。

由于目前一些有机标准物质的缺乏，实验室在实施应急、环评、验收监测中不得不使用色谱纯、分析纯有时甚至是工业纯有机物质自行配制标准(参考)溶液，实验室应详细记录试剂的来源、配制步骤，以便于不确定纯度的评估和必要时追溯。

5.4.9 使用登记

建立标准物质的使用登记，对量值溯源准确、可靠至关重要。建议对于标准物质的使用登记，只对多人使用的、不同批号同时使用的标准物质，实施登记管理，如自动监测校准用标准气体、物理特性的标准物质等。对于专人使用保管的标准溶液，由于其与分析原始记录的对应关系，可以不必进行使用登记。

实验室的标准物质只有按上述要求逐一细化管理，才能更好地实现实验室质量控制和质量保证，提高检测数据准确性、公正性和权威性。

思考题

1. 何谓标准物质和有证标准物质？
2. 简述标准物质的分级及其量值传递系统。
3. 简述标准物质使用的注意事项。
4. 简述标准物质的作用与应用。
5. 简述标准物质的管理。

参考文献

郭爱华，王玮，姜志，等，2015. 理化实验室标准物质的管理[J]. 理化检验(化学分册)，51(2)：239-242.

全国标准物质管理委员会，2010. 标准物质的研制管理与应用[M]. 北京：中国计量出版社.

全国标准物质管理委员会，2010. 中华人民共和国标准物质目录[M]. 北京中国质检出版社.

全国标准物质管理委员会，2011. 标准物质定值原则和统计学原理[M]. 北京：中国质检出版社.

全浩，韩永志，2003. 标准物质及其应用技术[M]. 2 版. 北京：中国标准出版社.

王巧云，何欣，王锐，2014. 国内外标准物质发展现状[J]. 化学试剂，，36(4)：289-296.

RICCI M，LAVA R，KOLEVA B.，2016. Matrix Certified Reference Materials for environmental monitoring under the EU Water Framework Directive：An update [J]. Trends in Analytical Chemistry，76：194-202.

第6章 实验室信息管理系统

本章简要介绍了实验室信息管理系统(Laboratory Information Management Systems，LIMS)的定义与起源、LIMS模型、LIMS原理与功能、LIMS实施前期工作指南、LIMS产品选型以及LIMS计划实施等。所有LIMS都能提供一些基本功能：样品登录、样品跟踪、数据登录、质量保证/质量控制(QA/QC)以及报表功能。这些基本功能对于提高实验室工作效率和管理水平具有重要意义。

6.1 LIMS的定义与起源

LIMS作为现代信息技术、现代管理科学与现代分析技术完美结合的产物。在过去的30年中，全世界的科研人员取得了令人惊叹的技术进展和应用成就，为各种规模实验室高效、科学地运作以及各类信息的存储、交流和二次加工利用提供了强有力的平台，从而促进了实验室及所在企业/机构工作的各个环节能够实现全面量化评价和质量目标管理。目前，LIMS已经成为实验室信息化、自动化的关键技术，并成功地引发了世界各国各行各业的实验室在管理机制、组织结构、测试技术方面的巨大而深刻的变革，因此LIMS被誉为是“重新设计的催化剂(catalyst for re-engineering)”。

6.1.1 LIMS的定义

LIMS是一个不断丰富和发展着的概念，关于其定义一直存在着多种不同的表述，至今尚未有统一的标准定义。

6.1.1.1　LIMS的广义定义

从广义的角度来说，“LIMS是实验室用来科学地管理数据以及将结果发送到指定对象(如客户、主管或者政府管理机构等)的方法，它必须支持整个数据生命周期，包括数据采集、存储、分析、报表和存档等；这些数据可以是手工进行管理，或是采用计算机系统进行自动管理，或是采取部分手工部分计算机化相结合的方式”。

按照这一定义，LIMS主要是实验室数据的科学管理方法，而计算机抑或手工方式只是实现的手段。从这个角度来说，如果某实验室在手工方式下不能够很好地对数据进行科学管理的话，那么即使其试图进行计算机化管理，其效果也将是非常糟糕的。相反的，如果某实验室在手工方式下已经有很好的质量保证实践基础，那么当其转换为计算机化的LIMS系统时就会容易得多。

6.1.1.2　国际对LIMS定义的典型表述

尽管广义上来说LIMS可以有手工方式和计算机方式两种。但是在实践中，LIMS基本上是专指采用计算机系统进行数据自动管理的狭义概念，大多数LIMS定义的表述均属于这一范畴，下面列举几个有代表性的定义。

定义1：LIMS是一个被设计用于分析实验室及其分析样品在线信息的计算机系统。所提供的信息包括：实验室所有样品的当前位置，所有分析当前所处的状态(即尚未开始、正在进行、等待审核以及已经完成)等。这个定义指出了计算机是LIMS的核心，可以提供信息的在线访问，这主要是针对实验室功能管理来说的。因此，时间安排、样品跟踪、提供样品位置以及状态信息等被认为是LIMS的关键功能。而与分析报告、仪器校准、分析质量控制等有关的事项以及实验室中更具科学性的一些其他问题则在该定义中没有涉及。

定义2：LIMS是为分析实验室量体裁衣而开发的数据库系统，目的是整合样品信息(例如来源、批号等)及仪器分析的结果，从而大大减少，管理工作的负担，加速出具最终分析报告的速度。这个定义仅涉及分析实验室通过使用数据库来保存和管理样品信息，未提及任何除此以外的其他类型的实验室。整个定义将实验室的功能浓缩成为分析本身：从仪器采集分析结果，将结果输入到数据库中，最后生成分析报告。但是并没有提及与实验室管理、操作有关的功能。

定义3：一般而言，LIMS能够完成一系列的基本功能，从而大大地促进分析实验室的日常工作，包括工作任务的时间安排、状态检查以及样品追踪、自动进行分析测试数据的结果输入和处理、自动生成报表、进行实验室数据质量保证、分析数据归档保存等。这个定义主要将 LIMS 作为管理分析实验室各项操作的一系列工具的组合，而没有深入讨论和考虑到除此以外的其他类型的实验室，但是与前面两个定义相比更进了一层，因为它提及了分析过程的各个阶段。

上面三个定义共同的不足之处在于，它们都只注重了 LIMS 的最终结果，而没有考虑要求具有哪些功能来达到这样的结果。因此，这些定义只能给读者以 LIMS 实施后的结果与好处的概念，而不能让读者深入地理解那些 LIMS 实施所涉及的具体内容。为了解决上述问题，McDowall 又给出了一个改进了的 LIMS 定义。

定义 4：LIMS 是能够以数据库方式来采集、分析、报告和管理数据及信息的计算机系统，它应当达到 LIMS 模型的要求。

6.1.1.3 国内对 LIMS 定义的典型表述

定义 5：LIMS 即指利用计算机网络技术、数据存储技术、快速数据处理技术来对实验室进行全方位管理的计算机软、硬件系统，通过它实验室可以达到自动化运行、信息化管理和无纸化办公的目的，对实验室提高工作效率、降低运行成本起到至关重要的作用。

定义 6：LIMS 是将实验室的分析仪器通过计算机网络连起来，采用科学的管理思想和先进的数据库技术，实现以实验室为核心的整体环境的全方位管理。它集样品管理、资源管理、事务管理、网络管理、数据管理(采集、传输、处理、输出、发布)、报表管理等诸多模块为一体，组成一套完整的实验室综合管理和产品质量监控体系，既能满足外部的日常管理要求，又保证实验室分析数据的严格管理和控制。

6.1.2 LIMS 的起源

6.1.2.1 LIMS 产生的必要性

各种类型的实验室，无论是研究开发型、过程控制型还是分析测试型，其主要功能都是接受样品、执行分析任务与报告分析结果。作为实验室，其追求的目标包括：①人力与设备资源的有效使用；②样品的快速分析处理；③高质量的分析数据结果。尽管对于不同的实验室一些具体的目标可能会不一致，但所有的实验室其评价标准几乎都是一样的，那就是数据结果的质量以及获得数据的速度，这些标准反映了该实验室的资源利用效率。

作为科学研究和生产技术的重要基础，人们对于分析测试的要求无论是在样品数量、分析周期、分析项目，还是在数据准确性等方面都提出了越来越高的标准。各种类型的实验室无论其规模大小，都在不断地产生大量的信息，这些信息主要是测试分析的结果数据，另外还有许多与实验室正常运行相关的管理型的信息。在许多情况下，实验室需要处理更多的样品，获得更多的数据，但同时实验室分析人员的数量并没有相应地增多。在这种情况下，要获得较高质量的实验数据，必然会加大实验室现有分析人员的工作压力。随着实验室业务量的迅速膨胀、业务规则的日趋复杂以及历史数据的不断累积，实验室信息往往在数量上非常庞大，同时在逻辑上又非常复杂。在这种情况下，如何科学地对海量数据进行保存、管理、维护、传递；对众多客户报告进行生成(制作)、发送；对各台仪器设备进行维护；同时处理好其他实验室中相关的业务、事务、人事等管理问题，就成为现代许多实验室所面临的共同难题。

在传统的人工管理模式下，实验室需要为维护这些信息而耗费大量的人力和物力，但结果往往发现管理效率相当低下，而且总是不可避免地会出现这样那样的错误，因此无法进行实验室信息的快速科学分析，这个问题对于规模较大的实验室尤为突出。这种繁琐、缓慢、需要多次复核的管理模式的结果就是头绪繁多、管理混乱，从而对实验结果的获得造成阻碍。在这种情况下，如果没有采用实验室自动化的话，就必须要求经过严格训练的高素质的科技工作者加入，以最大限度地提高工作效率，来满足实验室的要求。

LIMS 正是在这一背景下应运而生的，并在较短的时间内在全世界范围内迅速得以推广普及。作为集现代化管理思想与计算机技术为一体的用于各行业实验室管理和控制的一项崭新的应用技术，LIMS 的引入能够把实验室的管理水平提升到与信息时代相适应的水平(尚凡一等，2000；沈艺，2006；薛平等，2005；王花梅等，2015；王群，2004)。简要地说，LIMS 的出现迎合了实验室在以下四个方面的需要。

1)管理海量信息

近年来，实验室信息呈现出了爆炸性增长的趋势，部分的原因可以归结为以下几个方面。

(1)实验室业务量的猛增。

(2)管理部门对于实验室的分析流程和日常运行提出了更高的要求，例如美国的食品药品管理局（FDA）、美国国家环境保护局（EPA）近年来对实验室管理目标提出了更为严格的要求。

（3）仪器自动化使得分析数据的高速采集成为可能，并且通过仪器自动计算所得到的衍生数据的量亦大大增加，这样在较短的时间内就会由自动化仪器产生出大量的数据。

（4）对于质量控制（QC）的要求进一步提高，需要对数据进行深入的统计分析，包括统计质量控制（Statistical Quality Control，SQC）和统计过程控制（Statistical Process Control，SPC）程序，因而对数据的采集、保存、查询、分析、报告以及归档提出了更高的要求。

LIMS的出现，可以帮助组织保存实验室数据，辅助实验室的质量保证实践，实现与本公司内部其他部门之间的信息交流。相关的功能包括：建立与实验室仪器设备之间的数据接口从而高速地采集分析数据，与相关软件包之间可以方便地进行数据的导入导出，从而可以很方便地进行图表绘制和统计分析。

2）加强质量保证

实验室需要不断加强质量保证措施，以符合政府主管部门、所在企业机构主管的要求，同时也是出于分析本身严谨性和生产过程控制的实际需要。由于计算机系统的引入使得实验室对数据的管理变得更加容易，LIMS的出现可以显著地促进整个QA过程。

LIMS对生产效率和质量保证起到促进作用的一些方面：① 数据输入和计算过程加快；② 数据查询所需要的时间缩短；③ 数据输入错误发生概率减小；④ 报告和图表的生成速度更快；⑤ 参数检查速度更快，并且更不易出错；⑥ 可以保持有效的审核追踪（audit trail）；⑦ 可以自动进行样品追踪（sample tracking）；⑧ 可以提供对实验室数据的分布式访问；⑨ 标准、仪器校准、流程以及记录都是可追溯的；⑩ 可以很方便地提供各个生产阶段的文档——原料测试、在线测试和最终的产品测试。

3）减少数据输入错误

不管数据是输入到日志簿还是LIMS中，QA程序都需要提出数据输入错误的问题。美国国家环保署（EPA）的优良自动实验室规范（Good Automated Laboratory Practices，GALPs）中将数据输入列为数据验证中的重要步骤，因此应当尽力减少数据的输入错误。

LIMS 的出现，提供了多种安全机制来减少如以下几种数据输入的错误。

（1）数据输入限制：例如数值型的字段中不能输入字符型变量，或者 pH 值的输入限定必须为 0~14。

（2）范围检验：例如当输入值超出一定限值时提供通过声音或者颜色发出警告信息。

（3）条形码输入：这种自动输入能够有效地减少输入错误。可以用于下列信息的输入：样品标签、样品位置、样品容器类型、化学文摘（CAS）号或者通用产品编码（UPC）等。

（4）下拉列表选择：可以输入的值已经保存在一个下拉列表中，用户只能从中进行选择从而减少了输入误差。

（5）用户提示：显示在屏幕上引导用户下一步操作，例如进行输入数据的保存或者放弃等。

（6）自动计算：对于某种测试方法，LIMS 将在得到足够的信息后自动完成计算来得出结果，从而有效地减少数据运算和传递过程中造成的错误。

（7）自动报告/图表生成：避免由于输入数据错误而导致所生成的报告和图表错误。

（8）按照规格参数进行数据确认：例如当一个产品的分析检测项目有 40 项之多而事实上只有 1 项与规格参数不符时，如果人为检查每个项目结果可能会忽视，但是 LIMS 将很容易地发现它。

（9）在数据输入时按照 GALPs 的要求进行数据确认，GALPs 规定在数据输入阶段必须进行下列检验：数据格式、数据范围、与以前的输入表对照，允许第二个人进行数据的校核。

4）缩短样品分析周期

快速的样品周转对于实验室的好处是显而易见的，例如，在临床医学实验室中，将使重病患者及时得到科学治疗而获得新生；在制造环境的过程控制实验室中，可以及时发现不合格的产品，找到原因并进行调整，从而避免更大的经济损失；在分析测试型实验室中，快速的样品周转无疑将提高仪器的使用率，从长期来看能够大大降低分析成本。

LIMS 的出现，增加下列功能来加速样品的周转。

(1) 自动计算。

(2)自动报表生成。

(3)利用规格参数来进行数据的验证。

(4)自动数据采集：这无疑将大大加速样品的周转速度，来自仪器的信号通过数据接口可以生成合适的数据文件格式并导入 LIMS 数据库。

(5) 数据调取：实验室的工作人员需要对样品的状态进行追踪，因此需要定位老的样品文件记录、日志簿或者直接去找这个样品，而 LIMS 进行历史数据的调取和样品追踪只需要用户点几下鼠标即可，从而大大降低搜索工作的劳动强度。

其中(1)、(2)、(3)项同时也能减少数据的输入误差。

6.1.2.2　LIMS 产生的可行性

计算机技术在近年来迅猛发展，为实验室仪器自动化和实验室管理自动化的发展提供了可能，这两者组成了所谓的“实验室自动化(Laboratory Automation)”，而 LIMS 正是起源于实验室自动化。

实验室自动化本身并非是最终的目标，而是为了达到目标而采取的手段。实验室自动化的原因很多，除了管理机构的要求、商业竞争的需要以外，其中最主要的一条是提高实验室的运行效率。实际上，实验室效率的提高途径有多种，如可以通过改进某一特定的分析程序、提高样品分析周转的速度、进行大量样品的批量分析、进行更为有效省时的数据处理、采用更好的数据通信方式等，或者是简单地减少分析人员的数量来达到目的；而实验室自动化则能够使实验室很好地适应不断增长的工作任务负荷，确保在合乎实际的费用范围内获得良好的分析准确度与精密度，实验室自动化使得再没有必要进行誊写错误的复核，从而使分析人员能够将精力集中到更具意义的环节中去。

实验室自动化是一个不断改进的过程，往往为了解决当时的“瓶颈”问题而提出的解决方案，在实施的同时又产生了新的问题，因此需要来解决这些新问题，在实践中，即使具有充足的资金和良好的机遇，实验室自动化不是一蹴而就的。通常，实验室自动化的第一步是购买分析仪器；因此，购买每一项仪器设备时都需要考虑到自动化程度、与其他仪器设备的通信以及同计算机的接口等。实验室自动化包括：仪器自动化与实验室管理自动化两个方面。

6.1.2.3 仪器自动化

仪器自动化这种类型的自动化的目的是有更大的样品处理能力，更有效的数据采集及更快的数据处理。仪器自动化可以采取多种形式，例如，自动进样器的应用已有多年，各种灵活的机械自动化装置和精巧的实验室自动化仪器不断出现，使得样品制备和处理更加快捷、连续和有效。近年来，各种分析仪器的发展趋势之一就是计算机和微处理器的大规模应用，傅里叶红外光谱仪(FT-IR)的研制成功的重要原因得益于有了价格可以接受的计算机。目前大多数的分析仪器内部都有微处理器，因此仪器自动化地工作更多地是将注意力集中到了仪器的集中控制以及与其他仪器和计算机之间的通信。20 世纪 80 年代后，仪器自动化得到了迅猛发展。现代的智能仪器可以自动完成试验，自动远程传递数据，自我故障诊断、排除，人们甚至可以远程对仪器进行控制、维护。仪器的自动化极大地加快了工作效率。过去几天才能完成的试验现在有可能几分钟就可完成。

6.1.2.4 实验室管理自动化

实验室管理自动化这种类型的自动化的具体实现手段正是实验室信息管理系统(LIMS)，通过 LIMS 可以非常有效地进行数据和信息的管理、复制和发布。在信息管理方面，计算机最初的应用主要集中于科学计算(科研、天气预报、石油勘探等)，随着计算机自身性能的加强、体积的减小和存储技术的迅速发展，计算机所能保存的信息越来越多。计算机已经在信息管理领域得到了应用，但是也主要局限于银行、军事等领域，且以大型、巨型机为主。进入 20 世纪 90 年代以来，计算机得到了空前的发展。微型计算机的普及使得各种计算机信息管理系统在各行各业都得到了广泛的应用，实验室自然亦不例外。

6.2 LIMS 的模型、原理与功能

30 多年来，LIMS 在全球范围的众多实验室中的成功实践充分证明，LIMS 正是实验室提高生产效率、全面提升管理水平的“利器”，因此目前许多的实验室正在考虑实施 LIMS。但是，对于大多数的实验人员来说，关于计算机技术与管理科学的背景知识相对较为薄弱，因此有必要了解 LIMS 的工作原理，这样才能更好地发挥 LIMS 的强大功能。

以下将详细地介绍LIMS的概念模型、不同层次的LIMS及其功能以及LIMS的工作流程，以便读者较为清楚地把握LIMS这一新技术的脉络，在参与LIMS实施过程中做到心中有数。

6.2.1 LIMS的概念模型

LIMS的概念模型是指构成LIMS各个要件的图形表达，其主要用途是解释给那些不熟悉LIMS功能的人听，譬如说向审批者解释什么是LIMS以获得资金；另外一个用途是在特定实验室实施LIMS时进行需求描述时，可制作检验一览表，以供钩选；它也可以作为不同领域的人在计划定义LIMS时进行互相沟通的一种工具。

LIMS概念模型能够描述为特定的LIMS实施目标所要求的主要功能，以及要求达到的完善程度；也能够用于辅助工作流程的重新设计、说明、选择、实施，以及用于LIMS生命周期分析等。美国试验与材料学会（ASTM）于2006年重新修订批准《实验室信息管理系统（LIMS）标准指南》（ASTM E1578—2006），包括了最新的LIMS概念模型。

LIMS的概念模型主要关注的是功能，而非技术。LIMS的概念模型在设计上是模块化的，以反映出实验室间要求的不同。

全局问题影响着LIMS概念模型的各个部分，其因素如下。

（1）更改控制（Change Control）涵盖了LIMS软件版本/修订的控制，LIMS的结果（采样与测定）、LIMS的静态表信息、LIMS的界面（设计、询问、输入与输出）和报告、硬件、标准操作程序（SOP）、设备和人员。

（2）通常更改控制可以用术语“配置管理”（configuration management）来描述。

（3）有效的更改控制是保证数据完整性的基础。

（4）通信的底层结构（Communication Infrastructure）LIMS与客户机之间的网络通信连接，包括局域网（LAN）、广域网（WAN）、公众与私人电话系统等。

（5）文档（Documentation）用户手册、程序员技术参考手册、培训手册、标准操作流程（SOP）、在线文档、厂商提供的认证文件、厂商提供的系统开发标准操作流程（SOP）以及源代码。

（6）性能（Performance）指所有LIMS功能的响应度。

(7)质量(Quality)适用于所有的LIMS产品。

(8)物理安全性是与仪器设施以及设备附件相关的；系统安全性是由计算机硬件所使用的操作系统所决定的；应用安全性则由LIMS应用程序来提供，可以通过LIMS审计追踪来进行备份。

(9)总的系统安全性包括：数据备份、容错功能、热冗余以及技术支持合同(硬件与软件)。

(10)用户界面(User Interface)包括用户在计算机屏幕上所看到的以及用户所直接接触的(输入设备：键盘、条形码阅读器)。这些例子包括：命令驱动、菜单系统、图形用户界面(GUI)/窗口系统、多媒体，手持输入设备、条形码阅读器以及语音输入。

(11)LIMS认证(Validation)主要是针对一些受到管理机构严格要求的工业实验室，这些管理机构包括：美国食品和药物管理局(FDA)、环境保护署(EPA)、原子能管理委员会(NRC)以及国际标准化组织(ISO)等。

(12)LIMS认证需要额外的时间与资源，但是进行这一工作的好处也是显而易见的。

(13)美国试验与材料学会(ASTM)推荐：不能想当然地认为一切工作都正常，而必须通过正式的认证流程逐一测试来证明这一点，并且应当保留有严格更改控制、审计以及年度回顾的认证文件。

(14)培训(Training)LIMS各级用户以及系统管理员需要接受其授权范围以内的所有LIMS功能的培训。培训与培训资源可以由内部职员、厂商或者咨询顾问提供，培训必须保证质量并且记录在案。

6.2.2 LIMS的功能及分级

美国试验与材料学会(ASTM)在概念模型中将LIMS的功能分成了三个级别：第Ⅰ级，最基本的LIMS功能要求；第Ⅱ级，介于中间的LIMS功能要求；第Ⅲ级，高级的LIMS功能。

各级的功能要求见表6.1。

表 6.1 LIMS 概念模型的功能分级

级别	全局问题	LIMS 数据库	数据/信息捕集	数据分析	出报告	实验室管理	系统管理
Ⅰ	更改控制，文档，质量，安全性，用户界面，认证	固定的数据库结构，有限的数据库容量，有限的数据库性能	手工样品登录，手工结果输入	结果验证，基本计算	预先定制报告，样品标签	样品/订购状态，样品/订购追溯，备份报告	备份和恢复
Ⅱ	在线文档，分组安全性，在线培训，图形用户界面(GUI)，认证工具，配置工具，审核追踪	固定的数据库结构，有限的数据库容量，有限的数据库性能	从仪器在线进行(单向)，文件传输(单向)，条形码输入，用户资格检查	将结果与规格要求比较，预先定义的数学功能，内部测试计算，图形表达，基本统计功能，质量保证/质量控制	用户可定义报告，查询、排序与过滤，基本图形，特别查询(Ad-hocquery)与报告	实验室工作时间安排，样品位置，工作量预测，报价/开发票，时间(保存限期)安排	归档，手工方式性能调谐，系统容错
Ⅲ	版本控制，静态表修订控制，对象安全性，高级认证工具，多任务用户界面，多媒体高级配置工具	SQL 兼容，高容量和高性能，自然语言查询，客户机处理规则，分布式、中央信息和处理	至/由仪器实现双向通信，红外光谱(IR)、紫外光谱(UV)、核磁共振谱(NMR)等光谱文件的传输，与外部系统实现双向连接，多媒体/图像，电子记事本	内部测试/样品计算，高级数学函数，用户自定义函数，三维(3-D)图像，高级统计，动态连接到先前的结果和其他的系统	自然语言报告方法，批量报告，事件触发，导出到外部系统，批数据传输，高级图像，多点(Multisite)LIMS 报告	资源管理，外部系统工作时间计划，人工智能(AI)决策工具，投资回报追踪，高级 QC 管理，多点 LIMS 管理	动态性能调谐，高级系统容错，冗余系统，高级通信连接到外部系统

6.2.3 LIMS 的基本功能与特征

所有 LIMS 都必须能够提供一些基本的功能：样品登录、样品跟踪、数据登录、质量保证/质量控制(QA/QC)以及报表功能。样品登录涉及样品信息的登记，即由谁提交样品，需要进行何种分析，在哪里(哪个部门)进行分析，样品应该何时完成分析，样品将如何被分析(分析方法)。当这些信息被输入后，LIMS 将允许用户输入样品的分析结果以及相关的质量保证/质量控制(QA/QC)数据，最后生成包括样品信息和分析结果的报表。这些 LIMS 功能对于各种各样的实验室来说，是具有普遍意义的。一个典型的 LIMS 系统的基本功能要求如下。

(1)样品登录。

(2)样品跟踪/条形码支持。

(3)时间安排。

(4)监督链。

(5)仪器集成。

(6)结果登录/审核跟踪。

(7)质量保证/质量控制(QA/QC)参数检查。

(8)结果报表。

(9)Web 集成/与企业软件的链接。

(10)化学物质和试剂清单。

(11)人员培训记录跟踪/仪器维护。

(12)资料归档/数据入库。

上述功能在目前的大多数 LIMS 系统中基本上已实现标准化了，下面介绍一下这些基本功能及其目的用途。

6.2.3.1　样品登录功能

LIMS 成功的一个最重要的方面就是样品登录，其目的是为了实现样品跟踪。样品登录要求快速、方便地采集所有必要的信息，人机交互界面必须友好。复杂难用的样品登录往往会令人厌烦，从而成为 LIMS 失败的重要原因，这正是许多实验室用好 LIMS 的“瓶颈”。

样品登录功能将会采集用户实验室的所有信息，通常设置有多个登录字段，包括文本型或者数值型，或者是两者的结合。一般采用下拉列表、热点查询以及尽可能采用许多“预填充好”字段的方法，同时通过减少键盘的使用次数来节省大量的时间，例如许多实验室已经采用条形码和扫描仪来从样品标签快速地采集信息。

样品登录有两种基本类型：逐个样品登录或者批量登录。前者是对每个样品确定信息标签(例如客户名称、采样信息等)；后者则是对批量样品快速地确定标签信息，其中每个样品都会与相应的标签关联，从而避免逐个重复输入相似的样品标识。样品的编号方式一般可以由用户自定义，也可以由系统产生。两种类型的样品登录都允许用户对每个样品添加测试信息。

对于有些类型的字段，通过列表进行选取是较为理想的。通过下拉列表进行选择就可以确保得到正确的查询条件，从而都能够得到相关的返回记录。对于有些字段也可以设置有效性检验，样品接收的日期不可能早于样品采集的日期。

一个常用的字段类型是自动查找字段，当用户键入客户的姓名时，其他相关的合同信息就可以从另一个表的界面中通过下拉菜单来选择输入。例如，在客户姓名中输入“张三”，他的地址、电话、传真、电子邮件等信息就会自动填充。这一特性对于每天都要登录几百个样品/样本的情况非常有用，可以节省大量的时间。一个好的LIMS设计应当允许用户从一个字段到另一个字段进行切换，允许使用箭头功能键(用户可以通过点击箭头来选择合适的填充内容)，其目的是减少键盘敲击的次数，而尽量通过下拉列表选择来引用其他数据源完成登录信息的输入。

有些情况下的下拉列表可能会包括几百条登录信息，例如客户或者样品地点等，在这种情况下要快速定位到所需输入的数据项就不容易，因此需要用到“热点查找”(hot look-up)技术。用户只需键入开头几个字符，光标就会自动移动到数据库中相似的记录上，这样正确的数据项就可以快速地定位和输入。

另一项有用的技术是“限制到列表”(limit to list)，采用分级选取列表的方式，第二个字段的内容取决于第一个字段的内容。例如用户在第一个字段中选择了一种样品类型，第二个字段的下拉列表就只显示该类型样品可以进行的所有测试项目。只有数据库管理员才拥有修改选取列表的权限，例如根据实际需要加入或删除一些项。

样品登录还涉及自动计算的能力，例如LIMS会自动计算分析的“预期完成时间”(due date)，这是根据样品登记的时间加上特定测试所需要的时间计算出来的。同样的，如果在一个字段中输入生日，对应的年龄就会自动正确地填充。LIMS 的计算可以是简单的加、减、乘、除四则运算，也可以是非常复杂的运算。

样品登录主要目的是为下一步分析提供信息的可追溯性：是谁进行了分析，结果是什么，是否有特殊的说明等。收集的信息典型地可以分为三类：统计用信息、操作信息以及财务/价格信息。

(1)统计用信息：样品或样本采集地点，是谁采集的样品、样品类型以及它是如何到达实验室的。可以是实验室间共有的样品信息，也可以是样品所具有的独特信息，或者是特定实验室的专门语。大多数的 LIMS 都会提供“用户自定义字段”，使各实验室能够利用其专门术语，从而使 LIMS 的应用和实施更快、更方便。

(2)操作信息：对样品应该如何测试，数据应该报给谁，实际的结果是什么，警告信息以及分析何时完成等，这些字段包括了监督(custody)和审核跟踪(audit trail)。

(3)财务/报价信息：由于会计系统的功能是相当复杂的，而 LIMS 并不是会计系统，这些字段的数据一般仅限于简单的发票和报表。这些字段包括：价格列表、客户化价格、任何的特殊报价以及其他与样品相关的费用。

根据实验室类型的不同，分析类型的不同，样品登录阶段所收集的信息会有很大的不同。但是其总体目标是相似的，即更好地管理信息、更短的样品周转时间以及更好的数据和报告的质量。一些 LIMS 也同时记录样品到达实验室的状态，允许用户在记录中加入相应的备注，例如样品在运输过程中已受到损坏等。一旦样品已经登录进 LIMS，就会被分配到一个独一无二的样品标识，并对应于相应的测试项目，LIMS 会在数据库中相应地分配出保存测试结果所需要的空间。

因为实验室收集关于样品/样本的各种信息，LIMS 必须能够处理多种数据类型，包括：数值型、文本型、备注型(文本和数值的结合)以及图像文件。此外，LIMS 还必须能够处理限值、日期/时间以及用户识别信息。LIMS 中所保存的数值类型(整型、长整型、单精度型、双精度型、字符型等，典型的是以单精度型来表示)可能是最常使用的类型，例如分析测试的结果、仪器文件名、计算结果等。

6.2.3.2 样品跟踪/条形码支持

样品跟踪允许用户对样品在实验室中处于登录、分析、报表还是处置的当前状态，这包括能够列出样品以及确定这些样品当前正需要完成什么动作(样品制备、分析、解释等)。样品可以按照各种查询条件来进行查找，包括哪些样品等着分析，哪些正在分析，哪些已经完成分析等。此外，大多数的LIMS已经内置有预先编制好的报表模板，或者是可以多次使用的报告格式，它们能够自动打印以提供实验室日常所使用的各种信息：生产报告、订货报告、工作列表、周转时间列表等。

除了提供监督信息链，样品跟踪也将向用户提供样品状态报告：样品在实验室中的当前存在地点(在哪个部门)、样品在每个部门已经停留的时间以及样品需要进行哪些分析项目。由于实验室必须能够及时向客户传送分析测试结果，因此能够从分析到报告整个过程的任何时间确定任意样品的确切状态是非常重要的。

大多数的现代LIMS系统都在样品跟踪功能中提供条形码支持功能，在实验室中条形码可以用于样品采集、样品登录、样品监督、样品保存和处置、生成工作列表以及与仪器集成的自动结果登录。条形码技术有效地促进了实验室流程的自动化，提高了生产效率和准确程度；同时也使实验室能够通过储存文本和数值来丰富样品标签所包含的信息量，这些信息可以通过条码扫描很容易地加载到LIMS中(金小华等，2011)。

6.2.3.3 自动识别技术的实施

自动识别技术可以有效地促进实验室自动化，在实验室中最常用的技术包括：条形码扫描技术、光学字符识别(Optical Character Recognition，OCR)、智能字符识别(Intelligent Character Recognition，ICR)以及生物测量识别(Biometric Identification，BI)等，其中以条形码技术最为广泛使用。

条形码技术是随着电子技术的进步，尤其是计算机技术在现代化生产和管理领域中的广泛应用而发展起来的实用数据输入技术。它是研究如何把计算机所需要的数据用一种条形码来表示以及如何将条形码表示的数据转变为计算机可以自动采集的数据。条形码技术主要包括：条形码编码原理及规则标准、条形码译码技术、光电技术、印刷技术、扫描技术、通信技术、计算机技术等。

条形码是由一组宽度不同、反射率不同的条和空按规定的编码规则组合起来的，用以表示一组数据和符号；条形码是一种信息记录形式，任何信息都可以转换为条形码。

条形码符号图形结构简单；每个条形码字符由一定的条符组成，占有一定的宽度和印制面积；每种编码方案均有自己的字符集；每种编码方案与对应的阅读装置的性能要求密切配合。

目前有许多不同的条形码系统，应根据特定的应用来确定采用何种系统。基本的条形码系统应当包括：扫描器、译码器、装有条形码字体的计算机以及条形码打印机。

使用条码打印机打印是一种传统的条码打印方式。条码打印机是一种专用设备，一般有热敏型和热转印型打印方式，使用专用的标签纸和碳带。条码打印机打印速度快，可打印特殊材料(如 PVC 等)，可外接切刀等进行功能扩展，适合需大量制作标签的实验室使用。

此外，也可使用条码标签设计打印软件与激光打印机打印应用普通的打印机配合专门的条码标签设计打印软件来制作条码标签。该方式可实现一机多用，且激光打印机精度高，图形表现能力强，且可打印彩色标签。但其打印速度较慢，且可打印材料较少。主要的条码打印软件有 Label matrix CODESOFT、BARONE 等。这种打印方式适合在标签打印量较少，且多为一次性打印的实验室。

6.2.3.4　输入结果数据

登录之后，样品通常就在实验室中从一个部门到另一个部门之间进行传递，分别完成相应的分析项目，然后经过测试结果的报告、审核、批准，直至出具最终报表。以 LIMS 的角度来说，如果样品登录进了 LIMS，从系统分配得到唯一的样品标识，并完成了从接收样品到对样品分析的过程，接下来就需要将分析测试的结果输入到 LIMS 中。这个工作经常是由分析者手工输入的，但也可以直接将仪器集成到 LIMS 中来通过数据接口自动完成输入。在实际应用中，即使数据是自动地“下载”到 LIMS 中的，分析者仍然必须查看这些数据是否在规定范围内，以确保对样品进行了正确的分析。由于电子报表的广泛流行以及许多 LIMS 用户对于工作中常用的所谓“电子报表 LIMS”已经相当熟悉，因此许多现代 LIMS 产品的结果登录界面都会模拟电子报表的界面风格。

直接将仪器与 LIMS 集成在一起，可以使分析结果数据自动输入到 LIMS 中，从而大大减少了手工输入方式下的书写错误，尤其是当 LIMS 所连接仪器的输出数据量较为丰富时更具意义，例如：气相色谱/质谱联用(GC/MS)、等离子体电感耦合发射光谱(ICP)等。实践证明，这种方法在经济上也是较为可行的，具有快速的投资回报。

6.5.3.5 果审核和批准

输入到LIMS的数据必须是准确和有效的，因此需要进行结果审核和批准，这实际上包括了多个步骤：用户必须首先设置可接受的测试结果的限值，这些典型地被归类为“软”警告限值和“硬”绝对限值。一旦对于每个测试、客户、工程或其他变量都设置了结果限值，那么当结果超出限值时LIMS就会自动警告用户。对于“软”限值，LIMS会发出警告，但此时用户仍然可以接受结果；而对于“硬”限值，LIMS发出警告，此时LIMS将不会接受结果。除了分析者以外的其他人(通常是质控人员或者是实验室主管)则可以查看结果以及相应的质量控制(QC)测试数据，然后来批准数据。

6.2.3.6 审核追踪

一旦分析结果被输入到LIMS，并经检查、验证和批准后，任何对结果的改动都必须按照优良自动实验室规范(Good Automated Laboratory Practice，CALP)的要求进行严格审核。大多数的LIMS都会将经过检查、验证和批准的数据“锁定”(lock out)，此后用户不允许再修改结果。如果非要对数据进行修改，唯一的方法是进行审核跟踪，这个过程是非常严格的。在大多数的LIMS中，用户单击“审核”按钮，系统会询问一些信息，例如：新的结果是什么？为什么需要对结果进行改动？LIMS在保存新的结果的同时，亦会在系统中保留有旧结果的历史记录(带有更改数据的时间和日期以及更改人的姓名)。通常LIMS会基于用户登录时的凭证(ID)和系统时钟来自动填充时间和日期戳以及登录名，最终用户不允许修改服务器上系统时钟及相关参数。

6.2.3.7 结果报告

结果报告/报表是LIMS的目标输出物，实验室业务流程的目的就产生分析测试信息，其形式就是提供客户的分析结果的最终报表。不管客户是否同一企业/机构的另一部门，还是所在企业/机构以外的客户，都要求快速地得到准确、有效的测试数据，以便于对他们的业务或者生产过程做出相应的决策。测试结果的组织形式可以有多种方式：基于逐个样品、逐个部门、或者是通过整个工程等。客户通常会规定他们所期望的数据报表的格式：测试数据竖直列表、水平列表、特定的图形显示、电子表格形式等。现代LIMS系统必须内置有查询生成器，并允许灵活地在各种报表格式间进行切换，并最终输出符合客户要求的电子报告。

6.2.4 LIMS的高级功能与特征

6.2.4.1 样品日程安排

进行样品的日程管理是现代LIMS一个极为有用的功能。不是所有的实验室都能够准确预料到会接收到哪些样品、需要进行何种测试、需要何时完成测试。但是对于那些实际的分析操作人员，LIMS所提供的自动样品日程安排功能将有效地减轻他们的负荷，并能够确保没有样品被遗忘。通常可以被输入LIMS的有两种类型的样品：登录的样品、预登录的样品。已经到达实验室等待分析的样品登录到LIMS，称为“登录的样品”(login samples)；实验室预计将接收到的常规样品可以进行“预登录”(pre-login)。当“预登录”样品或称为“待办的”(pending)样品输入LIMS，系统就会为其指派相关的测试项目，为样品存放容器生成条形码标签，并打印出工作列表。一旦实验室收到这些样品，状态将会立刻被更新为“登录”。这个功能对于许多常规监测是非常有用的，例如，在环境监测中的废水水质测试就经常会遇到这样的情况。

6.2.4.2 质量控制

质量控制(QC)是指为保持和改善产品和服务的质量而要求采取的技术措施和活动。对于大多数分析人员而言，一说起与LIMS有关的QC这个术语时，他们首先想到的是统计质量控制图表(statistical quality control chart)。该图表显示出的是随时间变化的样品测试数据值，同时绘出了告警上、下限值。这些图可以给用户提供非常好的反馈信息，让用户掌握测试流程或者工艺过程是否正常，并建立置信水平。

一些用户如果需要对数据进行更为深入的统计测定时，由于大多数的LIMS并不能具备较为复杂的统计功能，用户经常需要将数据导出到另外的统计分析软件包中，例如SAS、SPSS、Statistica等。因此，最好基于开放架构和开发数据连接性规范(Open Database Connectivity，ODBC)来选择LIMS，以使其能够与其他软件方便地进行通信；用户应该尽可能避免使用非通用型的数据库格式。

6.2.4.3 质量保证

尽管LIMS通常都包括了关于实验室操作、数据质量和性能的许多信息，但很少有用户能够有效地较深入地发掘其中的价值。许多LIMS都包括有查询生成器，并且界面上有各种复选框和下拉列表允许用户灵活地设置查找条件，得到他们想了解的各种信息。举个例子，实验室主管可以通过 LIMS 了解每个分析人员每天、每月、每年分析的样品数量，并且可以按照测试项目分类、按照客户来源分类、按照他们签名审核的数字分类；了解样品在每个部门的周转时间(从实验室接到样品到最终报告)；亦可以进行质量控制(QC)数据的审核。通过 LIMS 了解上述信息后，实验室主管就可以发现一些存在的问题，采取相应的改进措施，对相关部门和人员进行奖惩等(McDowall，2005)。

6.2.4.4 规格参数检查

规格参数检查可以证实材料是否符合材料消费者所要求的品质。对于原材料，例如油，实验室可能需要测定其黏度。对于相同的产品，由于客户的要求以及产品的用途不同可以有不同的规格参数。LIMS 对于自动通知每个分析人员某产品是否符合特定的规格参数是非常理想的，这样合格的原材料就可以用于客户的工艺过程中，这在制造工业中已经被非常广泛地使用了。

目前已经制订出了几种 LIMS 质量保证的程序，包括 ISO 9000 国际标准、政府法规质量项目和指南，例如 EPA 的优良自动实验室规范(GALPs)、美国测试与材料学会(ASTM)指南。一些政府部门会对质量保证(QA)程序做出要求，例如在美国有食品和药品管理局(FDA)、公共健康服务处、防卫部、公共设施管理局以及州和市政机构等。在所有提供的项目中，最为综合的可能是 ISO 9000 认证，它要求每两年或者每年进行一次审计，这取决于企业/机构本身的需要。

6.2.4.5 结果报表

在数据验证和批准之后，就可以将结果输出给用户，即生成最终的报告。报表可以是正式和非正式的，书面的或者电子格式的，或者作为电子数据可传输的(Electronic Data Deliverables，EDD)。LIMS 能够以多种方式生成报表，例如，利用封装好的报告(这些报告一般是 LIMS 产品自带的)、利用报告生成器生成用户自己定制的报告(如 Access 报表、Crystal 水晶报告)、电子表格报表、文字处理器报告以及图形结果报表。报表的类型包括：监督链报告、工作量或者生产报告、订货报告、周转时间、仪器负荷报告以及会计报告(发票)等。

6.2.4.6 Web 集成/与企业软件的链接

自互联网(Internet)出现后，LIMS 的面貌为之焕然一新，出现了以前的

LIMS 产品所不具备的许多新特征。现在的 LIMS 能够允许用户和他们的客户通过安全的互联网，全天候、从世界上任何一个地方远程访问他们的分析测试及相关管理型数据。

现在的公司/机构要比以前更加关注宏观的质量管理(在其整个公司/机构的范围内)，希望能够朝着一体化运营的方向努力。SAP 公司推出的 SAP 系列 EPR (企业资源计划)软件在全球范围内所获得的巨大成功可以很好地证实这一趋势，全球已有 120 多个国家用户正在运行 SAP 软件。SAP 软件的巨大成功使得这家德国公司迅速成长为全球最大的企业管理软件及协同商务解决方案供应商和全球第三大独立软件供应商。

6.2.4.7 化学和试剂清单

许多的 LIMS 都不仅限于对实验数据的获取、处理、报告，而加入了许多的拓展功能以进一步提高实验室的生产率，其中之一就是化学品、试剂的库存清单，甚至还包括了详细的供应商信息。利用这些功能，用户可以记录下每种测试消耗了多少化学品和试剂。LIMS 将通过计算每次分析的消耗量并进行递减的方法来自动计算剩余的库存数量。当某些化学品和试剂的库存数量低于一定值时，系统将用一个警告消息框的方式通知用户。每种化学品的告警限值以及从订货到交货所需要的时间都是用户可自定义的。通过 LIMS 可以维护每个厂商的电子记录、定购信息[包括目录号/部件号、数量、等级、数目、费用、保存期限、材料安全性数据卡(MSDS 信息)、相关的特殊的运输和操作注意事项等]，甚至直接可以链接到特定供应商的 Web 站点上。这个功能可以大大地加速定购，缩短再次定购所需要的时间，其最主要的优点在于将库存维护与 LIMS 系统以及自动告警有效地集成在一起。

6.2.4.8 仪器维护记录追踪

LIMS 中保存有所有的仪器修理、更换或者日常维护信息，这对于排除故障来说是非常有参考价值的；仪器对于质控样品进行周期性校准时所得到的指示仪器。性能的测试数据的时间序列也将保留在 LIMS 中，通过观察这些数据随着时间的变化情况，用户能够在仪器可能出现大问题之前得到警告。

LIMS 也允许将仪器维护设为软件中一个必须符合的字段，在这种条件下如果用户仪器性能超出校准范围之外，用户就必须进行仪器校准，否则换用另一台校准合格的仪器，从而保证了输入 LIMS 的数据都是由符合校准范围的仪器所产生的。这也为最终用户提供一份仪器性能随时间变化的综合性的总结，为可能产生的问题提供预警。

归档(archiving)是指将前面已经出具了报表、不再需要考察的“老”数据可以从“活动”数据库中移去，放入另一个不同的归档数据库中的过程，这些归档的数据仍然是可以访问的。进行归档有三个理由。

(1)清理LIMS数据库：实验室可能会过一段时间淘汰某些过时的测试方法，因此所有采用了这种方法所进行的分析(以前已经出了报表的)的数据也应该随之淘汰，从而保证数据库中只包括由当前的有效方法产生的数据，以避免不必要的混淆。

(2)提高系统的性能：大量的信息(保存在数据表中)通过有限的带宽在网络上传输，所造成系统性能的下降，将陈旧的数据进行归档处理可以缓解系统的压力，提高性能。

(3)时间限制：实验室可能希望基于特定的时间来归档数据库，例如每年一次、每季一次，或者是根据政府(管理机构)所要求的频率来决定数据的保留。

不管是因为什么理由，归档都只能对已经经过每个部门审核、已经完成最终报告的样品进行。大多数的LIMS都不允许数据库管理员直接归档活动数据，数据库管理员必须根据实验室质量保证计划来维护归档记录。

以上是对LIMS技术粗线条的描述，主要是对这些相对抽象的定义、概念模型、功能特征等的介绍，读者能够在理论上对LIMS有一个较好的认识。

现代LIMS系统实际上是基于多个厂商所提供的硬件和软件之上的：① 计算机硬件系统，包括计算机，如服务器、大型机和个人计算机(PC)，各种外围设备，如数据记录器、条形码阅读器、打印机、磁带驱动器以及扫描仪等；② 实验室仪器和网络组件，例如网卡、集线器和路由器；③ 操作系统软件，如UNIX、LINUX、Lindows、Windows等；④ 数据库系统，如Oracle、Sybase、DB2、Microsoft SQL Server、Microsoft Access等；⑤ 报表软件，如Microsoft Access和Crystal Reports(水晶报表)等。

6.3 LIMS实施前期工作指南

6.3.1 LIMS工程可行性分析

在决定实施LIMS工程项目之前，必须先讨论其可行性。这就需要回答一系列的问题，包括：实验室是否具有工程资源(人力和财力)？实验室内部人员是否具有的专门知识(IT、项目管理等)？实验室期望通过实施LIMS获得哪些好处？对所使用的软件和自动化方案有何特别要求？……，另外还需要考虑的因素包括：可能出现的会影响到企业竞争力的市场变化、LIMS系统与实验室所在的企业/机构其他管理系统的集成、LIMS系统如何有效地楔入实验室的日常管理工作等。

确定软件或自动化需要解决的问题是非常重要的，这要求对于实验室当前的运作、资源以及内部人员的专门知识有清晰而现实的了解。在构建、维护和升级系统时，这将作为资源配置的向导。由于工程一般都要涉及大量的资源，当创建方案设计文档时就应该考虑到许多因素，这一点也是很重要的，表6.2列出了一部分需要考虑的因素。在此基础上，需要描述实施自动化能够如何提高当前的日常运作，将未来的实验室情况(具体操作)用可视化的方式形象地展示出来，然后再向着所描述的方向努力。

表6.2　在资源计划中需要考虑的事项示例

自动化考虑事项	当前的情况	计划
工作规模和工作流		
操作费用		
内部人员计算机(IT)专业知识		
可以利用的设备		
所需要的设备		
资源(人力和财力)		
空间考虑		

在工程向前推进之前，首先必须进行谨慎的成本-收益分析(cost/benefit analysis)，确定用于LIMS工程的投资能将为实验室或者所在企业/机构带来显著的经济效益，从而对工程的可行性做出判断。为此，LIMS工程的主管必须考虑实现自动化的各种备选方案及其对应的预期产出。什么都不做是一种备选的参照方案，但这是一种消极的方案，因为这些要通过计算机化和自动化才能有望解决的现有问题依然存在，这是实验室主管所无法回避的。第二种备选方案是对现有的方法和工艺流程进行提炼，但这并不容易实现，因为在实际中大多数的企业/机构为了提高其生产效率一般已经进行过工艺优化。如果该机构还没有按照效率和生产率优化其操作的话，一些可以考虑改进的地方包括：改进现有的手工系

统、增加自动设备、进行效率培训。其他的备选方案还包括为一部分的业务处理购买商业软件、定制系统开发(与厂商一起或者内部自建)等。

编制好了可行的备选方案列表，项目主管接下来就需要对每种方案进行成本估算。成本估算应该包括每一种备选方案所要求的内部和外部资源，估算的数据精度一般要求应该在15%~20%范围内，在此过程中LIMS工程主管可能需要咨询专业的财务人员。完成了成本-收益分析，接下来就需要考虑每一种备选方案的风险，包括不采取任何措施时的风险。

经过上述过程，团队中一些人的备选方案可能未能得到成本-效益分析的支持，而另一些人的备选方案则成为最终的中选方案。因此在选定了某一特定的备选方案后，就需要对LIMS工程团队进行适当的重组。一旦所有的实验室内部参与人员已经确定(通常应该包括：高级管理、财务管理、信息技术、最终用户以及指导监督者)，接下来就需要就方案设计协议进行磋商，这一点对于确定方案设计是否已经包括所有要求的功能是非常重要的。在较为理想的情况下，前面的设计文档可能并不要求调整或者只需作细微的修改就能满足特定小组的需要。

一旦方案选定，并且工程团队就方案文档取得共识，每个与LIMS工程相关的小组就应该列出他们所期望的收益，包括系统实施后可以比较的目标。例如，通过仪器实现自动数据采集来降低誊抄错误，从而提高了工作效率。

LIMS团队中每个成员也应该明确他/她在LIMS工程中所扮演的角色，即他们能够为实施LIMS做些什么，或者是提供什么样的帮助。LIMS软件本身并不能保证LIMS工程能够成功，只有人才可以确保LIMS工程的成功实施，LIMS是团队集体努力的结晶。

方案设计文档应当简洁明了，应基本涵盖表6.3中所列出的各项。

表6.3 方案设计的要素

编号	要素
1	对当前的情形和实施后的预期改善情况形成文档描述
2	当前需要进行改进的问题是什么
3	通过本工程的成功实施可以得到什么
4	期望从工程的输出中得到什么收益
5	从本工程期望得到的收益中哪些是可以量化的？生产率？周期
6	投入产出分析的结果和工程评判

续表

编号	要素
7	预估工程成本
8	工程目标是什么
9	确定可能会影响工程完工的约束条件
10	确定工程约束
11	为每一种备选方案识别和定义风险
12	准备完整的方案设计文档，并交由开发团队签名
13	准备整个工程的甘特图，并不断地修改升级

输入数据的来源和类型包括：来自 LIMS 所连接仪器的系统数据输入、通过另一个软件包或者另一个来源、最终用户输入、自动日程安排事件、用户自定义上下限、重要的图形以及要求的单位等。

自动计算和输出：计算机提供的最好的功能之一是常规运算，因此常规运算传输到 LIMS 中是很自然的。一般情况下，这些计算项很容易确定。当设计这些功能时，很重要的一点是要在数据复制之前将最初的原始数据表征什么、计算的实际公式、它们是如何执行的以及这些原始数据对于操作者和实验室其他人员的可利用性等进行文档化。

报表要求和最终输出：自动化的最大优点在于将“实时”(real-time)信息传输到决策者那里，因此需要列出所要求的各种报表以及每份报表所涉及的要素：需要哪些数据、以何种格式、信息的位置、传输方法(打印件、电子邮件、传真、电话)以及报告送达的对象(通常会有多人需要信息)等。其他的信息包括：自动或者手动报表、数据位置的文档化、原始数有效期、归档的频率等。报告中也应包括：用户自定义的报表时间、如何修改这些时间以及前面所列出的结果数目。

6.3.2 需求评估

需求评估必须包括对于机构组织、部门要求、管理需要、分析者的需要及财务小组的需要以及其他方面的可操作性的评论。LIMS 是集成了硬件、软件、人员和流程的复杂系统，在实践中很容易将注意力集中在硬件和软件上，以致忽视了人员和流程。而 LIMS 直接关系到实验室如何追踪和管理其信息资源，尤其是代表实验室产出的测试数据，因此在数据处理系统中的任何改动都可能造成对实验室操作方式的损害。

在这种情况下，LIMS要能够与实验室的质量和业务目标相匹配并与之整合，LIMS实施团队应当由来自LIMS所可能影响到的各部门的代表组成。用户、信息服务人员、财会人员、客户服务代表、客户、分析人员和主管都需要从工程之初就开始介入。他们对于新系统将如何工作，将具有最好的眼光。用户感觉上难以接受的改变可能是在实施LIMS时需要克服的最大障碍，较早地介入无疑将有助于增强用户对于变化的可接受性。实验室工作流、文书工作以及LIMS问卷调查表等都将有助于确定LIMS的功能要求。

规划阶段能够预计可能出现的问题，并提供了对用户关于项目情况进行培训的机会，成功的LIMS实施要求对于实验室的操作和业务规范有一个很好的理解。规划涉及早期定义其信息流、生成数据的结构以及用户要求。流程图表示了数据在哪个位置以及如何产生，又是如何在系统中存放的，这些都是非常有用的；在流程图中应该包括决策点，例如质量控制数据评价、监督批准、报表生成以及开具发票等。

6.3.2.1 实验室工作流程信息

1）样品分析要求

工作流过程是应样品分析请求而引发的。样品请求的例子包括：手工填表、电话请求、基于时间或者日期的请求、过程驱动请求和LIMS生成的请求。由一个样品请求所得到的信息包括：客户信息、样品信息、请求的测试以及安全信息等。

2）样品采集

样品采集可能是手工或者自动过程。样品来到实验室的状态也应该进行文档记录。例如：样品的命名、样品的温度以及样品容器的条件等。样品采集可以由打印采集列表和生成样品容器标签来辅助。

3）样品登录

LIMS分配给每个样品一个唯一的实验室ID号。系统能够自动获取各种信息，例如是谁提交了该样品、费用、要求的测试以及样品的优先程度。

4）分发样品

样品分发的过程包括：工作列表的LIMS功能、样品来源、监督以及贴标签。有时进行样品分配以供不同的工作站进行同时分析也是必要的。

5) 日程安排

LIMS 自动地为每个样品安排分析测试，实验室管理可以调整样品的优先顺序并在必要时重新分配工作。LIMS 可以加入实验室标准以及控制样品到定时安排的工作流中，每个样品的 LIMS 状态都会更新。

6) 分析

分析步骤如下：样品制备、样品测定、质量控制样品以及数据捕集。

7) 样品制备

大多数的样品在进行分析之前需要制备。有时需要在样品制备过程中向 LIMS 中输入一些实验数据，例如在天平上各次称量值以及样品的最终重量，例如用差重法计算得出的值。

8) 样品测定

测试结果是分析测试过程的主要输出。样品分析的数据必须输入到 LIMS 中，同时空白、标准以及仪器自检等都可能会产生数据。数据可能是手工或者是通过电子接口输入，即数据由仪器直接传输给 LIMS 的。当结果被输入到 LIMS 中时，样品的状态得到更新。审计追踪将记录下每次 LIMS 处理的信息。

9) 审核和校准

实验室可能要求具有一定资质的人员来查看一下结果，LIMS 可以显示出供审核的工作总结。异常的数据、超出范围的数据将被标记出来以供进一步的审查。数据校准可以在审核阶段进行，任何对结果的改变都应当受到审核追踪。结果可以被批准，然后更改样品的状态。结果也可以标记为不可接受，然后进入重置循环或者重新采样回路。

10) 报表

一旦测试结果经过验证和批准，它们将被报告给客户。报表可以采用许多种形式：打印输出、电子邮件以及对在线查询要求的响应。可以生成不同的报表，以满足不同的要求。

11) 解释

实验室负责给客户产生信息，LIMS 能够组织和配置结果使得报表和解释更加容易。统计方法可以用来确定数据趋势，同时数据可以在不同的部门和业务单位之间共享，因此可以起到辅助决策的作用。

12)样品处置

LIMS 能够用来跟踪最终的样品保存、弃置以及废物去除。对于样品在分析后必须要返还给客户的情况，LIMS 将会给用户以警示信息。

6.3.2.2 管理功能信息

通过收集过程中各环节的统计和时间戳，LIMS 管理功能可以为实验室主管准备报告例如样品处理的数目和周转的时间等，这些将有助于跟踪负荷的峰值要求、工作任务堵塞和其他问题。周转时间也可以被记录在案，业务总量产出则可以作为那些向客户征收完成工作费用的依据。仪器校准和维护记录也可以由 LIMS 保留和报告。

系统管理功能包括：备份和恢复、用户维护以及归档。在一个样品的工作完成之后将会预备好永久档案。在 LIMS 软件升级后如何读出旧档案，是一个重要的需要注意的问题。

LIMS 需要与其他部门的软件进行交流，例如管理资源计划系统(Management Resource Planning Systems，MRP)和企业资源计划系统(Enterprise Resource Planning Systems，ERP)。这两者都是公司的软件系统，用于制造工厂作为资源定位和确定原材料要求的重要工具。系统跟踪原料、保持清单、生成材料采购订单、编制作业计划以及管理日程。在过去，许多公司都曾面临不同的软件进行集成的问题。MRP 和 ERP 软件通常是由单一厂商(例如 SAP)所提供的，以便消除系统集成问题。

通常 MRP 或 ERP 系统将管理所有的样品收条、过程流、规模规格参数和样品协议。LIMS 将管理实验室数据、样品流、监督链、分析方法和优良实验室规范(GLP)过程。在 MRP/ERP 系统与 LIMS 集成的主要领域是，后者自动在实验室中登录样品和产品登录的能力，基于时间表和 MRP/ERP 系统中的信息，并传输适当的结果到 MRP/ERP。

集成 LIMS 与 MRP/ERP 系统有一定的难度，两个系统必须有稳健的双向通信连接以确保数据的完整性。因此，这可以作为评价 LIMS 软件和解决方案的一个重要因素。

6.3.2.3 需求评估工作方法

在确定了所有可能的 LIMS 用户及他们的工作范围后，应当向用户提供一份问卷调查表。这应当询问关于用户希望 LIMS 具有的功能以及在数据登录时应包括的项目、仪器接口、测试要求、硬件要求等特定信息。除了评估实验室的工作流以外，还需要考察用于整个实验室的各种文档，包括：数据表、记录簿、实验室标准操作流程(Standard Operating Procedures，SOPs)、报表/报告及其他项。

1)数据表

数据表也称为工作表，是用来填充在实验室进行测试所得到数据的表格。数据表被保存为正式原始数据记录的一部分，其内容通常包括：样品标识的区域、仪器原始结果、公式计算结果、空白样品测试结果、标准样品测试结果以及对于测试项目或者样品的备注。数据表可以用于测试方法登录界面的辅助设计，通过它将测试数据输入到 LIMS 中去。

2)日志簿

日志簿可能包括：样品登录信息、测试方法、计算、测试结果、仪器校准和样品状态。记录簿的复核可以发现其他可能需要输入 LIMS 中的样品信息。

3)报表

实验室中常用的报表可能包括：分析证书、工作日程、客户测试报告、日常样品分析、质量控制(QC)、日志备份报告以及实验室生产报告等。

对当前的报表进行考察评价，将有利于对需要输入 LIMS 的、保存在 LIMS 的以及需要从 LIMS 中调出的信息类型得到更深入的认识。样品分析报告的考察可能表明客户信息需要被保存在 LIMS 中，同时相关的测试类型和样品类型亦需要进行保存。

不管是数值型还是描述文本型的测试数据，必须都能够被输入到 LIMS 中。所有的信息必须能够很快地进行查询、定位和调用。

4)仪器设备记录

LIIMS 能够跟踪仪器的状态，每个设备记录一般可以包括下列信息：设备名称、设备制造商名称、设备接收和安装日期、设备在实验室的位置、维护检修记录、校准日期和结果。如果要求仪器能够直接将它们的数据解析到 LIMS 中，可以将这些设备与局域网(LAN)集成在一起，在这种情况下每台仪器都需要有一个独一无二的局域网互联网协议(Internet Protocol，IP)地址。

5）标准操作流程（SOP）

LIMS可以保存和管理实验室标准操作流程（SOP），它可以对测试方法修改的历史进行归档，包括流程的有效时间和日期；它可以用于维护实验室SOP的清单，每一个SOP都将有其自己独一无二的文件ID号；LIMS也应该允许分析人员在实验室工作过程中在线访问SOP。

6）质量控制（QC）

LIMS应该能够处理质量控制（QC）数据，并将其与特定的样品和分析批次建立关联。质量控制标准、考察样品、内标、基体加标、加标平行样、空白样以及平行样品等都应由LIMS来处理，系统应该能够生成质量控制图和趋势图。为此，应该努力得到来自质量控制（QC）主管和分析人员的意见输入，以使得LIMS能够涵盖所有的实验室质量控制需要。

7）人员

另一个LIMS实施团队必须考虑的LIMS功能是人事信息维护，LIMS应该能够维护实验室人员参加专业培训、工作经历和工作岗位描述等方面的信息。

6.3.2.4 注意事项

1）信息部门的介入

实验室所在的企业/机构的信息服务（Information Services，IS）部门的介入对于LIMS的成功实施是至关重要的。IS通常维护着企业LAN、WAN、文件服务器和计算机，因此在工程的开始阶段必须确定IS部门来负责支持LIMS的哪些项目以及将来由谁来负责LIMS的管理。

LIMS的所有方面都应当与IS部门进行讨论，对于技术输入和基础结构方面应该由哪一方来提供？需要询问的问题包括：LIMS的数据库和操作系统是否与现存的由IS部门支持的操作系统和数据库兼容？谁来维护LIMS服务器、进行备份、安装服务器补丁、维护系统的安全性以及维护软件许可证？IS部门和LIMS管理员的职责分别是什么？这些角色必须在工程开始时就进行明确的定义。

2）会计部门的介入

必须征求会计/财务部门的需要，LIMS是否需要与财务软件进行交互？LIMS是否应当具有为客户开具发票的功能？许多LIMS能够跟踪与每一个测试项目相关的费用，这样各个项目的服务价格就可以在LIMS中有所计划。LIMS可以针对各个客户或者工程进行个性化定制，每个样品的相关信息可以导出到会计软件中以便开具发票。

3) LIMS 工程实施团队的负责人

任何单独的个人都不能确定公司 LIMS 的要求，而必须由来自本组织机构内所有将会受到 LIMS 影响的部门成员组成的 LIMS 实施团队来确定。在实践中，应该指定一个专人来作为 LIMS 团队的负责人，该负责人通常也是以后 LIMS 的管理者。

6.4 LIMS 产品选型

6.4.1 质量保证的实验室类型

质量保证的实验室类型是决定 LIMS 的一个重要因素，实验室的主要类型有：研究型、测试服务型和生产型。以下主要介绍前两种。

6.4.1.1 研究型实验室

1) 目标

研究型实验室支持基础或者应用研究，单纯的基础研究实验室主要由政府机构或者大学资助，他们由于没有来自于横向联合应用项目的大量资金，因此这类实验室通常不会投资实施 LIMS，而是持续使用人工的方法进行数据处理。

然而，对于应用研究实验室，由于受公司资助，希望该实验室有所发现发明从而能够带来利益，因而资金比较充裕。这些实验室通常迫切需要加强研究数据质量的可靠性保证，尤其是那些在政府支持下的实验室。例如，海洋监测设备动力环境实验室和生物技术实验室的研究数据和文件都必须遵循良好的质量保证（王花梅等，2015；Russom D et al.，2012），只有这样才能使其测试有效并走在同行的前列。

2) 特点

一个典型的研究型实验室具有如下特征。

(1) 进行许多非常规的测试。

(2) 样品量相对较少。

(3) 执行数据与分析时具有灵活性。

(4)性能复查。

(5)可追踪性。

(6)可改变控制程序。

3)数据类型

在研究型实验室内，可能遇到各种类型的数据，其原因在于这种类型的实验室的基本功能就是针对新的样品与技术。文本性和数值性数据都可能应用于该测试环境，以便于将来进一步的研究，与其他实验室相比，研究型实验室的数据类型更加复杂多样。

4)信息流

对于研究型实验室而言，数据信息流在3种类型的实验室中可能是最简单的，主要的信息流以报告与图表的形式更新。这些报告包括可追踪性方面以证实研究结果的可靠性。

5)LIMS的要求

一个典型的研究型实验室的LIMS功能具有下述特征。

(1)测试方法设计的灵活性。

(2)操作多种样品的识别与方法登录的能力。

(3)数据的统计处理。

(4)可以接受数据的补救。

(5)减少了其他部门在线看数据的必要。

(6)审查数据。

(7)数据安全。

(8)报告生成的灵活性。

(9)结果的有效性。

(10)可以输入测试评价。

(11)可进行性能与测试修改。

(12)可追踪性。

6.4.1.2 测试服务型实验室

1)目标

测试服务型实验室，不管是药物的、环境的还是分析方面的，都具有共同的特点，它们都是进行一系列的分析测试，然后向客户报告测试结果(沈艺，2006)。在测试服务型实验室里，样品本身的组成通常是其唯一关注的，但并不要求其体现所在群体的状况，例如对于一个血液样品的测试结果并不能代表一个大的人群的情况。

测试服务型实验室为客户提供测试数据信息来获得经济效益，其效益的大小通常基于实验室能够测定样品数量的多少。在保证其分析测试质量的前提下，测试服务型实验室总是努力设法使其所花费的成本最低。

2)特点

一个典型测试实验室通常具有如下特点。

(1)应客户的研究进行测试。

(2)大的样品数量。

(3)常规测试。

(4)不定的工作量。

(5)优先考虑的样品。

3)数据类型

这种类型实验室的数据类型通常有：数值型、特定范围数值型、数字文本型、可变型。其中，前两种形式数据类型占主要部分；数字文本形式的数据可以用来向客户进行一些数据的解释；对于一些未知样品的分析，会碰到数据个数可变类型的数据。

4)信息流

测试服务实验室的信息流可以描述如下。

(1)实验室个人的工作日常安排。

(2)仪器的工作日常安排。

(3)报告结果给客户。

(4)账目管理形式。

(5)样品状态报告。

(6)实验室审核报告。

5)LIMS 的要求

一个典型测试服务实验室对 LIMS 具有以下要求。

(1)进行测试方法的设计筛选。

(2)性能检查。

(3)性能/测试修订。

(4)工作量的日常安排。

(5)样品跟踪。

(6)结果有效性。

(7)减少了其他部门在线看数据的必要性。

(8)直接或者通过第三方数据采集软件接口将实验数据读入 LIMS。

(9)客户数据库。

(10)实验室设备跟踪。

(11)测试费用/经营信息。

(12)快速样品周转。

(13)质量保证报告。

(14)审核跟踪。

(15)可追溯性。

(16)数据安全。

6.4.2 质量保证实验室的基本要素

作为 LIMS 的基础，QA 实验室的基本要素包括以下部分：样品类型、采样策略、数据类型、进行数据计算、样品识别、样品性能、样品跟踪、测试方法、处理修订、安全性、客户数据库、产品清单、报告/图形、实验室资源分配、LIMS 与质量保证程序、理论与实际、数据分布。

6.4.2.1 样品类型

对于一个 QA 实验室，其样品类型包括：标准与空白样品、控制样品、监测样品、最终产品、工作过程的样品、原始材料、废物检测、稳定样品、测试样品。

6.4.2.2 采样策略

对于测试过程而言，采集样品是一个重要的过程，但在总体设计实验室质量保证体系时，采样技术却并未受到足够重视，由此产生的数据结果将不可靠。因此，有必要对于 QA 的采样进行讨论。

采样的目的是为了让测试的样品能够具有代表要测试的整体，该整体可以是：独立的单元、许多由一定数目组成的单元或者一个大体积物质。

采样时应注重样品的代表性。采集的样品类型取决于采样的目的以及实施采样计划的类型。对于特定情况每种采样类型都有可能是正确的。

制订采样计划的3种常用方法包括直觉的、统计的、规定的。直觉的采样主要是在采样时靠经验判断从而采集到代表性样品；统计的采样计划经常需要随机的采样，以消除结果偏差，这种采样可能会产生一些不确定的结果；规定的采样计划通常由政府机构控制，并且需要系统的和组成的样品采集。

材料的同一性是决定采集哪种样品的关键，对于海水样品，其化学组分将会分层，因此，从上、中、下采集到的样品要比仅仅从上层采得的样品更具有代表性。

LIMS必须清楚样品结果所代表的意义，对于一个产品的样品测试结果之间是否具有相关性，还是其测试结果对许多的产品具有代表性？废物样品的测试结果是代表每小时、每天还是其他频率时间的排放？LIMS考虑到复杂的采样计划，使得其测试的结果能够有助于说明样品所代表的意义。

采样频率是采样计划的一部分，对于环境采样而言，这通常由政府机构决定。当有问题发生时，采样的频率将增加。相反，如果能够通过统计控制推算的话，那么将降低采样频率。对于采集样品的数目，LIMS应该根据需要随机应变。

适当的统计设计必须考虑采样目标、采样的复杂性以及所遇到的确定性的与不确定性的问题。当样品的测试结果能够代表大量样品时，就可以对许多样品的数据结果进行统计估算。

6.4.2.3 数据类型

LIMS计划队伍需要列出该实验室的数据类型，考虑LIMS实验室内部的数据类型格式，数据类型有：描述性的、数字字符式的、数字式的、范围式的、日期/时间/用户戳、数据结果项可变。

所有的实验室数据都能够以文本的格式输入LIMS数据库，然而，文本格式的数据将难以真正代表数据类型。比如像数字类型的数据，如果以文本格式输入的话，那么将无法对之进行代数运算操作，除非在输入LIMS之前先把它转变成数字格式。熟悉数据表的人都会理解数字格式与文本格式间的差别。

实际上，内部数据格式对于进行数据操作计算以及恢复报告数据非常有用。

LIMS软件供应商在其系统内部具有不同的数据储存方式，因此，LIMS的计划队伍能够根据实际情况采纳相应的内部格式进行存储和处理数据。

6.4.2.4 数据运算

测试公式应该都是格式化的，LIMS允许管理者对于每个测试方法输入必要的公式进行计算，而不必重新编写系统。

当原始数据输入时，结果将通过预先由LIMS管理员设置好的测试公式自动计算出来，实验室的技术人员只需输入原始数据，而不能对计算结果进行编辑。LIMS系统对数据能够自动执行遵循四舍五入原则，在使用该项原则之前，LIMS需完成所有必要的计算。在保存数据的时候如果没有进行四舍五入的话，那么对于下次要利用该数据进行另外的计算时将更准确。LIMS保存数据的时候应该以最精确的格式进行，但同时也要以适当的方式报告数据(如有效数字等)，以下是进行数据计算与报告时必须遵循的一些准则。

(1)计算所有数据的平均值时至少要多保留一位有效数字。

(2)计算标准偏差时至少要有两位有效数字。

(3)计算置信度与其他统计值时要有两位有效数字。

(4)报告平均值时应该与置信范围一致。

LIMS的设计必须牢记上述原则，LIMS管理员需根据设计报告要求的有效数字位数来决定具体要采用的方法公式，这也是实验室管理员决策的依据所在。由于客户对于特定产品的性质要求说明简单，那么报告的结果可以相应地减少有效数字。

6.4.2.5 样品识别

样品的身份对于样品来说是唯一的确认标记，一些LIMS设计在样品登录时LIMS就赋予样品一个特定名称，而有些LIMS则需要实验室技术人员在样品登录时具体输入样品的名称。由技术员输入ID时通常需要该输入的名称必须是一对一的，通常样品ID由以下几项组成。

(1)样品类型。

(2)日期、时间与轮换。

(3)生产线。

(4)样品采集地点。

(5)分配的序列号。

(6)统一的产品密码。

比如一个样品代表样品的各方面信息“P20030609A2P1001”，其中“P”代表样品类型、“2003”代表年份、“0609”代表日期(即6月9日)、“A”表示轮换位置、“2”表示生产线、“P1”代表样品的采集地点、而“001”表示分配的序列号。假如技术员给样品分配了ID，那么样品的ID的数字符号将有特定的定义，如第六位表示公司里轮换工作只能是“A”“B”“C”“D”四个字母。

如果样品的ID包含嵌入的信息、数据类别与恢复等，那么可以应用样品的ID作为钥匙，假如不是由上述成分组成的话，则是由其他信息在样品登录时输入组成来鉴别样品。样品的信息通过如上的方式输入有助于样品分类。

6.4.2.6 样品特性

不同实验室样品性能的各异，通常有如下形式。

(1)内部性能。

(2)外部客户提供的性能。

(3)政府提供的性能等。

6.4.2.7 样品跟踪

一个QA实验室要求在整个实验室都能对样品进行跟踪(沈艺，2006)。对于LIMS设计而言，跟踪样品、知道样品的生命周期非常重要。

样品跟踪包括样品的监督链、样品的数据历史。监督链经常是LIMS的规定要求，是一个样品的物理行踪；数据的历史包括样品处理方法、样品的测试方法以及原始数据的收集、数据结果的计算以及样品数据档案。

虽然实验室并不负责采样，但对于采样的一些方面，比如像样品所代表的实体、采样方法、采样者、采样日期与时间都必须储存在LIMS数据库里。

样品在实验室内部的生命周期包括如下方面。

(1)样品登录。

(2)样品测试方法。

(3)样品测试/数据收集。

(4)样品测试结果的有效性。

(5)样品清单。

(6)归档。

6.4.2.8 测试方法

对于在实验室需要用到的测试方法 LIMS 都必须进行设计，对于 LIMS 设计测试方法应考虑的因素有以下几个方面。

(1)测试方法名单。

(2)测试方法设计。

(3)仪器自动化。

(4)键盘输入途径。

(4)条形码扫描。

(5)一批样品与单个样品的登入。

(6)自动计算。

(7)遗失数据的处理。

(8)数据复查。

6.4.2.9 处理修订

对于一些动态变化的实验室，LIMS 必须考虑一些需要修订的过程，主要是针对 LIMS 数据库的测试方法、性能和级别等。

6.4.2.10 数据安全性

自动化系统的数据安全性严格要求数据登录、编辑包括复查只能由被授权的用户进行，必须考虑的安全因素如下。

(1)密码保护。

(2)网络安全。

(3)功能安全。

(4)安全操作。

(5)物理上的安全。

6.4.2.11 客户数据库

确切的客户信息发生改变时必须能够不影响数据库的其他部分，客户的厂名、地址、联系名称、电话、调制解调器以及传真等对于样品数据的改变都是无关紧要的；然而，对于客户提交的产品、客户购买的产品等级以及样品的类型等却是跟数据库紧密相关，不能轻易变化，即 LIMS 不能擅自改变或者删除客户或者客户提交样品时登录在档的数据。

6.4.2.12　产品出库/清单

对于一个制造型实验室 LIMS 一个非常有用的功能就是产品的出库与清单(一个测试型实验室可能需要的相似功能是要求保持样品本身的一份清单)。

出库与客户的数据库相关，LIMS 只允许满足客户要求性能的产品出库，出库包括装货信息的全部，客户的分析证明(COA)贴在货物上，最终产品目录保存在 LIMS 数据库内，因此正确的一份、一批或者其他产品单位才能满足出库要求。

LIMS 清单包括：进入清单最终产品的登记数量、离开清单的产品数量以及客户收到的产品清单，清单系统的信息与保存在工厂的信息通过 LIMS 模型能够互相联系。

6.4.2.13　报告/图形

LIMS 具有报告与图形的功能，有很多种执行 LIMS 报告与报表的方式(报表图形可认为是一种图形报告形式)，LIMS 可有客户化的报告、结构化的报告、询问报告以及以上所有报告的综合，报告管理员在执行这一功能时应该注意如下几个方面。

(1)如何进行报告的设计。

(2)如何进行无效数据的处理(遗失数据)。

(3)处理偏大或者偏小的结果。

(4)分析结果报告。

(5)统计质量控制信息。

(6)统计过程控制信息。

(7)数据库报告。

6.4.2.14　实验室资源分配

LIMS 要求支持实验室的资源分配功能，通常包括人员分配、测试方法调整分配、样品的优先权以及仪器的日程安排等。LIMS 通过分类排序样品登录、利用特定实验室的固有因素进行最佳的分配资源。

对于人员日程的安排，LIMS 数据库应该包括人员的信息，如姓名、职务、人员负责具体操作的数目、测试方法、仪器资格培训以及缺勤记录等。

输入 LIMS 的测试方法可执行原始数据途径，这些信息有利于工作日程的安排。

LIMS 对于特定实验室的重要程度不同安排样品的优先次序，比如一些样品将要过期或者该样品特别重要等。

对于仪器日程安排，需要考虑仪器的相关信息，包括校正信息、仪器状态、运用该仪器所设计的测试方法以及对于每一台仪器在每一次所能完成的测定样品数目等。

6.4.2.15 LIMS与质量保证程序

对于实验室的质量保证，LIMS必须满足该实验室的QA要求，一些典型的质量保证程序有：ISO系列国际标准、ASTM(美国测试与材料学会)系列标准、政府机构规定的QA程序等。

6.4.2.16 理论与实际

LIMS应该考虑出现最糟情况的所要采取的措施，这是质量保证的一部分，也是信息崩溃时需要预防的，但也不是每个情况都能预见，因此当遇到该情况时，LIMS的设计者应该有意识地保存起来供下次参考。任何对于出现问题的处理方式都应该以是否有利于LIMS的自动化系统为原则，因此当设计实际情况的处理方式时，必须考虑如下几个方面。

(1)再次测试。

(2)调整登录信息。

(3)忽略。

(4)输出结果后再次登录。

(5)返回出厂数据。

(6)实验室的动态环境。

6.4.2.17 数据分布

接受LIMS时，在公司内外如何处理数据分布是非常重要的，对于内部使用，数据可以分布在网络上，对于用户数据其报告与图形应该随时放在可以利用的网络上。

客户应该在实验室获得数据结果时能够通过网络或者传真迅速得到通知，在当今的信息化时代，电子传送数据结果对于LIMS而言是非常必要的，LIMS应该设计成能够通过传真或者网络进行传输数据。

能够把数据直接从实验室LIMS系统的微机上通过传真直接发送到客户的传真机，省去打印文件和复印文件的麻烦，使得传送数据步骤大大简化。这样的话，必须把PC的传真协议标准化，数字通讯公司(DCA)、Intel公司联合开发了具有该性能的软件应用于LIMS，LIMS应当把该协议储存在客户端便于进行通信连接。

6.5 LIMS计划实施

LIMS计划实施阶段是指从正式订购所选定的LIMS系统开始，直到该系统能够在实验室中满意地运行，并且涵盖了必要的培训和文档化。LIMS计划实施是其生命周期中最形象、最激动人心、也是最让大家有成就感的一个阶段。LIMS团队必须清楚的一点是：这一阶段必须是建立在良好的前期工作的基础之上的，否则在这一阶段再努力也不能够获得整个LIMS工程的成功。

对于现在大多数的实验室而言，实施LIMS的关键是在于前期的方案设计、产品选型，因为毕竟愿意去进行完全自建LIMS系统冒险的实验室寥寥无几。这也是几章采用较大篇幅详细叙述的原因。如果前期的方案设计、工程设计较为科学，并在对各LIMS厂商的RTF进行仔细的考察评价，选定了合适的LIMS系统，那么后续具体的硬件、软件安装等具体的LIMS计划实施工作实际上就较为顺利。通常，在这个阶段实验室只要配合LIMS厂商推进工程进行就可以了。

6.5.1 LIMS成功实施的策略

表6.4中列出了决定LIMS工程成败的一些因素，最重要的一点在于LIMS团队必须清楚可能导致失败的原因，并采取措施来避免失败；同时尽可能将导致成败的因素包括在LIMS实施计划中。

表6.4 影响LIMS成败的因素

效果	因素
成功	工程具有非常明确的意义
	好的LIMS团队和管理机制
	团队的负责人具有很强的技术背景，并有较高的威望
	对系统的设计具有透彻的理解
	所选择的LIMS经过了严格的系统测试
	认真分析过用户的需求
	不好高骛远
	最好是以前已经有过LIMS实施经验的人员加入到实施团队
	在实施过程中用预先定好的成功判断标准来记录已经达到的目标

续表

效果	因素
失败	工程的开端过于复杂和规模庞大 用一种尝试、怀疑的态度来进行 LIMS 的实施 只是更换成另一个 LIMS，而没有功能上的改进 将存在的问题拖到以后来解决 没有足够的技术支持 用户的专业知识未通过培训等来加强 系统缺乏灵活性，不具有适应能力

从表 6.4 可以看出，导致实施成功的两个最重要的因素在于 LIMS 工程必须看起来是显然值得去做的(具有明确的意义)，同时有一个在良好的管理机制下的 LIMS 实施团队。另外，LIMS 方案设计和功能设计的可靠性和科学性是影响 LIMS 的基础，必须特别注意。

因为实验室的条件有可能会随着时间推移而发生变化，因而方案设计、功能要求等都会发生变化，那时可能现有的实施方案就不再适合了，因此 LIMS 的实施必须注意其时效性，要求在一定的时限内完成，同时 LIMS 系统必须具有灵活性，以便适应建成后实验室可能发生的情况的变化。

在工程开始阶段，需要记下系统的目标及衡量其是否成功的判断标准。连续的培训教育将有助于确保用户被发动起来使用这个新的 LIMS 系统。随着系统功能的操作使用，系统中的一些知识库将被建立，如果需要可以用于进一步改进程序的性能，并增加新的功能。一旦系统已经安装，就应该进行彻底的测试和确认，然后才允许投入日常使用。

过于复杂和规模庞大的设想往往是很难实现，另外抱着怀疑、试一试的态度也是 LIMS 实施的大忌——因为这将直接导致实验室对于项目的投入和所提供的支持不足或不能够持续。

6.5.2 LIMS 实施的类型

LIMS 的实施可分为 3 种类型。

6.5.2.1 完全实施(total immersion)

即在一个预定的日期开始引入新的 LIMS，所有的人从此日期开始将使用新的 LIMS 来替代以前的工作方法。这是一种较为刚性的按时间进行“一刀切”的实施方法，实验室的主管和分析人员必须对 LIMS 寄予 100%的信任。

这种方式适用于需要完全摒弃旧的工作规范(如手工式的实验室信息管理)，而建立新的 LIMS 电子化实验室信息管理机制的情况。

6.5.2.2 并行操作(parallel operation)

并行操作即同时运行新的 LIMS 和老的实验室信息处理流程，不断进行新旧系统之间交叉检验来对数据进行校验。这种方式的优点是即使新上的 LIMS 系统出现错误或问题，实验室仍然可以从旧系统来得到正确的数据。

这种方式适用于新的 LIMS 的性能需要进一步确证的情况。

6.5.2.3 选择使用(selected use)

即仅对选定部分换用新的 LIMS 模块。

这种方式适用于对于已有的 LIMS 系统中存在问题或者过时的模块进行更换的情况。

6.5.3 LIMS 硬件安装实施要点

对于 LIMS，其硬件平台的选择主要应根据用户的要求。由于硬件技术及性能/价格比变化很快，因此所选硬件关键要适合本单位 LIMS 系统的要求即可。系统的硬件结构可采用客户机/服务器(C/S)架构，硬件配置主要取决于如下因素。

(1)多用户网络操作系统要考虑当前用户数及将来可能的发展。

(2)服务器的硬盘容量取决于每年的实验数据量、同时处理的实验数据量、需要备份的数据量。

(3)有多少数据必须在线保留，从而考虑内存容量及 CPU 的速度。

(4)为将来的扩展留下一定的空间。

(5)所需的报告形式及报告容量。

(6)需要与 LIMS 相集成的软件及其他必须安装的软件(如网络杀毒软件等)。

(7)从仪器设备的连接考虑所需工作站的个数。

(8)必要情况下要考虑具体仪器与工作站之间的数据传递变换，对于一个小的实验室可选用高档的微机做服务器，选用普通的微机做客户机。

(9)而对于大型实验室，还要配备专用服务器和微机构成客户机/服务器(C/S)结构。

这些因素在前面的 RFP 中应该已经涉及，如果还存在没有考虑周全的地方，可以参照上述因素进行选择。

硬件的安装除了安装各种服务器、工作站和各种外设外，最重要的一点在于仪器设备与 LIMS 通信接口的建立。在数据通信、计算机网络以及分布式工业控制系统中，经常通过各自配备的标准串行通信接口，再加上合适的通信电缆实现相互通信。串行通信接口是连接计算机、终端、通信控制器等设备之间的物理接口，它的作用是把用户设备连接到通信线路上去，从而实现设备之间的正常通信。

6.5.4 LIMS 软件安装实施要点

6.5.4.1 LIMS 系统的软件组成

LIMS 系统的软件包括系统软件和应用软件两部分。

1) 系统软件

系统软件的选择是与系统的硬件配置相对应的。选用不同的服务器，就要选择与之对应的操作系统，如 Windows NT、HP-UX、Open VMS 等。在大型的服务器上，可以选择大型的关系数据库，如 Oracle、Sybase、Informix；在 PC Server 上可以选择小的关系数据库，如 SQL Server。与操作系统相对应，可选择 Microsoft Network、TCP/IP 和 DECnet 等。

2) 应用软件

根据 LIMS 系统的要求，应用软件主要包括：LIMS 数据库、数据采集、数据分析、报告生成和实验室管理。其中根据数据库中所存数据的用途不同，可以把 LIMS 数据库分为 3 个数据库，即管理数据库、实时数据库和历史数据库。

(1) 管理数据库。主要用于存放管理信息和标准信息。管理信息包括实验室的设备信息、人员状况、实验进度和负荷状况等。标准信息包括实验设备的实验方法和操作过程、数据处理的标准方法等。

(2) 实时数据库。用于存放正在实验的各种样品的信息和已测试的数据。当同组样品的实验全部结束后，存放数据的分析结果。

(3) 历史数据库。当一组样品的所有实验全部结束，并且生成了所需的报表后，可以把实时数据库中的有关这组样品的所有实验的原始数据和分析结果存入历史数据库，并把有关信息从实时数据库中删除。当需要对这组样品追加实验时，可以把这组数据从历史数据库恢复到实时数据库。

应用软件部分通常已由 LIMS 厂商按照 RFP 的要求拟定的标书中的各项要求开发完毕，这部分的安装主要由 LIMS 厂商来完成。

6.5.4.2 利用 LIMS 软件设置来保证实验室产生的数据品质

美国 EPA 的 GALP 能够确保下列方面的要求。

(1)遵循 SOPs。

(2)所有公式、计算和算法的准确度和正确性。

(3)审计所有的信息输入和任何修改的能力。

(4)更改是一个一致的和受控制的过程。

(5)所有输入 LIMS 数据的完整性(手动或者电子的)。

(6)有灾难恢复方案。

上面列出的要求与 LIMS 许多不同方面相关，包括系统、管理、应用和网络安全性、数据备份流程、过(高峰)电压保护的利用、UPS 以及系统验证。

数据输入是数据验证的一个关键步骤，已由 EPA 的 CALP 单独列出作为一个应该特别注意的方面。LIMS 将显著地限制用户登录到某些部门和测试的功能，通过使用用户名和密码。另外，LIMS 中有多层安全性(密码)，从 LIMS 到管理员，再到数据库引擎以及网络安全性。典型的用户需要提供用户名和密码来登录到网络。这也具有内置的限制性检验。许多实验室除采用条形码，限制用户从列表中选择外，还提供了用户告警和提示以及使用参数自动报告来进行数据验证。

1)数据输入限制

可靠的 LIMS 功能能对输入到 LIMS 中的信息进行检查，以确保其格式和字段大小的合适(如在数值字段不允许输入文本字符)。也可以进行自动的限制检验(如 LIMS 不允许用户输入 pH 值等于 25)，可以具有合法性检验(如您不能在制造日期之前分析样品)。

2)双数据输入屏幕

这个功能询问是否同一个数据输入的人，还是另一个输入指定字段或者所有字段的人，这样来进行两个输入数据屏幕的比较。信息是否与第一个输入存在不同，典型的是有一个高亮显示的字段或者多个字段来表明这种不同。这个功能经常被那些临床医学字段所采用，典型的是那些姓名统计学所涉及的内容。

3)范围或者限制检查

内置的告警上下限能够自动地在数据超出该范围以及硬性限制(如 pH 值为18)时向用户告警。这些范围通常是由用户建立的，包括测试范围、客户规格参数或者是用户定义的。

4)限制到列表

利用选择列表将大大地降低拼写错误并强制测试名称和其他通用下拉列表项的一致性。举个例子，对于一个特定的矩阵，它将仅仅显示下拉列表中的测试。用户的选择将被限制到这个下拉列表中的项，“热点”查询经常被采用，这样用户只要开始输入项目，列表就会跳转到那一项。选择列表对于避免数据输入错误是极为有用的，尤其是印刷错误。另一个特征也是很有用的，但是不如限制到列表那样至关重要，即提示用户执行某项功能的能力。举个例子，在用户审计一项数据记录之后，并且是在他们关闭屏幕之前，他们将收到一个消息：“在您关闭之前您必须提供更改的理由。”另一个有助于减少数据输入错误的功能是使用条形码，它包含了关于样品的信息，可以避免抄写错误并节省输入信息的按键次数。

5)自动计算

计算机对于常规运算是很理想的。当与 LIMS 的样品跟踪和数据输入功能相结合时，它们对于计算周转时间、截止日期、百分回收率及其他要求的计算是非常理想的。如果计算被合理地建立、测试和验证后，这也将保证准确的计算从而降低可能的抄写错误。

6)自动报告

对于实验室而言，许多 LIMS 中可能最能节省时间的功能是自动报表功能。今天自动报表的含义不仅仅是一个打印输出，它可以涉及对超出规格的产品进行自动电子邮件通知，或者自动传真经过批准和验证的结果。除了常用的报表，例如生产、订货、QC 以及分析证书，此外图表也能够自动地生成。

7)LIMS 和数据验证

LIMS 可以有几种方式来辅助数据验证。前面已经讨论了一些，例如数据输入格式的限制检查和自动限值检查。其他还包括双输入屏幕以供相同或者不同的用户输入相同的数据，以确保准确性。

8)缩短了周转时间

上面所描述的许多 LIMS 质量保证功能也用作提高样品的生产量。

(1)条形码(自动数据登录)。

(2)仪器集成。

(3)自动报表(通过打印机、传真或者电子邮件)。

(4)自动计算。

(5)快速数据再提取。

(6)数据验证(对于登录、限值检验)。

因为分析人员在文书工作和琐事上所花的时间大大减少了，不仅抄写错误得到了本质上的消除，数据质量得到了改善，而且实验室生产能力也显著上升。化学家们可以有更多的时间投入到分析更多的样品、进行方法开发以及其他更具挑战性的工作中。

9)安全性

LIMS 相对于手工的基于纸介质系统的一个主要优点在于其多个等级的安全性来保护数据的完整性以及允许实验室人员对于 LIMS 特定部分通过密码进行访问，并且许可的访问都会有一个日志记录。

(1) 系统安全性。将访问 LIMS 的特定功能的权限分配给 LIMS 的用户的任务通常是由数据库管理员来完成的。数据库管理员有许多职能，包括：维护 LIMS 的静态表、分配用户名和密码、进行日常备份和修改报表模板。如果 LIMS 缺乏适当的安全性，用户可能会不小心地或者故意地修改数据。LIMS 中的信息越重要，要求的安全性就越严密。

(2)LIMS 的应用安全性。一个好的 LIMS 会具有多重安全性：只能查看状态、允许进入特定的部门但不能进入其他部门、查看和批准许可证，或者是查看、批准和验证。用户必须用用户名和密码登录到大多数 LIMS 的事实，指明了用户登录到系统的时间以及他/她所输入的结果。其他任何系统都一样，这是与用户的安全等级相关的。如果用户共享密码、从不更改或者使用了同事的密码登录，就没有好的方法来跟踪修改或者数据登录。这就要求有更严格的安全性流程，包括频繁地更改密码和对用户日志的定期查看。

(3)网络安全性。网络化环境提供了另一级别的安全性，网络管理员典型地会分配权限给个人或者工作组以访问网络。举个例子，网络安全性将为每个用户、目录和文件提供安全性。网络安全性权限典型的包括：读、写、删除、创建新文件、创建新文件夹以及搜索能力。

以上措施的方案给出了一个实验室对于产生优质数据的保证。

思考题

1. 简述 LIMS 的定义和起源。
2. 何谓 LIMS 的概念模型？并简述其影响因素。
3. 简述 LIMS 的基本功能与特征。
4. 简述 LIMS 的高级功能与特征。
5. 概述 LIMS 实施过程。

参考文献

金小华，崔鸣，2011. 基于条形码输入的实验室设备信息管理系统[J]. 实验室研究与探索，30(2)：193-196.

尚凡一，王兆文，2000. 实验室信息管理系统(LIMS)的设计及实现[J]. 中国环境监测，16(4)：1-2.

沈艺，2006. 环境监测实验室信息管理系统的构建与实施[J]. 环境监测管理与技术，18(4)：4-6.

王花梅，路宽，田强，2015. 海洋监测设备动力环境实验室信息管理系统的构建[J]. 海洋技术学报，34(4)：15-21.

王群，2004. 实验室信息管理系统——原理、技术与实施指南[M]. 哈尔滨：哈尔滨工业大学出版社.

薛平，万文，骆建斌，等，2005. 检测和校准实验室的 LIMS 的设计与实现[J]. 计算机工程与设计，26(8)：2141-2145.

McDOWALL R D，2005. QUALITY ASSURANCE-Laboratory Information Management Systems. Encyclopedia of Analytical Science (Second Edition)[M]，490-504.

RUSSOM D，AHMEDA，GONZALEZ N，et al，2012. Implementation of a configurable laboratory information management system for use in cellular process development and manufacturing[J]. Cytotherapy，14(1)：114-121.